高等学校地图学与地理信息系统专业教材

地图数据处理模型的原理与方法

Elements and Methods of Model for Cartographical Data Processing

何宗宜 编著

武汉大学出版社

图书在版编目(CIP)数据

地图数据处理模型的原理与方法/何宗宜编著. —武汉:武汉大学出版社,
2004.2
高等学校地图学与地理信息系统专业教材
ISBN 978-7-307-04110-3

Ⅰ.地… Ⅱ.何… Ⅲ.数字模型—应用—地图制图自动化—数据处理
Ⅳ.P282

中国版本图书馆CIP数据核字(2003)第124885号

责任编辑:解云琳　　　责任校对:程小宜　　　版式设计:支　笛

出版发行:武汉大学出版社　　(430072　武昌　珞珈山)
　　　　　(电子邮件:cbs22@whu.edu.cn　网址:www.wdp.com.cn)
印刷:湖北地矿印业有限公司
开本:787×1092　1/16　印张:15.75　字数:368千字
版次:2004年2月第1版　2007年8月第2次印刷
ISBN 978-7-307-04110-3/P·68　　定价:25.00元

版权所有,不得翻印;凡购买我社的图书,如有缺页、倒页、脱页等质量问题,请与当地图书销售部门联系调换。

前　言

数字地图是国家空间数据基础设施的基础。一幅地图表达的地理空间有时是一个地段,有时是一个地区,有时是整个地球,并且具有可量测性、直观性和一览性。另一方面,地理信息系统(GIS)以其丰富的地理信息内容作为数字地图制图生产的基础之一,须满足输出不同比例尺的地图产品的要求,因此需要地图制图综合模型理论和方法来处理地理空间数据。多尺度、多类型、多时态的地理信息是人类研究和解决资源与环境等重大问题时所必需的重要信息资源。随着地理信息系统在社会各个领域的广泛应用,对多种尺度空间数据分析和显示的需求逐渐增加,各部门、机构和单位为解决不同的问题对空间图形数据需求的详细程度是不一样的,GIS应提供给用户多尺度的空间数据,以提高管理、规划、监测和决策的效率和水平。因此,需要空间数据处理与表示的模型理论和方法知识,使之从单一的较大比例尺派生出较小比例尺或较概略程度的多种比例尺空间数据集。空间分析可以对空间数据进行深加工,向用户提供他们所需要的结果,充分发挥地理信息系统在国民经济建设和国防建设中的作用,所以,空间分析的模型方法是地理信息系统应用的理论基础。随着数字地图制图技术和地理信息系统的快速发展,地图数据处理的理论和方法显得越来越重要。

本书主要介绍了地理信息综合、空间分析和空间数据可视化等地图数据处理模型的原理和方法,是作者20余年科研和教学成果的积累。学生通过学习可基本掌握地图数据处理的理论和方法,为今后在实际工作中的数字地图和地理信息系统设计与应用打下坚实基础。

书中插图由何晶、张琳、陶利佳、白菁、谭芬、关焱、赵娟、赵嵘、曹钦、刘祥、唐云妹等绘制。书中还引用了许多参考资料,在参考文献中未一一列出,在此一并致谢!

由于作者水平所限,书中疏漏之处敬请读者批评指正。

何宗宜
2004年2月于珞珈山

目 录

第一章 概 述 ··· 1
　§1-1 地图制图数据处理模型的发展 ···································· 1
　§1-2 地图制图数据处理模型的应用 ···································· 2

第二章 地图制图数据处理模型的数学基础 ································ 4
　§2-1 地图制图数据处理模型的数理统计基础 ························· 4
　§2-2 地图制图数据处理模型的模糊数学基础 ························ 12
　§2-3 地图制图数据处理模型的信息论基础 ···························· 16
　§2-4 地图制图数据处理模型的图论基础 ······························ 20

第三章 地图要素分布特征模型 ·· 23
　§3-1 海岸线弯曲分布特征模型 ·· 23
　§3-2 河流长度分布特征模型 ··· 24
　§3-3 居民地规模大小分布特征模型 ··································· 27
　§3-4 地面高程分布特征模型 ··· 28

第四章 地图要素选取指标模型 ·· 34
　§4-1 居民地选取指标模型 ·· 34
　§4-2 河流选取指标模型 ··· 49
　§4-3 其他要素选取指标模型 ··· 57

第五章 地图要素结构选取模型 ·· 63
　§5-1 河流结构选取模型 ··· 63
　§5-2 道路网结构选取模型 ·· 73
　§5-3 地貌结构选取模型 ··· 75

第六章 地图制图要素分级模型 ·· 78
　§6-1 地图制图要素分级的一般要求 ··································· 78
　§6-2 等差分级模型 ··· 80
　§6-3 等比分级模型 ··· 80
　§6-4 统计分级模型 ··· 82
　§6-5 具有数学规则的最优分级模型 ··································· 85

§6-6 最优分割分级模型 ……………………………………………… 88
§6-7 逐步模式识别分级模型 …………………………………………… 90

第七章 地图制图评价模型 …………………………………………… 93
§7-1 地图编绘质量评价模型 …………………………………………… 93
§7-2 地图信息量评价模型 ……………………………………………… 102
§7-3 地图分类分级评价模型 …………………………………………… 110
§7-4 地图变化信息量评价模型 ………………………………………… 120

第八章 地图制图要素相关模型 ……………………………………… 127
§8-1 地图制图要素分布特征相互关系的相关模型 …………………… 127
§8-2 地图制图要素分布特征相互关系的信息模型 …………………… 132
§8-3 地图制图要素分布特征相互关系制图模型的建立 ……………… 136
§8-4 地图制图要素内容结构区域特征相互关系制图模型的建立 …… 139

第九章 地图制图要素分布趋势模型 ………………………………… 142
§9-1 地图制图要素分布趋势模型的基本原理 ………………………… 142
§9-2 地图制图要素分布趋势面形态和拟合程度分析 ………………… 143
§9-3 地图制图要素分布趋势模型的建立方法 ………………………… 144

第十章 地图制图要素预测模型 ……………………………………… 150
§10-1 地图制图要素预测模型的基本原理 …………………………… 150
§10-2 地图制图要素预测模型的建立方法 …………………………… 150

第十一章 地图制图要素的信息简化模型 …………………………… 154
§11-1 地图制图要素的主成分分析模型 ……………………………… 154
§11-2 地图制图要素主因素分析模型 ………………………………… 155
§11-3 地图制图要素信息简化模型的应用 …………………………… 161

第十二章 地图制图要素类型划分模型 ……………………………… 172
§12-1 类型划分的常用统计量 ………………………………………… 172
§12-2 类型划分的系统聚类模型 ……………………………………… 175
§12-3 类型划分的树状图表聚类模型 ………………………………… 180
§12-4 类型划分的变量平均值逐步替代(贝利)聚类模型 …………… 181
§12-5 类型划分的典型样本单元聚类模型 …………………………… 182
§12-6 类型划分的模糊聚类模型 ……………………………………… 185

第十三章 空间数据多尺度处理模型 ………………………………… 189
§13-1 数学形态学在空间数据多尺度处理中的应用 ………………… 189

§13-2 分形理论在空间数据多尺度处理中的应用 ………………………… 209
§13-3 小波理论在空间数据多尺度处理中的应用 ………………………… 221

参 考 文 献 …………………………………………………………………… 242

第一章 概　　述

现代地图制图以空间数据为主要对象,数据处理是当前地图制图的主要研究领域。地图制图数据处理模型的原理与方法是地图制图与数学模型相结合的一门边缘学科,它应用数学方法处理制图数据,用相应的地图制图模型表达数据处理的结果。

§1-1　地图制图数据处理模型的发展

数学方法在地图制图中的应用有着很长的历史。公元前3世纪地图上就使用了较严密的数学方法,开始出现经纬线。由于多方面的原因,两千多年来,数学方法在地图制图中的应用仅局限于地图的数学基础方面,使得地图制图学的大部分领域长期处于定性研究阶段,因而被人们称为"定性科学"或"经验科学"。

20世纪40年代,数学方法在地图制图学中的应用开始出现了良好的转机,利用图解计算法和数理统计方法研究地图要素的选取获得了较好的效果。前苏联地图制图学家根据地图载负量和视觉变量首先提出图解计算法,较好地解决了居民地选取指标的确定,接着较系统地将数理统计引入地图制图。保查罗夫(M. K. Ъоцалов)等人于1957年发表了《制图作业中的数理统计方法》专著,运用数理统计方法研究了地理要素的分布规律和这些要素的制图综合选取指标。60年代,德国的特普弗尔(F. Töpfer)多次发表论文,主张用资料地图和新编地图比例尺分母之比的开方根作为确定新编地图地物选取指标的数学依据,提出了选取规律公式;70年代发表了《制图综合》专著,将开方根规律选取公式系统化。1968年,捷克斯洛伐克的斯恩卡(E. Srnka)用相关解析法,建立了顾及地物大小和地物密度变化的选取公式。但是,这些研究只是解决了选取数量问题,我们称这类制图综合数学模型为"定额选取数学模型"。1976年,前苏联地图制图学家鲍罗金(A. B. Ъоролин)用地图物体本身的大小和所处的地理环境(物体密度)两个标志来衡量地图物体的重要性,确定地图物体的取舍。该方法还可以确定具体选取哪一个物体,使地图制图综合模型大大地进了一步,我们称这类制图综合数学模型为"结构选取数学模型"。

在我国,20世纪50年代末和60年代初,不少地图制图学者用图解计算法和数理统计法研究居民地、河流、道路网等选取指标的数学模型,取得了一些成果。70年代以来,有人着手用回归分析方法研究确定居民地和河流选取的数学模型,后来又有些学者利用多元回归分析方法建立地图物体的制图综合数学模型,使确定制图地物选取指标模型的精度有了很大提高。从80年代中期开始,有人利用模糊数学和图论来研究居民地、河流和道路网等的"结构选取数学模型",也取得了不少成果。

地图制图数据处理模型不仅限于地图制图综合数学模型的研究,实际上数学方法在专题地图制图数据处理中应用也比较广泛。从20世纪50年代以来,地学研究方法发生变革,从定性分析发展到定量分析。60年代,有人将多元统计分析应用于地学领域,推动了地图制图数据处理模型的发展。70年代,不少地图制图学者应用统计分析和信息论分析地图内容,在此基础上,形成了比较系统的地图制图数据处理模型的理论与方法,针对不同的问题,提出了相应的数学模型和地图制图相结合的途径。80年代,有些学者开始把模糊数学、最优化方法等现代数学引入专题地图制图的研究领域,取得了不少研究成果。

从20世纪90年代以来,许多地图制图学者利用数学形态学、分形理论和小波理论等现代数学对空间数据多尺度处理与表示进行深入地探讨,取得了许多研究成果,使地图制图数据处理模型得到进一步发展。

§1-2 地图制图数据处理模型的应用

地图制图数据处理模型的研究虽然还处在初级阶段,但随着它的逐步发展,已在地图制图综合、地图设计、专题地图制图和空间数据处理中发挥着越来越重要的作用。

地图制图综合是地图制图学重要的研究课题之一,是一种特殊的地图制图数据处理方法。随着地理信息技术的发展,地图制图综合的数学模型已显示出广阔的应用前景。地图制图综合模型主要有定额选取模型、结构选取模型和图形化简模型。

1. 定额选取模型

普通地图,特别是国家基本比例尺地形图的编制,都是利用大比例尺实测地形图逐步缩编而成,用数学模型确定缩小后的新编图的地物选取数量,可提高地图制图综合的质量和科学性。定额选取模型主要有图解计算法、方根模型和数理统计模型。

2. 结构选取模型

该模型是确定选取具体地图制图物体的数学模型。根据制图物体的结构关系,从大比例尺资料图上的制图物体中寻找出更重要的一部分物体表示在新编地图上。从地物的层次关系(等级关系)、空间关系(毗邻与包含)和拓扑关系(邻接和关联)等方面来解决具体选取哪些物体的问题。结构选取数学模型主要有等比数列法、模糊数学模型和图论模型。

3. 图形化简模型

该模型是对已选取的制图物体的平面图形进行化简,并保持平面图形的主要形状特征的数学模型。

地图制图数据处理模型在专题地图制图中的应用主要有地图制图要素的分级模型、地图制图要素的相关模型、地图制图要素空间分布趋势模型、地图制图要素预测模型、地图制图要素信息简化模型和地图制图要素类型划分模型。

1. 地图制图要素的分级模型

地图制图要素的分级模型主要解决分级数的确定和分级界线的确定两个方面的问题。其中分级界线的确定是分级的核心问题,它对分级表示能否保持数据特征起决定性作用。对制图要素的数量特征进行科学的分级,有利于研究要素空间分布的趋势和差异。针对不同的目的要求和数据分布本身的特征,采用不同的数学模型。

2. 地图制图要素的相关模型

地图制图要素的相关模型研究要素之间统计相关关系,并编制显示要素或现象(地区或部门)相互关系(结构特征)的相关地图。

3. 地图制图要素空间分布趋势模型

地图制图要素空间分布趋势模型研究要素空间分布的规律和特点,并编制要素空间分布趋势图(背景面图和剩余面图)。

4. 地图制图要素预测模型

地图制图要素预测模型用回归分析方法研究现象间的制约关系,确定一个变量随其他变量的变化而变化的规律,编制预测地图。

5. 地图制图要素信息简化模型

地图制图要素信息简化模型应用主因素分析和主成分分析,在地图上的多维信息中区分出最为实质的部分,寻找出最重要的地理规律。信息简化的数学模型可以简化变量结构,编制综合地图。

6. 地图制图要素类型划分模型

地图制图要素类型划分模型用聚类分析方法研究样品或变量的组合分类,编制类型图、区划图、分类图。

当前 GIS 数据库为了满足人们应用空间数据集的不同需求,不得不存储多种来源、多种比例尺、多种详细程度的空间数据,造成多重表示现象,从而会产生大量数据冗余以及内存开销的增加等相关的弊端,更重要的是在进行跨比例尺综合分析时会产生严重的数据矛盾。因此,需要研究空间数据多尺度处理与表示的模型方法,使之在从单一的较大比例尺或较详细程度的空间数据集派生较小比例尺或较概略程度的多种比例尺空间数据集时,通过多尺度变换,能够从一种表示完备地过渡到另一种表示,这种完备性的要求就是派生过程要保持相应尺度的空间精度和空间特征,保证空间关系不发生变化。空间数据多尺度处理数学形态学模型、分形理论模型和小波理论模型运用现代数学方法,部分解决了空间图形数据的多尺度处理与表示。

另外,地图要素分布规律的数学模型,用于对地图要素分布规律进行模拟;地图制图评价数学模型,用于对地图资料、地图制图综合程度、地图制图分类分级的评价。这些模型为地图设计、地图制图综合和地图制图数据处理提供了科学依据。

第二章　地图制图数据处理模型的数学基础

地图制图数据处理模型是以数学作为基础的。由于地图制图数据处理极为复杂,它涉及许多数学问题,比较集中的有数理统计、模糊数学、信息论、图论、数学形态学、分形理论和小波理论。这里仅介绍与地图制图数据处理有关的数学基本概念,更深入的数学内容请参考有关数学专著。数学形态学、分形理论和小波理论的数学基础将在相关章节进行介绍。

§2-1　地图制图数据处理模型的数理统计基础

数理统计是地图制图数据处理模型的重要数学基础,是研究地图制图综合,制图要素的分布规律、相互关系、组合特征和发展变化趋势的重要数学工具。

一、地图制图数据类型

地图制图要素的特征和性质是用数据来表示的。地图制图数据可分为定量数据和定性数据。

1. 定量数据

定量数据是一种连续量,可分为间隔尺度数据和比率尺度数据。

(1)间隔尺度数据

间隔尺度数据是有实际单位的度量,如米表示长度,千克表示质量等。间隔尺度数据是地图制图中常见的一种数据类型,一般数学方法和数理统计都以这类数据为基础。

(2)比率尺度数据

比率尺度数据是以一个基准量作为衡量标准的数据,如百分比、百分含量、某种比值。比率尺度数据也是地图制图中常见的一种数据类型,可用于一般数学方法和数理统计处理。

2. 定性数据

定性数据是一种不连续量,可分为有序尺度数据、二元数据和名义尺度数据。

(1)有序尺度数据

有序尺度数据只表示制图物体的次序和等级关系,不表示具体的数量。如居民地的行政等级有首都、省会、地级市、县、乡(镇)村,虽然没有表示出具体的数据,但却可以分出行政等级的高低和次序。

(2)二元数据

二元数据是表示地图上的图斑是否具有某种特性。如研究地图上的某个图斑所代表的区域在相应实地上是否具有某种树木,可以用数据"0"表示没有,"1"表示有。通过二元数据,可以把地图制图的定性数据和定量数据联系起来进行数量分析。

(3)名义尺度数据

名义尺度数据是表示制图物体的性质差异的数据，例如土壤分类、土地利用分类、植被分类等。

二、地图制图数据的数字特征

1. 频数与频率

频数与频率表示制图要素分布基本特征。设有一组数据为 $x_1, x_2, \cdots, x_n$，按一定的间距分组。在各组出现的次数称为频数，用 f_i 表示；各组频数与总频数之比叫频率，用 p_i 表示。计算公式如下：

$$p_i = f_i \bigg/ \sum_{i=1}^{n} f_i \tag{2-1}$$

2. 平均数、数学期望、中位数和众数

这些数据是表示地图制图数据分布的集中趋势。

（1）平均数

平均数是表示地图制图数据分布的集中位置，用 $\bar{x}$ 表示。设有一组数据为 $x_1, x_2, \cdots, x_n$，则 $\bar{x}$ 为：

$$\bar{x} = \frac{1}{n} \sum_{i=1}^{n} x_i \tag{2-2}$$

（2）数学期望

数学期望 M_x 是以概率 p_i 为权的加权平均数，表示为：

$$M_x = \sum_{i=1}^{n} p_i x_i \tag{2-3}$$

（3）中位数

中位数是按数值大小排列的中间数，偶数列则为中间两个数的平均值。

（4）众数

众数是出现次数最多的某一数值。

3. 极差、离差、方差和变异系数

这些数值是反映数据的离散程度。

（1）极差

极差是最大值与最小值的差值。

（2）离差

离差是各数值与平均值之差，用公式表示为：

$$d_i = x_i - \bar{x} \tag{2-4}$$

离差绝对值的平均值称为平均离差，用公式表示为：

$$M_d = \sum_{i=1}^{n} |x_i - \bar{x}| \bigg/ n \tag{2-5}$$

离差平方和为：

$$d^2 = \sum_{i=1}^{n} (x_i - \bar{x})^2 \tag{2-6}$$

（3）方差

方差是用离差平方和除以样本容量得出的,它是反映各数值与平均值的离散程度的重要指标,用公式表示为：

$$\sigma^2 = \sum_{i=1}^{n}(x_i-\bar{x})^2 \Big/ n \tag{2-7}$$

标准差是方差的平方根,当用样本标准差对总体标准差进行估计时,则采用无偏估计值,即：

$$S = \sqrt{\sum_{i=1}^{n}(x_i-\bar{x})^2 \Big/ (n-1)} \tag{2-8}$$

(4)变异系数

变异系数是衡量要素的相对变化(波动)的程度。即：

$$C_v = \frac{S}{\bar{x}} \times 100\% \tag{2-9}$$

三、地图制图数据的分布特征参数

地图制图数据处理中常用偏态系数和峰态系数来衡量制图数据的分布特征。

1. 偏态系数

偏态系数表示要素分布的不对称性。偏态系数的计算公式为：

$$C_v = \frac{\mu_3}{S^3} \tag{2-10}$$

式中,μ_3是三阶中心矩,即：

$$\mu_3 = \sum_{i=1}^{n}(x_i-\bar{x})^3 \Big/ n$$

S为标准差。当$C_v>0$时,众数在平均值的左边,称为正偏；$C_v<0$时,众数在平均值的右边,称为负偏；当$C_v=0$时,图形对称(如图2-1)。

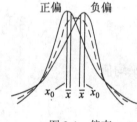

图2-1 偏态

2. 峰态系数

峰态系数是表示分布图形的峰度高低,是要素分布在均值附近的集中程度。峰态系数的计算公式为：

$$C_e = \frac{\mu_4}{S^4} \tag{2-11}$$

式中,μ_4是四阶中心矩,即：

$$\mu_4 = \sum_{i=1}^{n}(x_i-\bar{x})^4 \Big/ n$$

S为标准差。标准正态分布时,$C_e=3$；当$C_e>3$时,称为高峰态；$C_e<3$时,称为底峰态(如图2-2)。

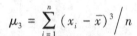

图2-2 峰态

四、地图制图数据的标准化

地图制图数据源的每个样本有多种变量的原始数据,各种变量的量纲和数量大小是很不一致的,变化幅度也不一样。如直接用原始数据进行计算,就会突出绝对值大的变量的作用。为了给每种变量以同一量度,使地图制图数据处理结果能客观地反映实际,建立模型前需要对原始数据进行标准化。

1. 标准差标准化

设有 n 个单元,每个单元有 m 个数据,每个变量可记为 $x_{ij}; i=1,2,\cdots,n; j=1,2,\cdots,m$。标准化后的变量 x'_{ij} 为:

$$x'_{ij} = \frac{x_{ij} - \bar{x}_j}{S_j} \tag{2-12}$$

式中,$\bar{x}_j$ 为第 j 个变量的平均数;S_j 为第 j 个变量的标准差。经过标准差标准化后,每种变量平均值为 0,标准差为 1。

2. 极差标准化

标准差标准化要计算标准差,为了方便,也可采用极差标准化,把变量变换到 0~1 范围之内。标准化后的变量 x'_{ij} 为:

$$x'_{ij} = \frac{x_{ij} - x_{j\min}}{x_{j\max} - x_{j\min}} \tag{2-13}$$

式中,$x_{j\max}$ 和 $x_{j\min}$ 分别是第 j 个变量的最大值和最小值。

五、回归分析

回归分析是地图要素分布规律的数学模型、地图制图综合定额选取数学模型、地图制图要素空间分布趋势数学模型和地图制图要素动态分析和预测数学模型等的数学基础。

1. 一元线性回归

(1) 回归方程

一元线性回归主要是处理两个制图变量 x 与 y 之间的线性关系。通过观测或试验可得到两个变量 x 与 y 的若干数据 x_i 与 $y_i (i=1,2,\cdots,n)$,并将它们绘到坐标纸上,可以看出其分布近似一条直线(如图 2-3)。设这条直线方程为:

$$\hat{y} = a + bx \tag{2-14}$$

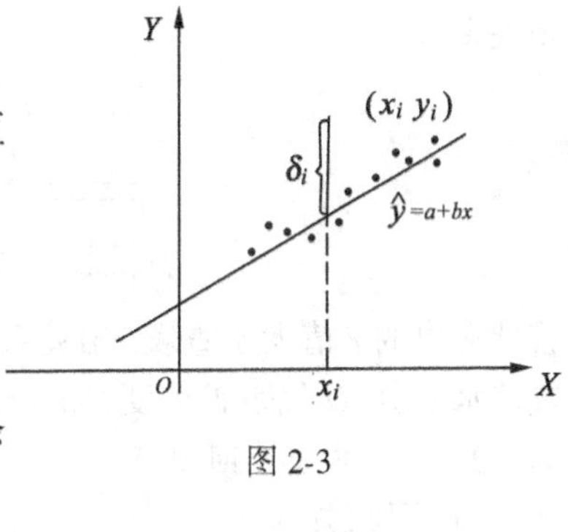

式中,a,b 是待定的系数。对于每个 x_i 所对应的观测值 y_i 与

$$\hat{y}_i = a + bx_i$$

之间有误差

$$\delta_i = y_i - \hat{y}_i$$

若有一条直线能使所有误差平方和达到最小,那么,这条直线就称为回归直线。

图 2-3

令误差平方和为 Q,则

$$Q = \sum_{i=1}^{n} \delta_i^2 = \sum_{i=1}^{n} (y_i - \hat{y}_i)^2 = \sum_{i=1}^{n} (y_i - a - bx_i)^2 \tag{2-15}$$

要使 Q 为最小,由微积分中求极值的原理可知,只要将 Q 分别对 a,b 求偏导数,然后令偏导数为 0,即可求出 a,b,令

$$\frac{\partial Q}{\partial a} = -2 \sum_{i=1}^{n} (y_i - a - bx_i) = 0$$

$$\frac{\partial Q}{\partial b} = -2\sum_{i=1}^{n}(y_i - a - bx_i)x_i = 0$$

即

$$\sum_{i=1}^{n}(y_i - a - bx_i) = 0 \tag{2-16}$$

$$\sum_{i=1}^{n}(y_i - a - bx_i)x_i = 0 \tag{2-17}$$

由(2-16)式解出

$$a = \bar{y} - b\bar{x} \tag{2-18}$$

其中

$$\bar{x} = \frac{1}{n}\sum_{i=1}^{n}x_i, \qquad \bar{y} = \frac{1}{n}\sum_{i=1}^{n}y_i$$

将(2-18)式代入(2-17)式,得

$$b = \frac{\sum_{i=1}^{n}(x_i - \bar{x})(y_i - \bar{y})}{\sum_{i=1}^{n}(x_i - \bar{x})^2} = \frac{L_{xy}}{L_{xx}} \tag{2-19}$$

把(2-19)式代入(2-18)式,就可求出 a。求出 a,b 后,便可写出 x 与 y 的关系式:

$$\hat{y} = a + bx$$

上式就称为 y 对 x 的回归方程。

(2) 回归方程的显著性检验

对于任何一组观测数据 (x_i, y_i),均可按上述方法建立回归方程。如果变量 x 与 y 之间的关系是线性的,回归方程才有意义;若变量 x 与 y 不是线性关系,回归方程毫无意义。因此,需要对回归方程进行相关显著性检验。对一元线性回归方程一般采用相关系数检验法。相关系数

$$r = \frac{\sum_{i=1}^{n}x_i y_i - \frac{1}{n}\sum_{i=1}^{n}x_i \sum_{i=1}^{n}y_i}{\sqrt{\left[\sum_{i=1}^{n}x_i^2 - \frac{1}{n}\left(\sum_{i=1}^{n}x_i\right)^2\right]\left[\sum_{i=1}^{n}y_i^2 - \frac{1}{n}\left(\sum_{i=1}^{n}y_i\right)^2\right]}} \tag{2-20}$$

若计算出的 r 值大于查表(相关系数检验表)值 r_α,则认为相关显著,回归方程有意义。α 是置信水平,$1-\alpha$ 代表置信度,如 $\alpha=0.05$,表示可靠程度为 95%。

2. 一元非线性回归

(1) 回归方程

实际地图制图数据处理中,变量之间的关系常常是非线性的,如地图上居民地选取指标与居民地密度之间就是幂函数关系。一元非线性回归方程的求法一般是通过数学变换,使非线性关系化为线性关系,再利用线性回归的方法解非线性回归方程。

当变量 x 与 y 之间是幂函数关系(如图2-4)

$$y = ax^b$$

对上式两边取对数,得

$$\ln y = \ln a + b\ln x$$

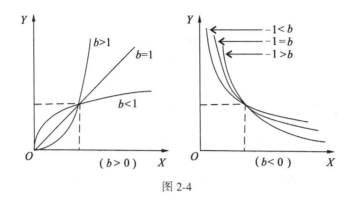

图 2-4

令
$$\ln y = Y, \ln a = A, \ln x = X$$

于是有
$$Y = A + bX$$

根据(2-18)式、(2-19)式有

$$\left.\begin{array}{l} b = \dfrac{\sum\limits_{i=1}^{n}(X_i - \overline{X})(Y_i - \overline{Y})}{\sum\limits_{i=1}^{n}(X_i - \overline{X})^2} \\ A = \overline{Y} - b\overline{X} \\ a = e^A \end{array}\right\} \quad (2\text{-}21)$$

(2) 回归方程的显著性检验

一元非线性回归方程的显著性检验,是检验变量 x 与 y 之间的关系是否有非线性回归方程建立的这种非线性关系,即观测点 (x_i, y_i) 与曲线的拟合程度的好坏,一般用相关指数进行检验。相关指数

$$R = \sqrt{1 - \dfrac{Q}{L_{yy}}} \quad (2\text{-}22)$$

式中
$$Q = \sum_{i=1}^{n}(y_i - \hat{y}_i)^2$$
$$L_{yy} = \sum_{i=1}^{n}(y_i - \overline{y})^2$$

若计算出的 R 值大于查表值 R_α,则认为相关显著,回归方程有意义。

3. 多元线性回归分析

在地图制图数据处理中,影响制图物体的因素往往有多种,需要进行多元线性回归分析。多元线性回归分析的基本原理与一元线性回归分析的原理相同。

(1) 多元线性回归方程

设有 p 个自变量 $x_1, x_2, \cdots, x_p$ 与因变量 y,它们有如下关系式:

$$\hat{y} = b_0 + b_1 x_1 + b_2 x_2 + \cdots + b_p x_p \quad (2\text{-}23)$$

式中,$b_0,b_1,\cdots,b_p$ 为待定参数。

设对变量 $x_1,x_2,\cdots,x_p,y$ 作了 n 次观测,其中第 k 次观测数据为:

$$\hat{y}_k = b_0 + b_1 x_{k1} + b_2 x_{k2} + \cdots + b_p x_{kp}$$

令

$$Q = \sum_{k=1}^{n}(y_k - \hat{y}_k)^2 = \sum_{k=1}^{n}(y_k - b_0 - b_1 x_{k1} - b_2 x_{k2} - \cdots - b_p x_{kp})^2$$

将 Q 分别对 $b_0,b_1,\cdots,b_p$ 求偏导数,得 $p+1$ 个方程

$$\frac{\partial Q}{\partial b_0} = 2\sum_{k=1}^{n}(y_k - b_0 - b_1 x_{k1} - b_2 x_{k2} - \cdots - b_p x_{kp})(-1) = 0$$

$$\frac{\partial Q}{\partial b_1} = 2\sum_{k=1}^{n}(y_k - b_0 - b_1 x_{k1} - b_2 x_{k2} - \cdots - b_p x_{kp})(-x_{k1}) = 0$$

$$\vdots$$

$$\frac{\partial Q}{\partial b_j} = 2\sum_{k=1}^{n}(y_k - b_0 - b_1 x_{k1} - b_2 x_{k2} - \cdots - b_p x_{kp})(-x_{kj}) = 0$$

$$\vdots$$

$$\frac{\partial Q}{\partial b_p} = 2\sum_{k=1}^{n}(y_k - b_0 - b_1 x_{k1} - b_2 x_{k2} - \cdots - b_p x_{kp})(-x_{kp}) = 0$$

由第一个方程得

$$b_0 = \bar{y} - b_1 \bar{x}_1 - \cdots - b_p \bar{x}_p \tag{2-24}$$

式中

$$\bar{y} = \frac{1}{n}\sum_{k=1}^{n} y_k, \quad \bar{x}_j = \frac{1}{n}\sum_{k=1}^{n} x_{kj}, \quad j = 1,2,\cdots,p, \quad k = 1,2,\cdots,n$$

将 b_0 代入后面 p 个方程,整理得

$$\left.\begin{aligned} L_{11}b_1 + L_{12}b_2 + \cdots + L_{1p}b_p &= L_{1y} \\ L_{21}b_1 + L_{22}b_2 + \cdots + L_{2p}b_p &= L_{2y} \\ &\vdots \\ L_{p1}b_1 + L_{p2}b_2 + \cdots + L_{pp}b_p &= L_{py} \end{aligned}\right\} \tag{2-25}$$

式中

$$L_{ii} = \sum_{k=1}^{n}(x_{ki} - \bar{x}_i)^2, \quad i = 1,2,\cdots,p$$

$$L_{ij} = \sum_{k=1}^{n}(x_{ki} - \bar{x}_i)(x_{kj} - \bar{x}_j), \quad i,j = 1,2,\cdots,p$$

$$L_{iy} = \sum_{k=1}^{n}(x_{ki} - \bar{x}_i)(y_k - \bar{y}), \quad i = 1,2,\cdots,p$$

由(2-25)式解出 $b_1,b_2,\cdots,b_p$,根据(2-24)式可得 b_0。

如果只有 y,x_1,x_2 三个变量,则(2-25)式可变为:

$$\left.\begin{aligned} L_{11}b_1 + L_{12}b_2 &= L_{1y} \\ L_{21}b_1 + L_{22}b_2 &= L_{2y} \end{aligned}\right\} \tag{2-26}$$

由(2-26)式得

$$b_1 = \frac{L_{1y}L_{22} - L_{2y}L_{12}}{L_{11}L_{22} - L_{12}^2}, \quad b_2 = \frac{L_{2y}L_{11} - L_{1y}L_{21}}{L_{11}L_{22} - L_{12}^2} \tag{2-27}$$

据(2-24)式有

$$b_0 = \bar{y} - b_1\bar{x}_1 - b_2\bar{x}_2 \tag{2-28}$$

(2)多元线性回归方程的显著性检验

对多元线性回归方程的显著性检验一般采用 F 检验法。统计量

$$F = \frac{(n - p - 1)U}{pQ} \tag{2-29}$$

式中

$$U = \sum_{k=1}^{n}(\hat{y}_k - \bar{y})^2$$

如果计算值 F 大于查表值 F_α,认为回归方程相关显著,回归方程有意义。

4. 多元非线性回归分析

在地图制图数据处理中,变量之间的关系常常是非线性的,例如研究居民地选取指标与居民地密度、人口密度之间的关系。多元非线性回归方程的求法一般是通过数学变换,使非线性关系化为线性关系,再利用多元线性回归的方法解多元非线性回归方程。

(1)多元非线性回归方程

设有 p 个自变量 $x_1, x_2, \cdots, x_p$ 与因变量 y,它们有如下关系式:

$$y = b_0 x_1^{b_1} x_2^{b_2} \cdots x_p^{b_p}$$

对上式两边取对数,得

$$\ln y = \ln b_0 + b_1\ln x_1 + b_2\ln x_2 + \cdots + b_p\ln x_p$$

令

$$\ln y = Y, \ \ln b_0 = B_0, \ln x_1 = X_1, \ln x_2 = X_2, \cdots, \ln x_p = X_p$$

于是有线性关系

$$Y = B_0 + b_1X_1 + b_2X_2 + \cdots + b_pX_p$$

如果只有 y, x_1, x_2 三个变量,则

$$Y = B_0 + b_1X_1 + b_2X_2$$

由(2-27)式得

$$\left. \begin{aligned} b_1 &= \frac{L_{1y}L_{22} - L_{2y}L_{12}}{L_{11}L_{22} - L_{12}^2} \\ b_2 &= \frac{L_{2y}L_{11} - L_{1y}L_{21}}{L_{11}L_{22} - L_{12}^2} \\ B_0 &= \bar{Y} - b_1\bar{X}_1 - b_2\bar{X}_2 \\ b_0 &= e^{B_0} \end{aligned} \right\} \tag{2-30}$$

式中

$$L_{ii} = \sum_{k=1}^{n}(X_{ki} - \bar{X}_i)^2, \quad i = 1, 2$$

$$L_{ij} = \sum_{k=1}^{n}(X_{ki} - \bar{X}_i)(X_{kj} - \bar{X}_j), \quad i, j = 1, 2$$

$$L_{iy} = \sum_{k=1}^{n}(X_{ki} - \overline{X}_i)(Y_k - \overline{Y}), \quad i = 1, 2$$

(2)多元非线性回归方程显著性检验

多元非线性回归方程的显著性检验与多元线性回归方程相似,采用 F 检验法。统计量

$$F = \frac{(n-p-1)U}{pQ} \tag{2-31}$$

注意,式中

$$U = \sum_{k=1}^{n}(\hat{y}_k - \overline{y})^2, Q = \sum_{k=1}^{n}(y_k - \hat{y}_k)^2$$

如果计算值 F 大于查表值 F_α,认为回归方程相关显著,回归方程有意义。

§2-2　地图制图数据处理模型的模糊数学基础

模糊数学是地图制图综合结构选取数学模型和地图制图评价数学模型的数学基础。

一、模糊数学基础知识

1. 模糊集合

模糊集合 $\widetilde{A}$ 由隶属函数 $\mu_{\widetilde{A}}(x)$ 来表征,隶属函数 $\mu_{\widetilde{A}}(x)$ 在 $[0,1]$ 区间中取值,其大小反映元素 x 对模糊集合 $\widetilde{A}$ 的隶属度。

2. 模糊集合的基本运算

(1)相等

把隶属函数全部相等的两个模糊集合称为相等,即:

$$\mu_{\widetilde{A}}(x) = \mu_{\widetilde{B}}(x)$$

则

$$\widetilde{A} = \widetilde{B}$$

(2)补集

$\widetilde{A}$ 的补集为:

$$\overline{\widetilde{A}} = 1 - \mu_{\widetilde{A}}(x)$$

(3)并集

模糊集合 $\widetilde{A}$ 和 $\widetilde{B}$ 的并集 $\widetilde{C}$,其隶属函数为:

$$\mu_{\widetilde{C}}(x) = \max[\mu_{\widetilde{A}}(x), \mu_{\widetilde{B}}(x)]$$

记做:

$$\mu_{\widetilde{C}}(x) = \mu_{\widetilde{A}}(x) \vee \mu_{\widetilde{B}}(x)$$

用模糊集合符号表示为:

$$\widetilde{C} = \widetilde{A} \cup \widetilde{B} \tag{2-32}$$

(4)交集

模糊集合 $\widetilde{A}$ 和 $\widetilde{B}$ 的交集 $\widetilde{D}$,其隶属函数为:

$$\mu_{\tilde{D}}(x) = \min[\mu_{\tilde{A}}(x), \mu_{\tilde{B}}(x)]$$

记做:

$$\mu_{\tilde{D}}(x) = \mu_{\tilde{A}}(x) \wedge \mu_{\tilde{B}}(x)$$

用模糊集合符号表示为:

$$\tilde{D} = \tilde{A} \cap \tilde{B} \tag{2-33}$$

3. 广义模糊算子

由于在模糊集合运算过程中信息损失偏多,运算过程过于粗糙,不少数学学者提出适应不同情况的模糊算子,提高了模糊集合运算的精度。

(1) Zadeh 模糊算子:"∨","∧"

$$\left.\begin{aligned} a \vee b &= \max(a, b) \\ a \wedge b &= \min(a, b) \end{aligned}\right\} \tag{2-34}$$

(2) 概率模糊算子:"$\hat{+}$","·"

$$\left.\begin{aligned} a \hat{+} b &= a + b - ab \\ a \cdot b &= ab \end{aligned}\right\} \tag{2-35}$$

(3) 有界模糊算子:"$\oplus$","$\otimes$"

$$\left.\begin{aligned} a \oplus b &= \min(1, a + b) \\ a \otimes b &= \max(1, ab) \end{aligned}\right\} \tag{2-36}$$

(4) Einstain 模糊算子:"$\overset{+}{E}$","$\dot{E}$"

$$\left.\begin{aligned} a\overset{+}{E}b &= \frac{a + b}{1 + ab} \\ a\dot{E}b &= \frac{ab}{1 + (1 - a)(1 - b)} \end{aligned}\right\} \tag{2-37}$$

(5) V 模糊算子:"$\overset{+}{V}$","$\dot{V}$"

$$\left.\begin{aligned} a\overset{+}{V}b &= \frac{ab - (1 - v)ab}{v + (1 - v)(1 - ab)} \\ a\dot{V}b &= \frac{ab}{v + (1 - v)(a \hat{+} b)} \\ v &= 1, 2, \cdots \infty \end{aligned}\right\} \tag{2-38}$$

4. 地图制图数据处理模糊算子

实际地图制图数据处理中往往要全面考虑各种因素对制图要素的影响,不管这些因素在模糊处理过程中所起的作用大小,而且在运算过程中要使信息量损失达到最小,这样,可使地图制图数据处理的数学模型有较高的精度。我们称这种模糊算子为 $M(\oplus,\cdot)$ 模糊算子,即

$$\left.\begin{aligned} a \oplus b &= \min(1, a + b) \\ a \cdot b &= ab \end{aligned}\right\} \tag{2-39}$$

二、模糊综合评判

1. 模糊综合评判

利用模糊综合评判对地图制图数据处理中某些带有模糊性的现象进行评判时,就是研究"因素集"和"评判集"的模糊关系。

(1) 因素集 U

制图现象(物体)的重要性取决于多种因素,这些因素构成一个集合,称为因素集 U

$$U = (u_1, u_2, \cdots, u_n)$$

(2) 评判集 V

将制图现象(物体)的重要性程度分为 m 个评价等级,它们构成评判集 V

$$V = (v_1, v_2, \cdots, v_m)$$

(3) 模糊综合评判矩阵

每个因素对各个等级都有一个评判结果,构成单因素评判模糊集

$$\widetilde{R}_i = (r_{i1}, r_{i2}, \cdots, r_{im})$$

n 个因素的评判构成模糊综合评判矩阵

$$\widetilde{R} = \begin{pmatrix} \widetilde{R}_1 \\ \widetilde{R}_2 \\ \vdots \\ \widetilde{R}_i \\ \vdots \\ \widetilde{R}_n \end{pmatrix} = \begin{pmatrix} r_{11} & r_{12} & \cdots & r_{1m} \\ r_{21} & r_{22} & \cdots & r_{2m} \\ \vdots & \vdots & & \vdots \\ r_{i1} & r_{i2} & \cdots & r_{im} \\ \vdots & \vdots & & \vdots \\ r_{n1} & r_{n2} & \cdots & r_{nm} \end{pmatrix}$$

(4) 因素权重集

由于各个因素对制图现象(物体)的影响程度不一样,所以要对这些因素分配不同的权重。

$$\widetilde{A} = (a_1, a_2, \cdots, a_n)$$

(5) 模糊综合评判结果集

根据模糊综合评判矩阵 $\widetilde{R}$ 和因素权重集 $\widetilde{A}$,通过模糊变换可得评判结果

$$\widetilde{B} = \widetilde{A} \circ \widetilde{R} = (b_1, b_2, \cdots, b_m) \tag{2-40}$$

根据最大隶属原则,在 $b_1, b_2, \cdots, b_m$ 中,哪一个的数值最大,评判结果就评定为相应的等级。

2. 模糊多层次综合评判

在地图制图数据处理评价过程中,作出任何一种结论都得对若干有关联的因素做综合考虑,需要考虑很多因素。因此,在评价过程中都对应不同层次的若干因素的综合考虑,需要采用模糊多层次综合评判方法建立评价数学模型。这种数学模型就是先把因素划分为几类,接着对每一类作出简单的综合评判,然后再根据评判的结果进行类之间的更高层次的综合评判。

(1) 因素集 U

设因素集 $U=(u_1,u_2,\cdots,u_n)$，其中 u_i 是第一级因素（大因素）。第一级因素可由相应的第二级因素综合评定，第二级因素可由相应的第三级因素综合评定，依此类推。将因素集 U 根据一定的属性和层次列出第二级、第三级……（如图 2-5）。

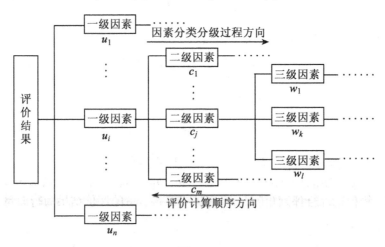

图 2-5

其中， $u_i=(c_1,c_2,\cdots,c_m)$， $i=1,2,\cdots,n$

$c_j=(w_1,w_2,\cdots,w_l)$， $j=1,2,\cdots,m$

$w_k=(e_1,e_2,\cdots,e_t)$， $k=1,2,\cdots,l$

（2）评价等级集 V

假设评定等级为 d 个级别，则

$$V=(v_1,v_2,\cdots,v_d)$$

需要注意的是各级因素的评价等级个数应相等，即 V 对 $u_i,c_j,w_k,\cdots$ 均适用。

（3）因素权重集

U 中的 n 个子集为一级因素，相应的权重为一级权重集，即：

$$P_U=(p_1,p_2,\cdots,p_n)$$

且

$$\sum_{i=1}^{n}p_i=1,\quad p_i\geq 0$$

u_i 中各因素权重为二级权重集，即：

$$P_{u_i}=(p_{i1},p_{i2},\cdots,p_{im})$$

且

$$\sum_{j=1}^{m}p_{ij}=1,\quad p_{ij}\geq 0$$

（4）评价计算

为了叙述方便，以三级模型为例，并设评定为四个级别，即：

$$V=(v_1,v_2,v_3,v_4)$$

先求出 c_j 的单因素评价矩阵。对 c_j 中第 k 个因素进行简单的模糊评判，得出评价集的隶属度，即：

$$(r_{k1}, r_{k2}, r_{k3}, r_{k4}), \quad k = 1, 2, \cdots, l$$

且

$$\sum_{v=1}^{4} r_{kv} = 1, \quad r_{kv} \geq 0$$

当 k 遍取 $1, 2, \cdots, l$ 后，得到模糊关系矩阵 $\widetilde{R}_{c_j}$

$$\widetilde{R}_{c_j} = \begin{pmatrix} r_{11} & r_{12} & r_{13} & r_{14} \\ r_{21} & r_{22} & r_{23} & r_{24} \\ \vdots & \vdots & \vdots & \vdots \\ r_{l1} & r_{l2} & r_{l3} & r_{l4} \end{pmatrix}$$

由 $\widetilde{R}_{c_j}$ 与三级评价因素的权重集 P_{c_j}，算得 c_j 的评价结果为：

$$c_j = (p_{ij1}, p_{ij2}, \cdots, p_{ijl}) \circ (r_{ij})_{l \times 4} = (b_{ij1}, b_{ij2}, b_{ij3}, b_{ij4}), \quad j = 1, 2, \cdots, m$$

构造第二级模糊综合评判矩阵。以 $c_j (j=1, 2, \cdots, m)$ 的评价结果为行向量，作出 u_i 的模糊综合评判矩阵 $\widetilde{R}_{u_i}$

$$\widetilde{R}_{u_i} = \begin{pmatrix} r'_{11} & r'_{12} & r'_{13} & r'_{14} \\ r'_{21} & r'_{22} & r'_{23} & r'_{24} \\ \vdots & \vdots & \vdots & \vdots \\ r'_{m1} & r'_{m2} & r'_{m3} & r'_{m4} \end{pmatrix}$$

由 $\widetilde{R}_{u_i}$ 与二级因素权重 P_{u_i} 算得 u_i 的评判结果为：

$$u_i = (p_{i1}, p_{i2}, \cdots, p_{im}) \circ (r'_{ij})_{m \times 4} = (b_{i1}, b_{i2}, b_{i3}, b_{i4}), \quad i = 1, 2, \cdots, n$$

由 U 的各子集 u_i 的评判结果构成 U 的单因素评判矩阵 $\widetilde{R}_U$

$$\widetilde{R}_U = \begin{pmatrix} r''_{11} & r''_{12} & r''_{13} & r''_{14} \\ r''_{21} & r''_{22} & r''_{23} & r''_{24} \\ \vdots & \vdots & \vdots & \vdots \\ r''_{n1} & r''_{n2} & r''_{n3} & r''_{n4} \end{pmatrix}$$

由 $\widetilde{R}_U$ 与一级因素权重 P_U，算得模糊多层次综合评判结果 U

$$U = (p_1, p_2, \cdots, p_n) \circ (r''_{ij})_{n \times 4} = (b_1, b_2, b_3, b_4) \tag{2-41}$$

根据最大隶属度原则，b_1, b_2, b_3, b_4 四个数值中谁最大，评判结果定为相应的等级。

§2-3 地图制图数据处理模型的信息论基础

信息论是地图制图评价数学模型的数学基础。

一、熵函数

1. 不肯定程度与信息量

不同事件的不肯定程度是不一样的。发生概率越小的事件，不肯定程度就越大；发生概率越大的事件，不肯定程度就越小。小概率事件发生了，信息量很大，如飞机失事，各大新闻媒体相互转载发表,这是因为该消息的信息量大。事件不肯定程度越大,信息量就越大。

2. 熵函数的定义

熵函数是衡量事件不肯定程度的数学表达式。设事件

$$X = \begin{pmatrix} x_1 & x_2 & \cdots & x_n \\ p(x_1) & p(x_2) & \cdots & p(x_n) \end{pmatrix}$$

则有熵函数

$$H(X) = -\sum_{i=1}^{n} p(x_i) \log_2 p(x_i) \tag{2-42}$$

式中,由于对数的底取2,这时信息量的单位是 bit(比特)。后面 $\log_2$ 均简写为 $\log$。

3. 熵函数的性质

(1) 熵函数的非负性

概率 $p(x_i)$ 满足 $1 \geq p(x_i) \geq 0$,所以,$H(X) \geq 0$。

(2) 熵函数的连续性

从(2-42)式可以看出,熵函数是连续函数,如果概率值发生很小的变化,熵函数也会产生很小的变化。

(3) 熵函数的确定性

当 $p=0$ 或 $p=1$ 时,

$$H(X) = 0$$

在概率论中,前者称为不可能事件,后者称为必然事件,它们都没有不肯定性。

(4) 熵函数的最大值

在等概率情况下,熵函数的值最大。在(2-42)式中,当

$$p(x_1) = p(x_2) = \cdots = p(x_n) = \frac{1}{n} \text{时},$$

$$H(X) = -\sum_{i=1}^{n} \frac{1}{n} \log \frac{1}{n} = \log n \tag{2-43}$$

(5) 在等概率条件下,随着可能结局量 n 的增加,不肯定程度增大。

从(2-43)式可以看出,当 n 增大时,$H(X)$ 的值也随着增大。

(6) 熵的可加性

如果某一事件 A 是由 n 个互不相容事件 $A_1, A_2, \cdots, A_n$ 所组成的完备事件

$$A = A_1 + A_2 + \cdots + A_n$$

$$H(A) = -\sum_{i=1}^{n} p(A_i) \log p(A_i)$$

假设 A_n 事件是由 $A_{n1}, A_{n2}, \cdots, A_{nm}$ 所组成的完备事件,则有:

$$H(A)' = H(A) + p(A_n) H(A_n)$$

这就是熵的可加性。事件的新熵等于原熵加上某一事件概率乘以某一事件熵。

4. 连续随机变量的熵

连续变量总是可以用离散变量来逼近的,根据(2-42)式有连续随机变量的熵函数:

$$H(X) = -\int_{-\infty}^{+\infty} f(x) \log f(x) \mathrm{d}x \tag{2-44}$$

对于正态分布随机变量,它的密度函数为:

$$f(x) = \frac{1}{\sqrt{2\pi}} e^{-\frac{1}{2}(\frac{x-\mu}{\sigma})^2}$$

$$H(X) = -\int_{-\infty}^{+\infty} \frac{1}{\sqrt{2\pi}} e^{-\frac{1}{2}(\frac{x-\mu}{\sigma})^2} \log\left[\frac{1}{\sqrt{2\pi}} e^{-\frac{1}{2}(\frac{x-\mu}{\sigma})^2}\right] dx = \log\sqrt{2\pi e} + \log\sigma \tag{2-45}$$

正态分布的熵与数学期望无关,只与方差有关。

5. 多维熵

由两个或两个以上随机变量组成的熵称为多维熵。设有两个离散随机变量

$$X = (x_1, x_2, \cdots, x_n)$$
$$Y = (y_1, y_2, \cdots, y_m)$$

则有联合熵

$$H(X,Y) = -\sum_{i=1}^{n}\sum_{j=1}^{m} p(x_i, y_j) \log p(x_i, y_j) \tag{2-46}$$

对于连续随机变量有

$$H(X,Y) = -\int_{-\infty}^{+\infty}\int_{-\infty}^{+\infty} f(x,y) \log f(x,y) \, dxdy \tag{2-47}$$

(2-47)式可以推广到两个以上随机变量的熵。

多维熵有基本特性 $H(X,Y) \leq H(X) + H(Y)$。

6. 条件熵

两个随机变量的条件熵为:

$$H(X/Y) = -\sum_{j=1}^{m}\sum_{i=1}^{n} p(y_j) p(x_i/y_j) \log p(x_i/y_j) \tag{2-48}$$

根据概率乘法定理

$$p(X/Y) = p(X/Y)p(Y) = p(Y/X)p(X)$$

有

$$H(X/Y) = H(X,Y) - H(Y) \tag{2-49}$$

同样可以有

$$H(Y/X) = H(X,Y) - H(X) \tag{2-50}$$

条件熵的基本性质:

$$\left. \begin{array}{l} H(X/Y) \leq H(X) \\ H(Y/X) \leq H(Y) \end{array} \right\} \tag{2-51}$$

二、信息量

1. 信息量的定义

信息量是不肯定程度减小的量。包含在 Y 变量中关于 X 变量的信息量为:

$$I_X(Y) = H(Y) - H(Y/X) \tag{2-52}$$

(2-52)式还可以写成:

$$I_X(Y) = H(Y) + H(X) - H(X,Y) \tag{2-53}$$

2. 信息量的特性

(1) 信息量的非负性

因为
$$H(Y) \geq H(Y/X)$$
所以
$$I_X(Y) = H(Y) - H(Y/X) \geq 0$$

(2) $I_X(Y) = I_Y(X)$

由于
$$I_X(Y) = H(Y) - H(Y/X) = H(Y) + H(X) - H(X,Y)$$
$$I_Y(X) = H(X) - H(X/Y) = H(X) + H(Y) - H(X,Y)$$

所以
$$I_X(Y) = I_Y(X)$$

这表明 X 中包含 Y 的信息量和 Y 中包含 X 的信息量相等。

(3) 当 X 与 Y 相互独立,信息
$$I_X(Y) = I_Y(X) = 0$$

当 X 与 Y 相互独立时,有
$$H(X/Y) = H(X)$$
$$H(Y/X) = H(Y)$$

信息
$$I_X(Y) = H(Y) - H(Y/X) = H(Y) - H(Y) = 0$$
$$I_Y(X) = H(X) - H(X/Y) = H(X) - H(X) = 0$$

3. 地图上用熵表示信息量

信息量是不肯定程度减小的量,可通过熵来确定。在地图制图数据处理中,一般都假设地图信息能被人们全部接受,此时,地图要素不肯定程度减小的量就是地图要素的熵,从这个意义来讲,可以直接用熵表示信息量。

4. 信息与相关

根据(2-45)式有
$$H(Y) = \log\sqrt{2\pi e} + \log\sigma_Y = \log(\sqrt{2\pi e} \times \sigma_Y)$$

对于条件熵有
$$H(Y/X) = \log(\sqrt{2\pi e} \times \sigma_{Y/X}) = \log(\sqrt{2\pi e} \times \sigma_Y \times \sqrt{1-r^2})$$

所以
$$I_X(Y) = \log(\sqrt{2\pi e} \times \sigma_Y) - \log(\sqrt{2\pi e} \times \sigma_Y \times \sqrt{1-r^2})$$
$$= -\log\sqrt{1-r^2} \tag{2-54}$$

式中,r 是两个随机变量 X 和 Y 的相关系数。

三、信息论的几个重要概念

1. 最大熵

在等概率情况下,熵函数的值最大。这时的熵称为最大熵,根据(2-43)式有最大熵
$$H_{\max} = \log n \tag{2-55}$$

2. 相对熵

变量实有熵同它可能最大熵之比,称为相对熵,即

$$H_0 = \frac{H}{H_{\max}} \tag{2-56}$$

3. 剩余熵

在熵没有达到最大值时,表示一部分信息没有参加活动,称为剩余熵,也称冗余度,即

$$R = 1 - H_0 \tag{2-57}$$

4. 信息量的单位

信息量的单位是按对数的底来区分的。以 2 为底的对数计算得到的信息量的单位为 bit(比特),是信息量最常用的单位。以 3,e,10 为底的对数计算的信息量的单位,分别为 tet(铁特)、net(奈特)、det(笛特)。

§2-4 地图制图数据处理模型的图论基础

图论是地图制图综合中结构选取数学模型的数学基础,主要应用于具有网状结构的道路网、河流等线状要素的选取。

一、基本概念

图论是借助事物的抽象图形来研究事物之间相互关系的学科。它用一组点代表事物,用一组边代表事物之间的关系,形成一个用于研究点与边之间特征的抽象图形。

如图 2-6 所示,在图中黑点表示顶点,用线段表示边,可以把图看成是点集、边集和边集关系的集合。

$$G = (V, E, \varphi) \tag{2-58}$$

式中,G 是图,V 是点的有限非空集,

$$V = \{1, 2, \cdots, n\}$$

E 为边的有限集,

$$E = \{a, b, \cdots, m\}$$

φ 为 V 和 E 的对应关系。

树是一种没有回路的连通线性图。

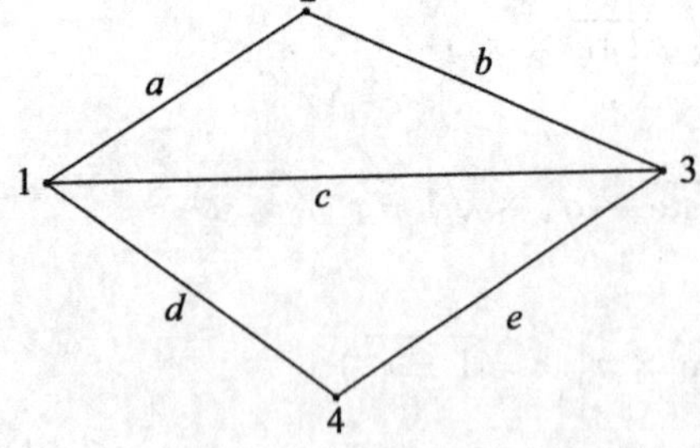

图 2-6

二、图的矩阵表示

图除了用集合概念表示外,还可以用矩阵表示。

1. 关联矩阵

设一个图 G 有 n 个点和 m 条边,可作出一个 $n \times m$ 矩阵,矩阵的 n 行对应 n 个点,m 列对应 m 条边。该矩阵为:

$$A = (a_{ij})_{n \times m} \tag{2-59}$$

式中,如果边 m 关联到点 n,则 $a_{ij} = 1$,如果边 m 和点 n 不关联,则 $a_{ij} = 0$。该矩阵称为点-边关联矩阵,简称关联矩阵。

例如，图2-6的关联矩阵为：

$$A = \begin{pmatrix} 1 & 0 & 1 & 1 & 0 \\ 1 & 1 & 0 & 0 & 0 \\ 0 & 1 & 1 & 0 & 1 \\ 0 & 0 & 0 & 1 & 1 \end{pmatrix}$$

2. 邻接矩阵

表示点与点之间是否关联的矩阵称为邻接矩阵。邻接矩阵为：

$$A = (a_{ij})_{n \times n} \tag{2-60}$$

式中，如果点 i 和点 j 之间有边直接相连，$a_{ij}=1$；如果点 i 和点 j 之间没有边直接相连，$a_{ij}=0$。显然，没有自环的图 G，A 主对角线元素值都是0。

例如，图2-6的邻接矩阵为：

$$A = \begin{pmatrix} 0 & 1 & 1 & 1 \\ 1 & 0 & 1 & 0 \\ 1 & 1 & 0 & 1 \\ 1 & 0 & 1 & 0 \end{pmatrix}$$

三、节点强度的计算方法

节点 v_i 的强度值，就是矩阵 $B=A+E$ 的最大特征值所对应的特征向量 π 的第 i 个分量（元素），特征向量 π 属于矩阵在数值上最大的特征值。A 是图的邻接矩阵，E 是与 A 同阶的单位矩阵。节点 v_i 的强度值，一般来说，主要采用两种迭代方法计算得到。

1. 简单迭代法

$$\pi = \lim_{n \to \infty} \frac{B^n e}{e^T B^n e} \tag{2-61}$$

式中，e 是分量为1的 n 维矢量，即 $e=(1,1,\cdots,1)$。如果引入矢量

$$\left. \begin{aligned} e_1 &= Be \\ e_2 &= Be_1 \\ &\vdots \\ e_n &= Be_{n-1} \end{aligned} \right\} \tag{2-62}$$

则得

$$\pi = \lim_{n \to \infty} \frac{e_n}{e^T e_n} \tag{2-63}$$

π 是对应于邻接矩阵最大特征值的特征向量，若把 π 的元素按大小排列，则所得的图的元素的等级顺序就表明它们的结构意义。

2. 乘幂迭代法

从某一初始向量出发，按公式

$$\begin{aligned} X_0 &= X, Y_0 = X_0 / \|X_0\|_\infty \\ X_k &= BY_{k-1}, Y_k = X_k / \|X_k\|_\infty \\ &(k=1,2,\cdots,\infty) \end{aligned} \tag{2-64}$$

作向量序列 $X_1, X_2, \cdots$；如果 X_{k+1}/X_k 逐渐趋于一个定值，那么这个定值就是 B 的绝对值最大

的特征值的一个近似值,而 X_k 或 X_{k+1} 就是相应的特征向量。同样,节点 v_i 的强度值就是特征向量 X_k 或 X_{k+1} 的第 i 个分量。同样,若把 X_k 或 X_{k+1} 元素按大小排列,则所得的图的元素的等级顺序就表明它们的结构意义。

第三章　地图要素分布特征模型

研究地图制图要素分布规律,并用数学方法建立要素分布规律模型,可为地图制图综合、地图设计等提供科学的依据。

§3-1　海岸线弯曲分布特征模型

在进行海岸线的综合时,通常以弯曲的大小作为依据。研究海岸线弯曲分布规律,建立海岸线弯曲大小分布规律的数学模型,可为地图海岸线自动综合提供基础。

一、海岸线的基本弯曲

把海岸线两弯曲之间不同方向的结合点(曲线的拐点)称为基本转折点,两拐点之间的部分称为基本弯曲(如图 3-1)。

基本弯曲的曲线长度用 l_{1i} 表示,其平均长度为:

$$\bar{l}_1 = \frac{1}{n} \sum_{i=1}^{n} l_{1i}$$

图 3-1　基本弯曲

基本弯曲弦长用 l_{2i} 表示,其平均长度为:

$$\bar{l}_2 = \frac{1}{n} \sum_{i=1}^{n} l_{2i}$$

二、海岸线的弯曲系数

基本弯曲的曲线平均长度与弯曲弦长的平均长度之比,称为海岸线的弯曲系数,即

$$K = \frac{\bar{l}_1}{\bar{l}_2} \tag{3-1}$$

同一类型的海岸线,弯曲系数 K 基本相同;随着海岸线类型不同,弯曲系数 K 稍微有些区别。显然,较平直的海岸,其海岸线的弯曲系数较小,破碎的海岸线的弯曲系数要大一些。

三、海岸线弯曲分布特征数学模型

根据自然规律,海岸线的大弯曲一般都比较少,弯曲越小,数量应越多。因此,海岸线弯曲按大小分布的规律,可用数理统计里的递减指数分布函数拟合。根据递减指数分布函数定义得海岸线弯曲分布特征数学模型为:

$$y = n(e^{-\frac{1}{l_1}x_i} - e^{-\frac{1}{l_1}x_{i+1}}) \tag{3-2}$$

式中,y 是海岸线基本弯曲按大小分布的频数,n 是基本弯曲的总个数,x_i 是基本弯曲按大小分组的区间临界值。

例如,某海岸线基本弯曲的弦长的总长 $L_2 = 1\,106$ mm,弯曲系数 $K = 1.15$,基本弯曲的总个数 $n = 108$。

先求基本弯曲弦长的平均长度:

$$\bar{l}_2 = \frac{1}{n}\sum_{i=1}^{n} l_{2i} = \frac{1}{n} L_2 = \frac{1\,106}{108} = 10.24 \text{ mm}$$

再根据(3-1)式得:

$$\bar{l}_1 = K\bar{l}_2 = 1.15 \times 10.24 = 11.8 \text{ mm}$$

从而有:

$$\frac{1}{\bar{l}_1} = \frac{1}{11.8} = 0.084\,7$$

根据(3-2)式得该海岸线弯曲分布特征数学模型:

$$y = 108(e^{-0.084\,7 x_i} - e^{-0.084\,7 x_{i+1}}) \tag{3-3}$$

这个模型可以在不对弯曲大小进行实际量测的情况下,计算出任意区间的弯曲个数。假如分组区间的组距为 10 mm,根据(3-3)式可计算该海岸线弯曲的分布值,为了检验(3-3)式模型的正确性,实际量测了这段海岸线,量测结果见表 3-1。

表 3-1

组号	分组/mm	模型计算值	实际量测值	误差
1	0~10	62	64	-2
2	10~20	27	31	-4
3	20~30	11	6	5
4	30~40	5	5	0
5	40~50	2	1	1
6	50~60	1	1	0

从表中可以看出,模型基本能模拟海岸线弯曲分布规律。在实际地图制图综合中,如果小于 10 mm 的弯曲应舍去,就知道要舍弃 62 个小弯曲;如果要舍去小于 5 mm 的弯曲,根据(3-3)式可计算出舍弃弯曲的具体数量。

§3-2 河流长度分布特征模型

为了确定河流的选取指标,常常需要知道该地区河流按长度分布的情况,应用河流长度分布规律确定河流选取标准。

一、数据采集

为了研究某地区河流按长度分布的规律,抽样量测了该地区的 60 条河流长度,量测结果见表 3-2。

表 3-2   单位:mm

编号	1	2	3	4	5	6	7	8	9	10	11	12	13	14	15
长度	50	144	56	36	18	106	50	84	124	28	34	41	28	41	109
编号	16	17	18	19	20	21	22	23	24	25	26	27	28	29	30
长度	46	72	62	42	32	100	74	52	165	24	22	32	82	42	32
编号	31	32	33	34	35	36	37	38	39	40	41	42	43	44	45
长度	52	70	52	98	24	26	25	24	42	26	15	5	17	12	10
编号	46	47	48	49	50	51	52	53	54	55	56	57	58	59	60
长度	25	8	14	7	5	5	5	12	16	20	14	10	5	6	

二、数据处理

从表 3-2 中,很难看出河流长度的分布规律,要对这些数据进行处理,以便在数量差异中找出河流长度变化规律。按河流长度分组,表 3-2 中,河流长度在 5~165 mm 之间变化,设组距为 20 mm,可分为 8 组(见表 3-3)。

表 3-3

分组/mm	5~25	26~45	46~65	66~85	86~105	106~125	126~145	146~165
频数	26	14	8	5	2	3	1	1

从表 3-3 中,可明显看出河流越短分布越多,河流越长分布越少的河流长度分布规律。

三、河流长度分布特征模型

根据表 3-3 中的河流长度分布规律,可用递减指数分布函数建立河流长度分布特征模型,也可以用幂函数建立河流长度分布特征模型。

1. 用递减指数分布函数建立河流长度分布特征模型

根据递减指数分布函数的定义有河流长度分布特征模型

$$y = n(e^{-\frac{1}{\bar{l}_1}x_i} - e^{-\frac{1}{\bar{l}_1}x_{i+1}}) \tag{3-4}$$

式中,y 是河流按大小分布的频数,n 是河流的总条数,$\bar{l}$ 是河流的平均长度,x_i 是河流按大小分组的区间临界值。

由于

$$\bar{l} = \frac{\sum_{i=1}^{n} l_i}{n}$$

式中,l_i 为每条河流长度。根据表 3-2,容易得到

$$\bar{l} = 41.1 \text{ mm}$$

因此
$$\frac{1}{\bar{l}} = 0.024$$
因为
$$n = 60$$
所以该地区河流长度分布特征模型为:
$$y = 60(e^{-0.024x_i} - e^{-0.024x_{i+1}}) \tag{3-5}$$

根据(3-5)式可计算该地区河流按大小的分布值。为了检验(3-5)式模型的正确性,将实际分布值与计算分布值进行比较分析(见表3-4)。

表 3-4

组 号	1	2	3	4	5	6	7	8
计算值	27	13	8	5	3	2	1	1
实际值	26	14	8	5	2	3	1	1
误 差	1	-1	0	0	1	-1	0	0

从表3-4可以看出(3-5)式模型的精度非常高。这个模型可以在不对河流大小进行实际量测的情况下,较精确地计算出任意区间的河流条数。

2. 用幂函数建立河流长度分布特征模型

表3-3中的河流长度分布规律也可以用幂函数建立模型。根据幂函数定义有
$$\hat{y} = ax^b$$
式中,$\hat{y}$是河流按长度分布的频数,x是河流的区间平均长度,a,b是待定参数。

从表3-3可得观测数据(见表3-5)。

表 3-5

x	15	35	55	75	95	115	135	155
y	26	14	8	5	2	3	1	1

根据(2-21)式、(2-22)式、(2-23)式得
$$a = 1\,921, \quad b = -1.43$$
根据(2-24)式得相关指数
$$R = 0.84$$
取 $\alpha = 0.05$,查表得
$$R_\alpha = 0.706\,7$$
因为
$$R > R_\alpha$$
该回归方程有意义。所以该地区河流长度分布特征模型为:

$$y = 1\ 921 x^{-1.43} \tag{3-6}$$

根据(3-6)式可计算该地区河流按长度的分布值,为了检验(3-6)式模型的模拟精度,将实际分布值与计算分布值进行比较分析(见表3-6)。

表 3-6

组号	1	2	3	4	5	6	7	8
计算值	40	12	6	4	3	2	2	1
实际值	26	14	8	5	2	3	1	1
误差	14	−2	−2	−1	1	−1	−1	0

从表3-6中可以看出(3-6)式模型基本能反映河流按长度分布的规律,但比用递减指数分布函数建立的数学模型精度低得多。

§3-3 居民地规模大小分布特征模型

在地图制图综合中,通常是舍弃规模较小的居民地,而居民地规模的大小一般都是以人口数来区分。研究居民地规模大小分布规律,建立居民地规模大小分布特征模型,可为居民地综合提供科学依据。

根据统计分析,大规模的居民地一般都比较少,居民地规模越小,数量越多。因此,居民地按规模大小分布的规律,可用数理统计中的递减指数分布函数拟合。根据递减指数分布函数定义得居民地规模大小分布特征模型为

$$y = n\left(e^{-\frac{1}{\bar{x}} x_i} - e^{-\frac{1}{\bar{x}} x_{i+1}}\right) \tag{3-7}$$

式中,y 是居民地按规模大小分布的频数,n 是居民地的总个数,$\bar{x}$ 是居民地的平均人口数,x_i 是居民地按大小分组的区间临界值。

为了研究某省的居民地大小分布规律,统计得到该省城镇居民地总数 $n = 135$ 个;总人口数 $\sum x = 2\ 033\ 499$ 人(指城镇人口数,不包括郊区人口)。

因为

$$\bar{x} = \frac{1}{n}\sum x = \frac{1}{135} \times 2\ 033\ 499 = 15\ 063 \approx 1.5 (万人)$$

所以

$$\frac{1}{\bar{x}} = \frac{1}{1.5} = 0.667$$

得该省城镇居民地规模大小分布特征模型为

$$y = 135(e^{-0.667 x_i} - e^{-0.667 x_{i+1}}) \tag{3-8}$$

根据(3-8)式可计算该省居民地按规模大小的分布值。为了检验(3-8)式模型的正确性,将实际分布值与计算分布值进行比较分析(见表3-7)。

表 3-7

组号	分组/万人	模型计算值	实际值	误差
1	0~2	98	94	4
2	2~4	26	28	-2
3	4~6	7	5	2
4	6~8	2	1	1
5	8~10	1	3	-2
6	≥10	1	6	-5

从表 3-7 可以看出(3-8)式模型基本能反映该省的城镇居民地规模大小分布规律,但由于居民地是社会经济要素,大型居民地实际个数与模型计算值误差较大,好在制图综合中大型居民地一般都选取,不在选择范围之内。

该省农村居民地的总数 $n = 187\,513$,农村总人口数 $\sum x = 30\,256\,279$ 人。

因为

$$\bar{x} = \frac{1}{n}\sum x = \frac{1}{187\,513} \times 30\,256\,279 = 163 \text{ 人}$$

所以

$$\frac{1}{\bar{x}} = \frac{1}{163} = 0.006\,1$$

得该省农村居民地规模大小分布特征模型为

$$y = 187\,513(e^{-0.006\,1x_i} - e^{-0.006\,1x_{i+1}}) \tag{3-9}$$

用该模型可计算出任意区间的农村居民地分布值。

§3-4 地面高程分布特征模型

在地图制图中,地貌高度表的设计和选择、研究地貌分层设色的色层和颜色时,都需要了解地面高程的分布情况;在制定城市规划、土地利用规划、农业规划和林业规划时,常常会用到某个高程差范围内的地表面积。因此,研究地面高程分布规律,建立地面高程分布特征模型有一定的现实意义。

地球上地形起伏,形式多样,一般来说地面高程有接近于正态分布、皮尔逊Ⅲ型分布、递减指数函数分布、幂函数分布和高次多项式分布等类型。某地区地面高程符合哪种分布就用相应函数建立该地区的地面高程分布特征模型。

一、符合正态分布的地面高程分布特征模型

有些地形的地面高程分布接近于正态分布,如某地区的地面高程的量测数据(见表 3-8)。根据表 3-8 的数据可绘出直方图(如图 3-2),从图 3-2 中可明显地看出它接近于一条正态分布曲线。

表 3-8

分组/m	500~600	600~700	700~800	800~900	900~1000	1 000~1 100	1 100~1 200	1 200~1 300
组中值/m	550	650	750	850	950	1 050	1 150	1 250
频数	3	2	8	16	20	35	48	36
频率	0.012	0.008	0.031	0.063	0.078	0.137	0.188	0.141
分组/m	1 300~1 400	1 400~1 500	1 500~1 600	1 600~1 700	1 700~1 800	1 800~1 900	1 900~2 000	Σ
组中值/m	1 350	1 450	1 550	1 650	1 750	1 850	1 950	
频数	32	30	12	7	4	1	2	256
频率	0.125	0.117	0.047	0.027	0.016	0.004	0.008	1

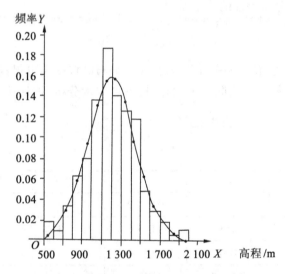

图 3-2 正态分布曲线与试验分布直方图

1. 地面高程分布特征模型

根据正态分布函数的定义,有地面高程分布特征模型

$$y = \frac{\Delta h}{\sigma\sqrt{2\pi}} e^{-\frac{(h_i-\bar{h})^2}{2\sigma^2}} \tag{3-10}$$

式中,y 是地面高程分布频率,h_i 是组中值,$\bar{h}$ 是平均高程,σ 是高程分布的标准差,Δh 是组距。

令

$$t = \frac{h_i - \bar{h}}{\sigma} \tag{3-11}$$

有

$$Z_t = \frac{1}{\sqrt{2\pi}} e^{-\frac{t^2}{2}}$$

上式为正态分布的标准化形式,计算时用 t 为引数,可在标准正态分布的概率表中查出。故有

$$y = \frac{\Delta h}{\sigma} Z_t$$

由于

$$\bar{h} = \frac{1}{n}\sum_{i=1}^{n} h_i = \frac{1}{256}\sum_{i=1}^{256} h_i = 1\ 204\ \text{m}$$

$$\sigma = \sqrt{\frac{\sum_{i=1}^{n}(h_i - \bar{h})^2}{n}} = \sqrt{\frac{\sum_{i=1}^{256}(h_i - \bar{h})^2}{256}} = \sqrt{\frac{15\ 936\ 896}{256}} = 250$$

$$\Delta h = 100$$

所以该地区地面高程分布特征的数学模型为

$$y = \frac{100}{250} Z_t = 0.4 Z_t \tag{3-12}$$

根据(3-11)式计算 t 值,再用 t 值查标准正态分布的概率表可得到 Z_t,然后将 Z_t 乘 0.4 得到地面高程分布频率。为了进行(3-12)式模型的精度分析,把计算值和相应的观测值全部列在表 3-9 中。

表 3-9

编号	t	Z_t	y	计算值 n	观测值 n_i	误 差
1	-2.57	0.014 7	0.005 9	2	3	-1
2	-2.22	0.033 9	0.013 6	3	2	1
3	-1.82	0.076 1	0.030 4	8	8	0
4	-1.42	0.145 6	0.058 2	15	16	-1
5	-1.02	0.237 1	0.094 8	24	20	4
6	-0.62	0.329 2	0.131 7	34	35	-1
7	-0.22	0.389 4	0.155 8	40	48	-8
8	0.18	0.392 5	0.157 0	40	36	4
9	0.58	0.337 2	0.134 9	34	32	2
10	0.98	0.246 8	0.098 7	25	30	-5
11	1.38	0.153 9	0.061 6	16	12	4
12	1.78	0.081 8	0.032 7	8	7	1
13	2.18	0.037 1	0.014 8	4	4	0
14	2.58	0.014 3	0.005 7	2	1	1
15	2.98	0.004 7	0.001 9	1	2	-1

从表 3-9 中可以看出(3-12)式模型基本能反映该地区地面高程分布规律。

2. 数学模型配合判断

为了检验模型用正态分布配合是否正确,还可用分布特征参数来判断。

由于三阶中心矩

$$\mu_3 = \sum_{i=1}^{n} (h_i - \overline{h})^3/n = \sum_{i=1}^{256} (h_i - \overline{h})^3 \Big/ 256 = 1\,179\,995$$

根据(2-10)式有偏态系数

$$C_v = \frac{\mu_3}{S^3} = \frac{\mu_3}{\sigma^3} = \frac{1\,179\,995}{250^3} = 0.08$$

$C_v > 0$,众数在平均值的左边,高程分布向前偏一些,图形有点正偏态。

由于四阶中心矩

$$\mu_4 = \sum_{i=1}^{n} (h_i - \overline{h})^4/n = \sum_{i=1}^{256} (h_i - \overline{h})^4 \Big/ 256 = 12\,574\,518\,942$$

根据(2-11)式有峰态系数

$$C_e = \frac{\mu_4}{S^4} = \frac{\mu_4}{\sigma^4} = \frac{12\,574\,518\,942}{250^4} = 3.2$$

$C_e > 3$,图形有点呈高峰态分布。

通过分布特征参数的判断,证明用(3-12)式来反映该地区地面高程分布规律偏差不大。

二、符合皮尔逊Ⅲ型分布的地面高程分布特征模型

不少地貌的高程分布是向前偏一些,如果偏离较大,应用皮尔逊Ⅲ型分布建立数学模型。皮尔逊Ⅲ型分布的概率密度函数为

$$y = \frac{\beta^\alpha}{\Gamma(\alpha)}(x - \delta)^{\alpha-1} e^{-\beta(x-\delta)} \tag{3-13}$$

式中,$\Gamma(\alpha)$可以在Γ分布表中查出,α,β,δ为待定参数。

$$\left.\begin{array}{c} \alpha = \dfrac{4}{C_v^2} \\[6pt] \beta = \dfrac{2\mu_2}{\mu_3} \\[6pt] \delta = \overline{x}\left(1 - \dfrac{2C_S}{C_v}\right) \end{array}\right\} \tag{3-14}$$

为了研究某地区的地面高程分布规律,用点网覆盖该地区等高线图形,量测结果见表3-10。

根据(3-13)式得地面高程分布特征模型

$$y = \frac{\Delta h \beta^\alpha}{\Gamma(\alpha)}(h - \delta)^{\alpha-1} e^{-\beta(x-\delta)} \tag{3-15}$$

式中,y是地面高程分布频率,h是组中值,Δh是组距。

表 3-10

编 号	1	2	3	4	5	6	7	8	9	10
分组/m	50~100	100~150	150~200	200~250	250~300	300~350	350~400	400~450	450~500	500~550
h_i	75	125	175	225	275	325	375	425	475	525
n_i	51	82	106	80	57	61	40	36	28	17
编 号	11	12	13	14	15	16	17	18		
分组/m	550~600	600~650	650~700	700~750	750~800	800~850	850~900	900~950		
h_i	575	625	675	725	775	825	875	925		
n_i	18	15	8	9	9	6	6	5		
编 号	19	20	21	22	23	24	25	Σ		
分组/m	950~1 000	1 000~1 050	1 050~1 100	1 100~1 150	1 150~1 200	1 200~1 250	1 250~1 300			
h_i	975	1 025	1 075	1 125	1 175	1 225	1 275			
n_i	5	1	0	3	3	2	1	649		

根据表 3-10 的数据可得

$\bar{h}=\bar{x}=321$ m, $\delta=226.133$, $\mu_2=51\ 136$, $\mu_3=17\ 531\ 197$

由于

$$C_v = \frac{\mu_3}{\sigma^3} = \frac{17\ 531\ 197}{226.133^3} = 1.516$$

故

$$C_S = \frac{\sigma}{\bar{x}} = \frac{226.133}{321} = 0.704$$

$$\alpha = \frac{4}{C_v^2} = \frac{4}{1.516^2} = 1.74$$

$$\beta = \frac{2\mu_2}{\mu_3} = \frac{2 \times 51\ 136}{17\ 531\ 197} = 0.006$$

$$\delta = \bar{h}\left(1 - \frac{2C_S}{C_v}\right) = 22.868$$

又

$$\Delta h = 50$$

$\Gamma(1.74)$ 查表得 0.917,最终得到该地区地面高程分布特征模型:

$$y = 0.007\ 4(h - 22.868)^{0.74} e^{-0.006(h - 22.868)} \tag{3-16}$$

为了检验(3-16)式模型的精度,将(3-16)式模型计算的高程分布频率与实际分布频率进行比较分析(见表 3-11)。

表 3-11

编 号	h_i	计算值 y	观测值 y_i	误差
1	75	0.098	0.079	0.019
2	125	0.123	0.126	−0.003
3	175	0.122	0.163	−0.041
4	225	0.112	0.123	−0.011
5	275	0.097	0.088	0.009
6	325	0.083	0.094	−0.009
7	375	0.069	0.062	0.007
8	425	0.056	0.055	0.001
9	475	0.045	0.043	0.002
10	525	0.036	0.026	0.010
11	575	0.028	0.027	0.001
12	625	0.023	0.023	0.000
13	675	0.018	0.012	0.006
14	725	0.014	0.014	0.000
15	775	0.011	0.014	−0.003
16	825	0.008	0.009	−0.001
17	875	0.007	0.009	−0.002
18	925	0.005	0.007	−0.002
19	975	0.004	0.007	−0.003
20	1 025	0.003	0.002	0.001
21	1 075	0.002 3	0.000 0	0.002 3
22	1 125	0.001 9	0.004 6	−0.002 7
23	1 175	0.001 4	0.004 6	−0.003 2
24	1 225	0.001 0	0.003 1	−0.002 1
25	1 275	0.000 7	0.001 5	−0.000 8

从表 3-11 中可以看出，(3-16)式模型基本能反映该地区的高程分布规律。

第四章　地图要素选取指标模型

地图的基本任务是以缩小的图形来表示客观世界。任何地图都不可能将地面上全部制图物体表示出来，只能以概括、抽象的形式反映出制图对象的带有规律性的类型特征，而将那些次要、非本质的物体舍弃，这个过程叫制图综合。它是通过选取和概括的手段来实现。

选取是指从大量的制图物体中选出较大的或较重要的物体表示在地图上，舍弃次要的物体。如选取较大的或较重要的居民地、河流、道路，舍弃较小的或次要的居民地、河流、道路。选取的方法通常有资格法和定额法。资格法是将一定的数量或质量指标作为选取的资格而进行选取的方法，如把 6 mm 长度作为河流的选取标准，长度大于 6 mm 的河流均应选取，小于 6 mm 的河流应舍去。定额法是规定出单位面积内应选取的制图物体的数量，这种方法可保证地图具有相当丰富的内容。

建立地图要素选取指标模型，就是通过研究地图要素的选取规律，建立相应的模型，为实施地图制图综合提供科学的选取指标。

§4-1　居民地选取指标模型

确定居民地选取指标的模型较多，有一元回归模型、多元回归模型、图解计算法、开方根规律模型等。实施地图制图综合时，根据具体情况，选择合适的模型，增强制图综合结果的科学性。

一、一元回归模型

根据地图制图综合原理，资料图上居民地密度越大，新编地图上居民地选取程度（选取百分比）越低。居民地选取程度与居民地密度之间存在着相关关系，依据这种相关关系可建立二者之间的回归模型。

为了研究某制图区域居民地选取规律，在该区域范围的四幅 1∶20 万地形图上量测了 20 个样本，量测数据见表 4-1。表中，x 为 1∶10 万地形图上居民地密度，n 是 1∶20 万地形图上的居民地选取个数，y 为居民地选取程度。

表 4-1

编号	1	2	3	4	5	6	7	8	9	10
x	20	29	41	41	48	48	53	54	56	57
n	20	27	28	33	28	29	31	26	29	26
y	1.0	0.93	0.68	0.81	0.58	0.60	0.59	0.48	0.52	0.46

续表

编号	11	12	13	14	15	16	17	18	19	20
x	60	63	67	71	75	80	83	88	100	101
n	25	38	24	39	30	37	40	33	41	37
y	0.42	0.60	0.36	0.55	0.40	0.46	0.48	0.38	0.41	0.37

把表 4-1 的数据绘在坐标纸上(如图 4-1),发现这种相关关系可用幂函数来表示:

$$y = ax^b \tag{4-1}$$

式中,a,b 是待定参数。

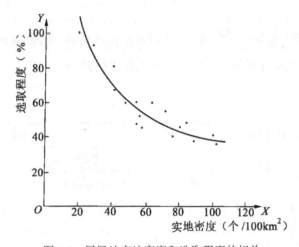

图 4-1 居民地实地密度和选取程度的相关

根据(2-22)式、(2-23)式可得:

$$a = 7.48, b = -0.65, R = 0.915\ 8$$

取 $\alpha = 0.01$,查相关强度系数表得

$$R_\alpha = 0.561\ 4$$

显然

$$R > R_\alpha$$

相关显著,回归方程有意义。

因此,得 1:20 万地形图居民地选取程度数学模型为

$$y = 7.47 x^{-0.65} \tag{4-2}$$

有了居民地选取程度模型,只要知道资料图居民地密度,就可计算出新编 1:20 万地形图上居民地的选取程度(或选取数量)。

按同样的方法,对全国范围内的已成 1:10 万地形图作了大量的实际观测,建立了确定居民地选取程度模型

$$y = 2.627\ 7 x^{-0.264\ 0} \tag{4-3}$$

式中,y 是居民地选取程度,x 是居民地实地密度(个/100 km^2)。

同理,对全国范围内已成的各种比例尺地形图作了大量的实际观测,建立了如表 4-2 所示的选取程度模型。

表 4-2

中小型居民地			大中型居民地		
比例尺	a	b	比例尺	a	b
1∶25 万	2.332 8	−0.618 1	1∶25 万	2.396 5	−0.615 0
1∶50 万	0.941 9	−0.648 7	1∶50 万	0.946 1	−0.637 3
1∶100 万	0.339 7	−0.668 8	1∶100 万	0.354 6	−0.665 9

表 4-2 中考虑到人口密度对居民地选取指标的影响。为了提高模型的精度,在小于或等于 1∶25 万地形图中分大中型和中小型两种居民地类型来建立模型。

在实际地图制图数据处理中,常常是以与之比例尺相差不远的地形图作为资料图。考虑到实际需要,通过数据分析处理可得到相应的数学模型(见表 4-3)。

表 4-3

中小型居民地			大中型居民地		
模型类型	a	b	模型类型	a	b
1∶10 万编 1∶25 万	1.426 1	−0.483 1	1∶10 万编 1∶25 万	1.465 8	−0.480 8
1∶25 万编 1∶50 万	0.432 4	−0.080 4	1∶25 万编 1∶50 万	0.415 6	−0.058 2
1∶50 万编 1∶100 万	0.357 9	−0.132 9	1∶50 万编 1∶100 万	0.373 3	−0.079 1

以上模型中,居民地密度 x 的单位为个/100 cm^2,即资料图上每 100 cm^2 范围内居民地的个数。这样,在实施地图制图综合时,可根据具体情况使用相应的数学模型。

二、多元回归模型

在地图制图综合中,影响居民地选取指标的因素很多,诸如居民地(实地或资料图上)密度、人口密度、地形、水系、交通等。分析上述一些因素可知,地形、水系及其他因素对居民地选取指标的影响,或多或少地都可以在居民地密度和人口密度这两个标志上得到反映。因此,确定居民地选取指标的多元回归模型采用居民地密度、人口密度和居民地选取程度(或选取数量)三个变量之间的相关,进行多元回归分析,建立选取模型。

1. 建立确定居民地选取指标的多元回归模型的基本原理

据上分析,确定居民地选取指标的多元回归模型为

$$y = b_0 x_1^{b_1} x_2^{b_2} \tag{4-4}$$

式中,y 为居民地选取程度,x_1 为居民地密度(实地密度单位是个/100 km^2,资料图上密度单位是个/100 cm^2),x_2 为人口密度(人/km^2),b_0,b_1,b_2 为待定参数。

设 y_1 为单位面积内居民地选取个数,则有

$$y = \frac{y_1}{x_1} \tag{4-5}$$

把(4-5)式代入(4-4)式有

$$y_1 = b_0 x_1^{1+b_1} x_2^{b_2} \tag{4-6}$$

下面对参数 b_0, b_1, b_2 的性质进行讨论。

(1) 参数 b_0

在(4-4)式中，当 b_1, b_2, x_1, x_2 为常数时，选取程度 y 随 b_0 增大而增加，这时，b_0 决定着选取的总程度(水平)。当 $b_0 = 0$ 时，$y = 0$，居民地全部舍去，因此

$$b_0 \geq 0$$

(2) 参数 b_1

在(4-4)式中，当 b_0, b_2, x_2 为常数时，b_1 一定，由不同的 x_1 能得到不同的 y。这时，b_1 决定不同居民地密度的居民地选取程度。

显然，b_1 不能为正值。如果 $b_1 > 0$，选取程度 y 将随着 x_1 增加而增大，也就是说居民地密度越大，选取程度越大，这是违背地图制图综合原理的。

当然，b_1 也不能小于 -1。若 $b_1 < -1$，从(4-6)式可以看出，居民地密度越大的区域，居民地选取数量反而越少，这也是违背地图制图综合原理的。

所以

$$-1 \leq b_1 \leq 0$$

(3) 参数 b_2

在(4-4)式中，如果 b_0, b_1, x_1 为常数，b_2 一定，x_2 越大则 y 相应增大。x_2 决定不同人口密度的居民地选取程度。

如果 $b_2 < 0$，人口密度越大的区域，居民地选取程度反而越小，这是违背地图制图综合原理的，所以

$$b_2 \geq 0$$

2. 各种比例尺地形图上选取指标模型

为了提高模型的精度，研究的范围限制在我国东南部中小型居民地分布的区域，统计分析对象是该地区 1:5 万、1:10 万、1:20 万、1:100 万、1:150 万、1:200 万和 1:250 万地形图。因为 1:25 万地形图当时还未制作出来，而 1:50 万地形图质量太差，所以这两种地形图没有被列入统计分析。为了研究方便，将这些比例尺地图划分为基本比例尺地形图和小比例尺普通地理图两部分。对于基本比例尺地形图，单个样本的范围是 $\Delta\lambda = 15'$，$\Delta\varphi = 10'$，即 1:5 万地形图一幅。对于小比例尺普通地理图，单个样本的范围为 $1° \times 1°$。前者共布置样本 805 个，后者为 68 个。以 1:5 万地形图上得到的数值作为居民地的实地密度(严格地讲，分散式居民地区域在 1:5 万地形图上也舍去了一些居民地)。

人口密度统计是按行政区域进行的，为了得到样本范围的人口密度，采用以各不同行政区域的面积为权的加权平均值的方法获得。

对各种比例尺的量测数据进行整理，把实地居民地密度 x_1(个/100 km²)，人口密度 x_2(人/km²)和相应比例尺的居民地选取程度 y 代入(2-31)式，得到各种比例尺地形图上居民地选取模型：

$$1:10\text{ 万地形图} \qquad y = 2.9336 x_1^{-0.3792} x_2^{0.0468}$$

1：20万地形图　　　　$y = 2.7870x_1^{-0.6865}x_2^{0.0697}$

1：100万地形图　　　$y = 0.3588x_1^{-0.8962}x_2^{0.1719}$

1：150万地形图　　　$y = 0.2363x_1^{-0.9657}x_2^{0.1843}$

1：200万地形图　　　$y = 0.0753x_1^{-1.0038}x_2^{0.2187}$

1：250万地形图　　　$y = 0.0478x_1^{-1.0275}x_2^{0.2216}$

经相关检验,这些回归方程都在 0.01 的水平上相关显著。

在实际地图制图数据处理中,确定居民地选取指标并不都以实地居民地密度为依据,制图资料也并不都是 1：5 万地形图。例如,编制 1：20 万地形图时,常使用的基本资料是 1：10 万地形图。此时,x_1 为 1：10 万地形图上的居民地密度,y 为 1：10 万~1：20 万的居民地选取程度,根据(2-31)式得 1：10 万地形图编 1：20 万地形图的居民地选取模型

$$y = 2.1543x_1^{-0.5985}x_2^{0.0790}$$

同理可得

1：10万地形图编1：100万地形图　　　$y = 0.3372x_1^{-0.8959}x_2^{0.2006}$

1：20万地形图编1：100万地形图　　　$y = 1.0625x_1^{-0.8510}x_2^{0.2062}$

1：100万地形图编1：150万地形图　　$y = 10.1602x_1^{-0.7601}x_2^{0.1473}$

1：100万地形图编1：200万地形图　　$y = 14.1337x_1^{-1.1684}x_2^{0.2572}$

1：100万地形图编1：250万地形图　　$y = 3.4760x_1^{-0.9209}x_2^{0.1840}$

经相关检验,这些回归方程都在 0.01 的水平上相关显著。

当然,这些模型只适用于中小型居民地分布的地区,对于其他类型,需要另行计算参数。

3. 选取试验

为了检验这些模型确定的选取指标是否符合实际,需要进行选取试验。试验的方法是用模型计算的居民地选取数量与质量非常好的已成地形图上的居民地数量进行比较分析。

用 1：10 万地形图进行选取试验,在研究的区域布置 54 个样本,统计每个样本内居民地的个数。然后,根据

$$y = 2.9336x_1^{-0.3792}x_2^{0.0468}$$

得 1：10 万地形图上居民地选取数量模型

$$y_1 = 2.9336x_1^{0.6208}x_2^{0.0468} \tag{4-7}$$

用(4-7)式计算每个样本的居民地选取数量并进行比较分析(见表4-4)。

表 4-4

编号	1	2	3	4	5	6	7	8	9	10	11	12	13	14	15	16	17	18
观测数	56	43	28	44	43	46	27	25	61	76	66	72	65	67	90	86	49	60
计算数	50	44	33	52	47	49	29	32	55	77	71	70	71	68	86	88	55	60
差数	6	-1	-5	-8	-4	-3	-2	-7	6	-1	-5	2	-6	-1	4	-2	-6	0
编号	19	20	21	22	23	24	25	26	27	28	29	30	31	32	33	34	35	36
观测数	45	52	41	40	38	51	62	68	55	45	45	32	91	74	49	39	86	82
计算数	46	50	36	37	35	44	62	68	59	46	44	34	88	82	55	51	91	74
差数	-1	2	5	3	3	7	0	0	-4	-1	1	-2	3	-8	-6	-12	-5	8

续表

编号	37	38	39	40	41	42	43	44	45	46	47	48	49	50	51	52	53	54
观测数	119	35	62	40	39	51	82	59	40	57	49	61	42	78	89	58	53	37
计算数	113	44	62	45	46	56	77	65	47	57	50	62	43	79	83	57	54	41
差数	6	-9	0	-5	-7	-5	5	-6	-7	0	-1	-1	-1	-1	6	1	-1	-4

从表4-4可以看出居民地实际选取数量与模型计算的选取数量比较接近。

4. 通用居民地选取模型

由于1∶50万地形图没有高质量的已成图来模拟选取规律,1∶25万地形图当时还没有制作出来,因此,缺少这两种比例尺的选取模型。但这些比例尺的选取模型可利用通用居民地选取模型获得。

从以实地居民地密度建立的系列比例尺的居民地选取程度模型中,可以看出 b_0, b_1, b_2 随比例尺变化而变化,它们同地图比例尺分母 M 有相关关系。虽然这种相关的确切关系不知道,但可以用一个多项式来逼近它,即

$$b = a_0 + a_1 M + a_2 M^2 + a_3 M^3$$

这是由于多项式可以在一个比较小的邻域内任意逼近任何函数。为了得到最佳模型,又选用其他9个函数进行回归分析,把回归分析的结果与多项式进行比较,最后得到 b_0, b_1, b_2。

最佳数学模型为

$$\left. \begin{array}{l} b_0 = 3.5976 - 0.0552M + 0.0003M^2 - 0.000001M^3 \\ b_1 = -1.0144 + 6.4187/M \\ b_2 = 0.02442 + 0.00247M - 0.000012M^2 + 0.000000021M^3 \end{array} \right\} \quad (4\text{-}8)$$

(4-8)式称为通用居民地选取模型,利用它可求得任意比例尺地形图的居民地选取模型。如果要求出1∶25万地形图的居民地选取模型,据(4-8)式有

$$b_0 = 3.5976 - 0.0552 \times 25 + 0.0003 \times 25^2 - 0.000001 \times 25^3 = 2.39$$
$$b_1 = -1.0144 + 6.4187/25 = -0.76$$
$$b_2 = 0.02442 + 0.00247 \times 25 - 0.000012 \times 25^2 + 0.000000021 \times 25^3$$
$$= 0.079$$

从而得到1∶25万地形图上居民地选取模型为

$$y = 2.39 x_1^{-0.76} x_2^{0.079}$$

同理,可获得1∶50万等其他任意比例尺地形图上居民地选取模型。

5. 居民地选取依据的确定

在地图制图数据处理中,居民地选取指标的确定有些人认为应以居民地密度作为依据,有些人认为应以人口密度作为依据。但大多数制图学者认为大比例尺编图中以居民地密度为依据,小比例尺编图中以人口密度为依据较为合理。这样就提出了以何种比例尺分界的问题,也就是说比例尺小到什么程度才能依据人口密度确定居民地选取指标。

从以实地居民地密度建立的系列比例尺的居民地选取程度模型中,可以看出 $1+b_1, b_2$ 随比例尺变化而变化(见表4-5),而且 $1+b_1$ 随比例尺变小而变小,b_2 随比例尺变小而变大。

表 4-5

比例尺	1：10万	1：20万	1：100万	1：150万	1：200万	1：250万
$1+b_1$	0.620 8	0.313 5	0.103 8	0.034 3	-0.003 8	-0.027 5
b_2	0.046 8	0.069 7	0.179 7	0.184 3	0.218 7	0.221 6

在大比例尺居民地选取模型中，$1+b_1>b_2$，表示居民地密度对居民地选取指标的影响程度超过人口密度；在小比例尺居民地选取模型中，$1+b_1<b_2$，表示人口密度对居民地选取指标的影响程度超过居民地密度；显然，$1+b_1$表示居民地密度对居民地选取指标的影响程度，b_2表示人口密度对居民地选取指标的影响程度。因此当$1+b_1=b_2$时，居民地密度对居民地选取指标的影响等于人口密度对居民地选取指标的影响，此时的比例尺就是分界比例尺。

观察表 4-5，可以断定分界比例尺在 1：20 万~1：100 万之间。根据通用模型(4-8)式可计算出$1+b_1$，b_2的值。由于b_1在 1：100 万~1：250 万之间有

$$b_1 = -0.035\ 4 - 0.184\ 4\ln M \qquad (4-9)$$

用这个更加精确的模型来计算，因此，b_1需要计算两个值

$$b_{11} = -1.014\ 4 + 6.418\ 7/M$$

$$b_{12} = -0.035\ 4 - 0.184\ 4\ln M$$

再通过比例尺的加权平均，获得最终的b_1值：

$$b_1 = \frac{\frac{1}{M-20}b_{11} + \frac{1}{100-M}b_{12}}{100-20}(M-20)(100-M) = \frac{100-M}{80}b_{11} + \frac{M-20}{80}b_{12}$$

经计算得出 1：60 万~1：70 万之间的$1+b_1$，b_2的值(见表 4-6)。

表 4-6

比例尺	$1+b_1$	b_2
1：60 万	0.151 1	0.134 2
1：65 万	0.146 5	0.140 3
1：70 万	0.142 2	0.146 1
1：75 万	0.119 8	0.151 4

从表 4-6 中可见分界比例尺在 1：65 万~1：70 万之间。考虑到地图中比例尺的使用习惯，可认为 1：70 万是分界比例尺。这就是说，地图比例尺大于 1：70 万时，居民地密度在居民地确定选取指标时起主要作用，地图比例尺小于 1：70 万时，人口密度在居民地确定选取指标时起主要作用。

在确定地图上选取指标时，一般还应利用多元回归模型，即由两种密度来确定。1：70 万分界比例尺指明的仅是在大于 1：70 万地形图上居民地密度对确定选取指标的影响大于人口密度，在小于 1：70 万地形图上人口密度对确定选取指标的影响大于居民地密度；而不是说在大于 1：70 万地形图上人口密度对确定选取指标没有影响，在小于 1：70 万地形图

上居民地密度对确定选取指标没有影响。

三、图解计算法

图解计算法就是利用物体的数量、地图符号的大小和地图载负量来计算出地图物体的选取数量。由于地图上的载负量主要由居民地的图形和注记构成,图解计算法主要用于确定居民地选取指标。

1. 地图载负量

地图载负量是地图图廓内地图物体的符号和注记所占的面积同图幅的总面积之比,单位是 mm^2/cm^2。同样,居民地的载负量是居民地的符号和注记所占的面积同总面积之比。

(1) 地图极限载负量

地图极限载负量是指某种比例尺地图上表达地图物体最多时符号和注记所占的面积。超过这一容量就影响地图的清晰阅读。

居民地的极限载负量是通过统计量测而获得的。通过研究表明,1:10万地形图的居民地极限载负量为 24(mm^2/cm^2),1:100万地形图的居民地极限载负量为 28~30(mm^2/cm^2),1:400万地形图的居民地极限载负量为 30~35(mm^2/cm^2)等。

只有在居民地最稠密的地区才用极限载负量,其他密度区的载负量可根据地图视觉感受原理计算得到。

(2) 地图适宜载负量

地图适宜载负量是指根据地图物体密度关系确定符号和注记所占的面积。有了居民地极限载负量,根据地图视觉感受原理,可按(4-10)式计算其余各级居民地密度区的适宜载负量。

$$Q_{i+1} = \frac{Q_i}{\rho_i} \qquad (4\text{-}10)$$

式中,Q_i 为第 i 级载负量,ρ_i 为相应的辨认系数。辨认系数 ρ_i 可根据表4-7确定。

表 4-7

载负量	$Q_i>20$	$20 \geqslant Q_i>15$	$15 \geqslant Q_i \geqslant 10$	$Q_i<10$
ρ_i	1.2	1.3	1.4	1.5

2. 确定居民地选取指标的数学模型

居民地选取指标的数学模型为

$$N = \frac{1}{K^2} \sum_{i=1}^{m} p_i + \frac{\Delta Q}{r_{m+1}} \qquad (4\text{-}11)$$

式中:

N 为图上每 cm^2 选取居民地个数;

$\frac{1}{K^2}$ 是比例尺转换系数,$K = 10^6 \frac{1}{M}$,M 是地图比例尺分母,由于 $10^6 cm = 10 km$,所以 $\frac{1}{K^2}$ 是表示图上 1 cm^2 面积代表实地上面积为 100 km^2 的倍数;

p_i 为第 i 级居民地频数;

r_{m+1} 是 $m+1$ 级居民地的符号和注记的平均面积;

ΔQ 是选取 m 级以上的居民地以后,还剩余的居民地面积载负量,

$$\Delta Q = Q - \frac{1}{K^2}\sum_{i=1}^{m} p_i r_i \tag{4-12}$$

式中,Q 是居民地的载负量,γ_i 是 i 级居民地的符号和注记的平均面积。

(4-11)式模型是由两部分组成:第一部分是全取线上的 m 级居民地数量;第二部分是 $m+1$ 级居民地应选取的数量。

3. 计算居民地选取指标举例

例如,要编某地区1∶200万普通地理图,用图解计算法确定居民地选取指标。

(1)量测各密度区居民地频数 p_i

根据该地区1∶10万地形图观察,可将制图区域分为4个密度区。量测时,省会以上的居民地不统计,由于它们数量极少;市、县两级居民地,用实有数目除以所在密度区的总面积得到频数(个/100 km²)。然后,用典型抽样量测法量得各区的其他等级居民地频数(见表4-8)。布置样本时,根据各密度区的面积大小和区内密度差异大小分配样本数量:面积大,样本数量多一些;密度差异大,样本数量也应多一些。实际量测30个样本,1区、2区、3区、4区样本数量分别是6,7,9,8。

表4-8

分 区	市	县	乡(镇)	村	总 计
1	0.03	0.11	3.67	263.67	267.48
2	0.01	0.09	2.86	182.57	185.53
3		0.08	1.33	79.33	80.74
4		0.03	0.75	47.13	47.91

(2)确定各密度区的居民地载负量

经统计分析研究认为,1∶200万普通地理图上居民地极限载负量为25(mm²/cm²)。本制图区域1区的密度是267.48(个/100 km²),可以采用极限载负量

$$Q_1 = 25$$

有了1区载负量 Q_1,根据(4-10)式和表4-7可得其他密度区居民地适宜载负量:

$$Q_2 = \frac{Q_1}{\rho_1} = \frac{25}{1.2} = 20.8$$

$$Q_3 = \frac{Q_2}{\rho_2} = \frac{20.8}{1.2} = 17.3$$

$$Q_4 = \frac{Q_3}{\rho_3} = \frac{17.3}{1.3} = 13.3$$

(3)新编地图上符号和注记的面积

经地图设计和统计分析,得新编1∶200万普通地理图上居民地的符号、注记尺寸和注

记平均字数(见表4-9)。

表4-9

居民地等级	符号尺寸/mm	注记尺寸/mm	注记平均字数
市	2.0	4.0×4.0	3.0
县	1.5	3.0×2.0	2.0
乡(镇)	1.2	2.5×2.5	2.1
村	1.0	1.75×1.75	2.4

(4)确定居民地选取指标

根据(4-11)式和(4-12)式,可以得到各密度区的居民地选取指标。计算过程见表4-10。

表4-10

项 目	居民地等级				总计
	市	县	乡(镇)	村庄	
居民地频数 p_i	0.03	0.11	3.67	263.67	267.48
符号和注记的平均面积 r_i/mm²	51.14	19.77	14.26	8.14	
比例尺转换系数 $1/K^2$	4.0	4.0	4.0	4.0	
面积载负量分配 $Q(\Delta Q)$/mm²	6.14	8.70	10.16	0.0	25.0
居民地选取数量 N_i/(个/cm²)	0.12	0.44	0.71	0.0	1.27

计算说明:

表4-10中第一行数值由表4-8中查得。

表4-10中第二行数值由表4-9中数据计算得到

$$r_1 = r_{市} = 3.14 \times 1.0^2 + 4.0^2 \times 3 = 51.14 \text{ mm}^2$$

$$r_2 = r_{县} = 3.14 \times 0.75^2 + 3.0^2 \times 2 = 19.77 \text{ mm}^2$$

$$r_3 = r_{乡} = 3.14 \times 0.6^2 + 2.5^2 \times 2.1 = 14.26 \text{ mm}^2$$

$$r_4 = r_{村} = 3.14 \times 0.5^2 + 1.75^2 \times 2.4 = 8.14 \text{ mm}^2$$

表4-10中第三行数值,比例尺转换系数计算过程如下:

因为

$$M = 2\,000\,000$$

所以

$$\frac{1}{K^2} = \frac{1}{\left(\frac{10^6}{2 \times 10^6}\right)^2} = 4.0$$

即图上 1 cm² 相当于实地 400 km²。

表 4-10 中第四行数值是载负量分配情况。该区总载负量

$$Q_1 = 25$$

市级居民地全选取需要载负量为

$$Q_{市} = \frac{1}{K^2} p_{市} \, r_{市} = 4.0 \times 0.03 \times 51.14 = 6.14 (\text{mm}^2/\text{cm}^2)$$

县级居民地全选取需要载负量为

$$Q_{县} = \frac{1}{K^2} p_{县} \, r_{县} = 4.0 \times 0.11 \times 19.77 = 8.70 (\text{mm}^2/\text{cm}^2)$$

全部选取县一级居民地后,剩余的载负量为

$$\Delta Q = Q_1 - Q_{市} - Q_{县} = 25 - 6.14 - 8.67 = 10.16 (\text{mm}^2/\text{cm}^2)$$

这个数值同 $r_{乡}$ 比较可知,已不够每 cm² 选 1 个乡级居民地,更不要说全部选取。

表 4-10 中第五行数值是居民地选取指标。市级、县级全部选取,数量为:

$$N_{市} = \frac{1}{K^2} p_{市} = 4.0 \times 0.03 = 0.12 (\text{个}/\text{cm}^2)$$

$$N_{县} = \frac{1}{K^2} p_{县} = 4.0 \times 0.11 = 0.44 (\text{个}/\text{cm}^2)$$

图上表示 1 个乡(镇)居民地需要面积 14.26 mm²,因此

$$N_{乡} = \frac{\Delta Q}{r_3} = \frac{10.16}{14.26} = 0.71 (\text{个}/\text{cm}^2)$$

这说明在图上 1 cm² 范围内只能选取 0.71 个乡(镇)居民地。这样,1 区居民地选取指标为

$$N = N_{市} + N_{县} + N_{乡} = \frac{1}{K^2} \sum_{i=1}^{2} p_i + \frac{\Delta Q}{r_3} = (0.12 + 0.44) + 0.71 = 1.27 (\text{个}/\text{cm}^2)$$

式中,$p_1 = p_{市}$,$p_2 = p_{县}$。

考虑实际地图制图综合的需要,还要把选取指标换成 127 个/dm²。

用同样的方法,可以求出 2 区、3 区、4 区的居民地选取指标(见表 4-11、表 4-12、表 4-13)。

表 4-11

项 目	居民地等级				总计
	市	县	乡(镇)	村 庄	
居民地频数 p_i	0.01	0.09	2.86	182.57	185.53
符号和注记的平均面积 r_i/mm²	51.14	19.77	14.26	8.14	
比例尺转换系数 $1/K^2$	4.0	4.0	4.0	4.0	
面积载负量分配 $Q(\Delta Q)$/mm²	2.05	7.12	11.63	0.0	20.8
居民地选取数量 N_i/(个/cm²)	0.04	0.36	0.82	0.0	1.22

表 4-12

项 目	居民地等级				总计
	市	县	乡(镇)	村庄	
居民地频数 p_i	0.00	0.08	1.33	79.33	80.74
符号和注记的平均面积 r_i/mm^2	51.14	19.77	14.26	8.14	
比例尺转换系数 $1/K^2$	4.0	4.0	4.0	4.0	
面积载负量分配 $Q(\Delta Q)/\text{mm}^2$	0.00	6.33	10.97	0.0	17.3
居民地选取数量 $N_i/(\text{个}/\text{cm}^2)$	0.00	0.32	0.77	0.0	1.09

表 4-13

项 目	居民地等级				总计
	市	县	乡(镇)	村庄	
居民地频数 p_i	0.00	0.03	0.75	47.13	47.91
符号和注记的平均面积 r_i/mm^2	51.14	19.77	14.26	8.14	
比例尺转换系数 $1/K^2$	4.0	4.0	4.0	4.0	
面积载负量分配 $Q(\Delta Q)/\text{mm}^2$	0.00	2.37	10.93	0.0	13.3
居民地选取数量 $N_i/(\text{个}/\text{cm}^2)$	0.00	0.12	0.77	0.0	0.89

这样,新编 1∶200 万普通地理图各密度区居民地选取指标为:

  1 区 127 个 $/\text{dm}^2$
  2 区 122 个 $/\text{dm}^2$
  3 区 109 个 $/\text{dm}^2$
  4 区 89 个 $/\text{dm}^2$

四、方根模型

方根模型是探讨新编图与资料图上某类制图物体数量规律的一种方法。因为新编图与资料图上制图物体数量之比同两种地图比例尺分母之比的开方根有着密切联系,故将此模型称为方根模型。

1. 方根规律的基本模型

方根规律的基本模型为:

$$n_F = n_A \sqrt{\frac{M_A}{M_F}} \tag{4-13}$$

式中，n_A 是资料图上物体数量，n_F 是新编图上物体数量，M_A 是资料图比例尺分母，M_F 是新编图比例尺分母。

在地图制图综合中，有一部分物体的选取数量可根据(4-13)式模型求得。

2. 方根规律的通用模型

在地图制图综合中，选取物体数量的多少受多种因素影响，如新编图与资料图的符号尺度并不都是按方根规律来设计的，又如物体重要性不一样等，使物体的选取数量不符合基本选取规律。为此，对方根规律的基本模型进行改进，有

$$n_F = n_A C_Z C_B \sqrt{\frac{M_A}{M_F}} \tag{4-14}$$

式中，C_Z 是符号尺度系数，C_B 是物体重要性系数。(4-14)式称为通用选取模型。

(1) 符号尺度系数 C_Z

当符号尺寸符合开方根规律时，

$$C_Z = 1 \tag{4-15}$$

当符号尺寸既不符合开方根规律，又不相等时，对于线状物体有

$$C_Z = \frac{s_A}{s_F} \sqrt{\frac{M_A}{M_F}} \tag{4-16}$$

对于面状物体有

$$C_Z = \frac{f_A}{f_F} \sqrt{\left(\frac{M_A}{M_F}\right)^2} \tag{4-17}$$

(4-16)式、(4-17)式中，s 和 f 分别为线状符号的线粗和面状符号的面积。

当符号尺寸相等时，对于线状物体根据(4-16)式有

$$C_Z = \sqrt{\frac{M_A}{M_F}} \tag{4-18}$$

对于面状物体根据(4-17)式有

$$C_Z = \sqrt{\left(\frac{M_A}{M_F}\right)^2} \tag{4-19}$$

(2) 物体重要性系数 C_B

当制图物体为重要物体时，

$$C_B = \sqrt{\frac{M_F}{M_A}} \tag{4-20}$$

当制图物体为一般物体时，

$$C_B = 1 \tag{4-21}$$

当制图物体为次要物体时，

$$C_B = \sqrt{\frac{M_A}{M_F}} \tag{4-22}$$

在同时考虑符号尺度系数和物体重要性系数的情况下，可得出一系列的实用公式(见表4-14)。

表 4-14

C_Z \ C_B		$C_{B1}=\sqrt{\dfrac{M_F}{M_A}}$（重要）	$C_{B2}=1$（一般）	$C_{B3}=\sqrt{\dfrac{M_A}{M_F}}$（次要）
符号尺寸符合开方根规律 $C_{Z1}=1$		$n_F=n_A$	$n_F=n_A\sqrt{\dfrac{M_A}{M_F}}$	$n_F=n_A\sqrt{\left(\dfrac{M_A}{M_F}\right)^2}$
符号尺寸不符合开方根规律，但尺寸相同	线状 $C_{Z2}=\sqrt{\dfrac{M_A}{M_F}}$	$n_F=n_A\sqrt{\dfrac{M_A}{M_F}}$	$n_F=n_A\sqrt{\left(\dfrac{M_A}{M_F}\right)^2}$	$n_F=n_A\sqrt{\left(\dfrac{M_A}{M_F}\right)^3}$
	面状 $C_{Z3}=\sqrt{\left(\dfrac{M_A}{M_F}\right)^2}$	$n_F=n_A\sqrt{\left(\dfrac{M_A}{M_F}\right)^2}$	$n_F=n_A\sqrt{\left(\dfrac{M_A}{M_F}\right)^3}$	$n_F=n_A\sqrt{\left(\dfrac{M_A}{M_F}\right)^4}$
符号尺寸不符合开方根规律，尺寸也不相同	线状 $C_{Z2}=\dfrac{s_A}{s_F}\sqrt{\dfrac{M_A}{M_F}}$	$n_F=n_A\dfrac{s_A}{s_F}\sqrt{\dfrac{M_A}{M_F}}$	$n_F=n_A\dfrac{s_A}{s_F}\sqrt{\left(\dfrac{M_A}{M_F}\right)^2}$	$n_F=n_A\dfrac{s_A}{s_F}\sqrt{\left(\dfrac{M_A}{M_F}\right)^3}$
	面状 $C_{Z3}=\dfrac{f_A}{f_F}\sqrt{\left(\dfrac{M_A}{M_F}\right)^2}$	$n_F=n_A\dfrac{f_A}{f_F}\sqrt{\left(\dfrac{M_A}{M_F}\right)^2}$	$n_F=n_A\dfrac{f_A}{f_F}\sqrt{\left(\dfrac{M_A}{M_F}\right)^3}$	$n_F=n_A\dfrac{f_A}{f_F}\sqrt{\left(\dfrac{M_A}{M_F}\right)^4}$

3. 选取系数和选取级

在(4-14)式中，令

$$K=C_Z C_B \sqrt{\dfrac{M_A}{M_F}}$$

则有

$$n_F = K n_A \tag{4-23}$$

式中，K 称为选取系数。显然影响 K 有三个因素：地图比例尺（M）、符号尺度（C_Z）、物体的重要性（C_B）。因此，选取系数 K 可表达为

$$K=\sqrt{\left(\dfrac{M_A}{M_F}\right)^x} \tag{4-24}$$

或

$$K=\begin{cases}\dfrac{s_A}{s_F}\sqrt{\left(\dfrac{M_A}{M_F}\right)^x}\\[2mm] \dfrac{f_A}{f_F}\sqrt{\left(\dfrac{M_A}{M_F}\right)^x}\end{cases} \tag{4-25}$$

在符号尺度符合方根规律或符号尺度相等时，用(4-25)式可确定选取系数 K。K 的区别仅在于指数 x，x 称为选取级。其余情况需个别确定 s 和 f 的值。一般来说，$0 \leqslant x \leqslant 4$，$x$ 可

分别取 0,1,2,3,4 等值。

4. 居民地选取模型

由于实地居民地的数量相差较大,地图上选取居民地不可能按一个固定的选取系数进行。当居民地密度很稀疏时,必须全部选取,即

$$K = 1, \quad x = 0$$

当居民地非常密集时,此时资料图的密度和新编图的密度应保持相等,即

$$x = 4$$

$$K = \sqrt{\left(\frac{M_A}{M_F}\right)^4}$$

因此,居民地选取系数应在 $1 \sim \sqrt{\left(\frac{M_A}{M_F}\right)^4}$ 之间。

按照地图制图综合的一般规律,综合后的地图既要保持各区域的密度差别,又要使密度稀疏区尽可能多表示一些;即分级时,前面(稀疏区)的级差大一些,后面(密集区)的级差小一些。对选取系数 K 取对数分级就可以满足上述要求。

例如,用 1:50 万地图作为资料编制 1:100 万地图,居民地密度分为 6 级,求各密度区的选取模型。

解:

$$K = \sqrt{\left(\frac{50}{100}\right)^4} = 0.25$$

得选取系数 K 取值范围在 $1 \sim 0.25$ 之间,对 K 取对数($\log_{10}K$)有

$$-0.6 \leq \log_{10}^K \leq 0$$

分为 6 级,即

$$0 \sim -0.12 \sim -0.24 \sim -0.36 \sim -0.48 \sim -0.6$$

求反对数,得

$$1 \sim 0.76 \sim 0.58 \sim 0.44 \sim 0.33 \sim 0.25$$

所以,各级密度区的选取系数 K 为:

$$1 \sim 0.76, \quad 0.76 \sim 0.58, \quad 0.58 \sim 0.44, \quad 0.44 \sim 0.33, \quad 0.33 \sim 0.25, \quad \leq 0.25$$

文献[19]的作者对居民地的选取系数进行过大量的研究,用样图试验和分析已成图的办法获得不同密度区的选取系数的分级界限。表 4-15 列出了文献[19]的作者用 1:50 万地图作为资料编制 1:100 万地图时的居民地选取系数分级的研究成果。

表 4-15 单位:个/100cm²

密度系数	0~15	15~35	35~60	60~110	110~200	>200
选取系数	1~0.7	0.7~0.5	0.5~0.4	0.4~0.32	0.32~0.27	0.27
选取个数	0~42	42~70	70~96	96~141	141~216	>216

从表 4-15 中可以看出两者的差别不大,但前者与后者相比,一是方法要简单得多,二是所有过程全部模型化。

第四章　地图要素选取指标模型

5. 独立房屋选取模型

独立房屋可根据(4-14)式方根通用模型

$$n_F = n_A C_Z C_B \sqrt{\frac{M_A}{M_F}}$$

确定选取指标。

此时，

$$C_Z = \frac{f_A}{f_F} \sqrt{\left(\frac{M_A}{M_F}\right)^2}$$

独立房屋可以看成一般物体，有

$$C_B = 1$$

所以，独立房屋选取模型为

$$n_F = n_A \frac{f_A}{f_F} \sqrt{\left(\frac{M_A}{M_F}\right)^3} \tag{4-26}$$

用(4-26)式模型对图4-2中的独立房屋的选取进行检验。在1∶2.5万地图上有独立房屋120个，1∶5万地图上应选取房屋个数

$$n = 120 \times \frac{1.2}{0.8} \sqrt{\left(\frac{2.5}{5}\right)^3} = 64(个)$$

实际上选取了56个。

1∶10万地图上应选取房屋个数

$$n = 56 \times \frac{0.8}{0.48} \sqrt{\left(\frac{5}{10}\right)^3} = 33(个)$$

实际上选取了29个。

这个误差主要是由于有公路穿过该居民地，随着地图比例尺的缩小，公路符号占位面积相应扩大，降低了独立房屋的选取数量。

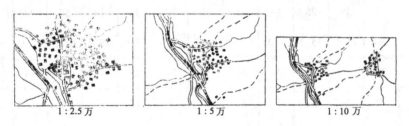

图4-2　散列式居民地中独立房屋的选取

§4-2　河流选取指标模型

确定河流选取指标模型主要有一元回归模型、多元回归模型、开方根规律模型等。实施地图制图综合时，应根据具体情况，选择合适的模型。

一、一元回归模型

河网密度是确定河流选取指标(标准)的基本依据。河网密度系数

$$K = \frac{L}{p} \tag{4-27}$$

式中,L是河流的总长度,p是河流的流域面积。

根据自然界的规律,河网越密该区域小河流就越多,即河网密度系数 K 和单位面积内的河流条数 n_0 有相关关系,且

$$n_0 = \frac{n}{p} \tag{4-28}$$

式中,n是河流条数。

依据河网密度系数 K 和单位面积内的河流条数 n_0 的相关关系,可建立河网密度系数 K 的数学模型。

用实际量测的方法在某区域范围内的1:5万地形图上量测40个小河系(见表4-16),n是河流的条数,p是流域面积,L是河流的总长度。

表 4-16

编 号	1	2	3	4	5	6	7	8	9	10	11	12	13
n	8	3	4	3	6	18	6	10	14	12	16	9	29
p/cm^2	360	100	100	60	110	300	100	160	222	177	210	90	270
L/cm	70.4	26.1	30.0	15.9	29.4	124.2	33.6	52.0	63.0	76.8	88.0	41.4	103.1
编 号	14	15	16	17	18	19	20	21	22	23	24	25	26
n	6	5	4	3	9	4	7	11	15	28	40	9	10
p/cm^2	47	35	28	19	41	16	28	30	38	57	70	11	11
L/cm	23.4	15.5	15.2	9.3	27.0	14.8	20.3	33.0	45.0	67.2	96.0	16.2	19.0
编 号	27	28	29	30	31	32	33	34	35	36	37	38	39	40
n	15	29	24	21	14	12	13	7	12	71	35	17	17	27
p/cm^2	14	25	19	16	9	7	8	4	6	33	15	7	7	10
L/cm	17.0	40.6	36.0	33.6	15.4	9.6	15.6	6.3	12.0	85.2	31.5	13.6	13.6	21.6

根据表4-16,可得 K 和 n_0(见表4-17)。

表 4-17

编 号	K/(cm/cm²)	n_0/(条/cm²)	编 号	K/(cm/cm²)	n_0/(条/cm²)
1	0.195 6	0.022 2	21	1.100 0	0.366 7
2	0.261 0	0.030 0	22	1.184 2	0.394 7
3	0.300 0	0.040 0	23	1.178 9	0.491 2
4	0.265 0	0.050 0	24	1.371 4	0.571 4
5	0.267 3	0.054 5	25	1.472 7	0.818 2
6	0.414 0	0.060 0	26	1.727 3	0.909 1
7	0.336 0	0.060 0	27	1.214 3	1.071 4
8	0.325 0	0.062 5	28	1.624 0	1.160 0
9	0.283 8	0.063 1	29	1.894 7	1.263 2
10	0.433 9	0.067 8	30	2.100 0	1.312 5
11	0.419 0	0.076 2	31	1.711 1	1.555 6
12	0.460 0	0.100 0	32	1.371 4	1.714 3
13	0.381 9	0.107 4	33	1.950 0	1.625 0
14	0.497 9	0.127 7	34	1.575 0	1.750 0
15	0.442 9	0.142 9	35	2.000 0	2.000 0
16	0.542 9	0.142 9	36	2.581 8	2.151 5
17	0.489 5	0.157 9	37	2.100 0	2.333 3
18	0.658 5	0.219 5	38	1.942 9	2.428 6
19	0.925 0	0.250 0	39	1.942 9	2.428 6
20	0.725 0	0.250 0	40	2.160 0	2.700 0

根据表 4-17,在坐标纸上点绘出相应点的位置(如图 4-3)。依据点的分布规律,可用幂函数建立河网密度的数学模型

$$K = a n_0^b \tag{4-29}$$

式中,a,b 是待定参数。

根据(2-22)式、(2-23)式可得

$$a = 1.47, \quad b = 0.52, \quad R = 0.972$$

取 $\alpha = 0.01$,查相关强度系数表得

$$R_\alpha = 0.561\ 4$$

显然

$$R > R_\alpha$$

相关显著,回归方程有意义。

因此,得河网密度系数模型为

$$K = 1.47n_0^{0.52} = 1.47\left(\frac{n}{p}\right)^{0.52} \quad (4\text{-}30)$$

根据(4-30)式模型,只要知道该河系的流域面积 p 和河流条数 n,即可得到河网密度 K。

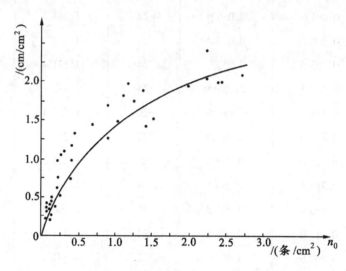

图 4-3　河网密度与单位面积内河流条数相关

我国多年来的编图实践,使得各不同密度的地区河流选取形成了一套惯用的标准(见表 4-18)。

表 4-18

河流密度系数 $K/(\text{km/km}^2)$	<0.1	0.1~0.3	0.3~0.5	0.5~0.7	0.7~1.0	1.0~2.0	>2.0
河流选取标准 l_A/cm	全选	1.4	1.2	1.0	0.8	0.6	0.5

例如,四个河网密度不同的地区,其河流条数 n 和流域面积 p 的量测结果如表 4-19 所示。表中的河网密度系数 K 是根据(4-30)式计算得来的。

表 4-19

地　区	1	2	3	4
n	567	178	29	11
p/km^2	480	595	310	824
$K/(\text{km/km}^2)$	1.60	0.78	0.43	0.16

根据表 4-18,可以得到各区的河流选取标准(见表 4-20)。

表 4-20

地 区	1	2	3	4
河流选取标准 l_A/cm	0.6	0.8	1.2	1.4

二、多元回归模型

以往确定河流的选取标准(指标)时,通常是根据地区的河网密度进行的。事实上,河流的选取不但与单位面积内河流的长度(河网密度)有关,还与单位面积内河流的条数有关。因此,确定河流选取程度的模型为

$$y = b_0 x_1^{b_1} x_2^{b_2} \tag{4-31}$$

式中,y 为河流选取程度,x_1 为资料图上单位面积内河流的条数,x_2 为资料图上单位面积内河流的长度(河网密度),b_0,b_1,b_2 为待定参数。

设 y_1 为单位面积内河流选取的条数,则有

$$y = \frac{y_1}{x_1} \tag{4-32}$$

把(4-32)式代入(4-31)式有

$$y_1 = b_0 x_1^{1+b_1} x_2^{b_2} \tag{4-33}$$

在某省范围内选取 28 个样本,相应量测出每个样本中 1∶5 万、1∶10 万、1∶20 万、1∶50 万和 1∶100 万地形图上河流的条数和长度,依据这些数据就可以建立相应比例尺的河流选取程度的多元回归模型。

以 1∶10 万地形图作为资料图,1∶20 万地形图作为新编图,样本量算值列于表 4-21。

表 4-21

样本量算值	样本编号	1	2	3	4	5	6	7	8	9	10	11	12	13	14
	y	47	37	100	60	133	47	75	31	19	12	59	39	65	42
	x_1	53	68	329	78	191	72	111	41	20	21	258	74	262	333
	x_2	1 553	2 313	5 502	2 191	5 235	2 576	2 890	1 528	1 174	781	5 698	2 447	7 504	5 042
样本量算值	样本编号	15	16	17	18	19	20	21	22	23	24	25	26	27	28
	y	65	90	41	51	51	46	10	28	35	48	54	53	15	31
	x_1	202	164	109	153	78	67	11	126	87	95	104	89	23	66
	x_2	3 126	4 437	4 037	3 876	2 706	2 317	789	3 259	1 716	2 792	2 961	2 572	511	1 500

根据(2-30)式,可求得

$$b_0 = 0.555\ 5$$
$$b_1 = -0.681\ 2$$
$$b_2 = 0.371\ 7$$

根据(2-31)式,可得

$$F = 31.313$$

取置信水平

$$\alpha = 0.05$$

查 F 分布表得

$$F_\alpha = 3.39$$

显然

$$F > F_\alpha$$

回归方程相关显著,模型有实际意义。

因此,得 1∶20 万地形图上河流选取程度的模型为

$$y = 0.5555 x_1^{-0.6812} x_2^{0.3731} \tag{4-34}$$

有了(4-34)式河流选取程度模型,只要知道 1∶10 万资料图上单位面积内河流的条数和单位面积内河流的长度(河网密度),就可以确定新编 1∶20 万地形图上河流的选取程度(或选取数量)。

同理,可以建立其他比例尺地形图的河流选取模型:

1∶5 万地形图编 1∶10 万地形图

$$y = 0.36 x_1^{-0.4} x_2^{0.3} \tag{4-35}$$

1∶20 万地形图编 1∶50 万地形图

$$y = 0.18 x_1^{-0.7} x_2^{0.42} \tag{4-36}$$

1∶50 万地形图编 1∶100 万地形图

$$y = 0.106 x_1^{-0.9} x_2^{0.76} \tag{4-37}$$

三、方根模型

河流一般是用线状符号表示,而单线河是用逐渐变化的线状符号表示,很难确定其长度比,另外,河流的重要性等级不易划分,因此,可将(4-14)式变为

$$n_F = n_A \sqrt{\left(\frac{M_A}{M_F}\right)^x} \tag{4-38}$$

式中,x 包含了 C_Z 和 C_B 的综合影响。

n_F 和 n_A 可以用分析试验等办法来确定,从而求出 x,建立河流选取指标模型。其具体步骤是:

(1)评价已成图或制作编绘样图,量取 n_F 和 n_A

选出若干块同新编图比例尺相同的高质量已成图,如果选不出合适的已成图,可设计编绘若干块样图。在已成图(或样图)和相应的资料图范围内,量取河流的条数 n_F 和 n_A。

(2)求选取级 x

将(4-38)式两边平方并取对数,得

$$2\ln n_F = 2\ln n_A + x\ln \frac{M_A}{M_F}$$

整理得

$$x = \frac{2\ln \frac{n_F}{n_A}}{\ln \frac{M_A}{M_F}} \tag{4-39}$$

例如,为了建立 1∶10 万~1∶100 万地形图上河流的选取数学模型,在某省不同的河网密度区选取四个样本进行研究,四个样本的河网密度系数 K 分别为>1.0,0.7~1.0, 0.5~

0.7,0.3~0.5。图 4-4 是其中的一个样本,位于该省的西部,河网密度系数 $K>1.0$。

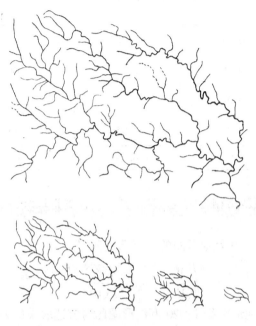

图 4-4 河流选取样图

量测样图和相应资料图上的河流条数 n_F 和 n_A(见表 4-22)。

表 4-22

地区	指标数据\比例尺	1:5万~1:10万	1:10万~1:20万	1:20万~1:50万	1:50万~1:100万
I	n_A	140	101	72	27
	n_F	101	72	27	5
II	n_A	96	69	49	8
	n_F	69	49	18	3
III	n_A	101	73	52	20
	n_F	73	52	20	4
IV	n_A	70	50	36	14
	n_F	50	36	14	2

根据(4-39)式可求出相应的 x 值(见表 4-23)。

表 4-23

比例尺 x 地区	1：5万~1：10万	1：10万~1：20万	1：20万~1：50万	1：50万~1：100万
I	0.94	0.98	2.14	4.87
II	0.95	0.99	2.19	5.17
III	0.94	0.98	2.09	4.64
IV	0.97	0.95	2.06	5.62
平均值	0.95	0.98	2.12	5.08

表 4-23 中的平均值就是相应比例尺地形图上河流的选取级，从而得到各种比例尺地形图河流选取模型。

1：5万地形图编1：10万地形图的河流选取模型为

$$n_F = n_A \sqrt{\left(\frac{M_A}{M_F}\right)^x} = n_A \sqrt{\left(\frac{5}{10}\right)^{0.95}} = 0.72 n_A \quad (4\text{-}40)$$

同理可得1：10万地形图编1：20万地形图的河流选取模型为

$$n_F = 0.71 n_A \quad (4\text{-}41)$$

1：20万地形图编1：50万地形图的河流选取模型为

$$n_F = 0.38 n_A \quad (4\text{-}42)$$

1：50万地形图编1：100万地形图的河流选取模型为

$$n_F = 0.17 n_A \quad (4\text{-}43)$$

方根模型还可以用在其他种类地图中确定河流选取指标。图 4-5 是丹江河系的图形。(a)为资料图，比例尺是1：150万；(b),(c),(d)为新编图，比例尺均为1：400万。(b)为科学参考图，(c)为教学地图，(d)为专题地图的地理底图。先把河系分成淅川、北岸和南岸三部分，然后应用(4-38)式模型来确定河流选取指标，对(b),(c),(d)新编图的河流分别采用选取级 $x=2,3,5$ 进行选取。计算结果见表 4-24。

表 4-24

比例尺	x	K	河流数量			
			淅川	北岸	南岸	$\sum$
1：150万(a)			35	56	48	139
1：400万(b)	2	0.375	13	21	18	52
1：400万(c)	3	0.230	8	13	11	32
1：400万(d)	5	0.086	3	5	4	12

按表 4-24 中计算的指标进行选取，选取结果见图 4-5。从图中可以看出，按方根模型对

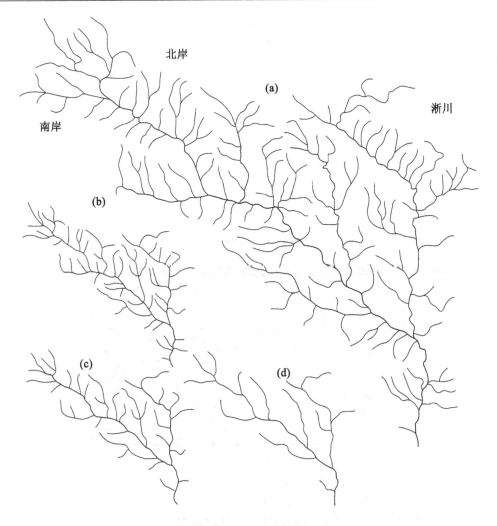

图 4-5 丹江河系的河流选取

河流进行选取,不但能反映出河系的类型特点,而且能反映出河系各部分的密度对比,同时又能满足地图用途的需要。

§4-3 其他要素选取指标模型

地图上其他要素选取指标的确定主要是采用方根模型。

一、道路网选取指标模型

地形图上的道路网选取指标可用(4-38)式方根模型确定:

$$n_F = n_A \sqrt{\left(\frac{M_A}{M_F}\right)^x}$$

随着比例尺的缩小,选取级 x 应逐渐提高,最高可使用4级。

下面是根据(4-38)式方根模型确定道路选取指标的试验,1:5万、1:10万和1:20万地形图的选取级分别为1,2和3,计算结果见表4-25。图4-6是高密度道路网的综合结果,图4-7是低密度道路网的综合结果。

表 4-25

比例尺	选取级	图 4-6 中的 n_F	图 4-7 中的 n_F
1:2.5万	1	42	9
1:5万	1	30	6
1:10万	2	15	3
1:20万	3	5	1

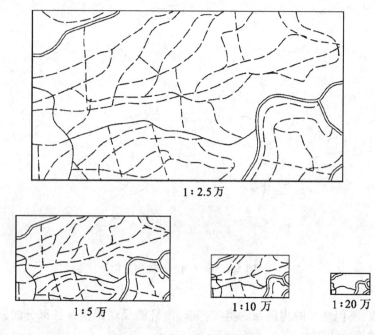

图 4-6　高密度道路网的综合

二、独立地物选取指标模型

地形图上的独立地物可根据(4-14)式方根通用模型

$$n_F = n_A C_Z C_B \sqrt{\frac{M_A}{M_F}}$$

确定选取指标。

独立地物在地形图上数量不多,符号尺寸对选取没有较明显的影响,因此有

$$C_Z = 1$$

对于重要独立地物,根据(4-20)式,

第四章 地图要素选取指标模型

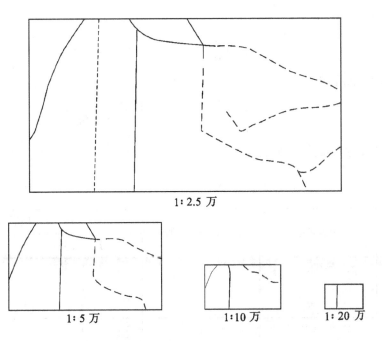

图 4-7 低密度道路网的综合

$$C_B = \sqrt{\frac{M_F}{M_A}}$$

所以,重要独立地物的选取模型为

$$n_F = n_A \tag{4-44}$$

即全部选取。

对于一般独立地物,根据(4-21)式,

$$C_B = 1$$

所以,一般独立地物的选取模型为

$$n_F = n_A \sqrt{\frac{M_A}{M_F}} \tag{4-45}$$

对于次要独立地物,根据(4-22)式,

$$C_B = \sqrt{\frac{M_A}{M_F}}$$

所以,次要独立地物的选取模型为

$$n_F = n_A \sqrt{\left(\frac{M_A}{M_F}\right)^2} \tag{4-46}$$

为了验证上述模型的正确性,在面积为 100 km² 的相应地区的 1:5 万和 1:10 万地形图上进行测试。量测结果见表 4-26。根据(4-44)式、(4-45)式、(4-46)式,有 1:5 万地形图编 1:10 万地形图重要独立地物选取模型

$$n_F = n_A$$

一般独立地物选取模型

$$n_F = n_A \sqrt{\frac{M_A}{M_F}} = n_A \sqrt{\frac{5}{10}} = 0.707 n_A$$

次要独立地物选取模型

$$n_F = n_A \sqrt{\left(\frac{M_A}{M_F}\right)^2} = n_A \sqrt{\left(\frac{5}{10}\right)^2} = 0.5 n_A$$

用上述模型计算所得的结果见表4-26。

表 4-26

地物重要性	地物名称	1∶5万地形图上的数量	1∶10万地形图上	
			实有数量	计算值
重　要	导线点	1	1	1
	有烟囱的工厂	1	1	1
	牌坊	2	2	2
一　般	土堆、砖瓦窑	7	4	5
	坟地	15	10	11
	采掘场	10	6	7
次　要	有方位意义的树林	3	1	1
	独立树	5	2	2
	灌木丛	5	2	2
	土地庙	10	4	5

从表4-26中可以看出,实际数量和模型计算数量非常接近。

三、岛屿(湖泊)选取指标模型

1. 岛屿(湖泊)选取的模型

地形图上岛屿(湖泊)的综合,可按(4-13)式方根基本模型

$$n_F = n_A \sqrt{\frac{M_A}{M_F}}$$

确定选取指标。

图4-8是辽东半岛东海岸外的长山群岛的图形。(a)图比例尺为1∶300万,共有岛屿28个,根据(4-13)式有

$$n_F = n_A \sqrt{\frac{M_A}{M_F}} = 28 \times \sqrt{\frac{300}{600}} = 20(个)$$

实际地图上选取了18个岛屿(如图(b)所示)。

2. 岛屿(湖泊)图形弯曲选取的模型

岛屿(湖泊)图形边线的弯曲个数同水涯线的粗细有密切关系。当水涯线较细时,可以

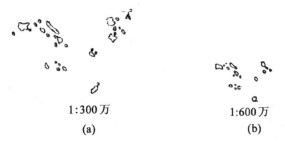

图 4-8 长山群岛的选取举例

表示出较多的弯曲;反之亦然。根据(4-14)式方根通用模型

$$n_F = n_A C_Z C_B \sqrt{\frac{M_A}{M_F}}$$

此时,

$$C_Z = \frac{s_A}{s_F}\sqrt{\frac{M_A}{M_F}}$$

$$C_B = 1$$

因此,确定岛屿(湖泊)图形边线弯曲选取指标的模型为

$$n_F = n_A \frac{s_A}{s_F}\sqrt{\left(\frac{M_A}{M_F}\right)^2} \tag{4-47}$$

图 4-9 是不同用途的地图上马达加斯加岛的图形化简实例。图(a)是原始资料,比例尺为 1:2 500 万,该图是一本中型地图集上的图形,水涯线粗为 0.1 mm,共有弯曲 106 个。在同一本地图集的 1:5 000 万、1:10 000 万和 1:20 000 万的地图上,水涯线粗为 0.1 mm,根据(4-47)式得 1:5 000 万地图上选取弯曲数量为

$$n = 106 \times \sqrt{\frac{2\ 500}{5\ 000}} = 53(个)$$

同理可得,1:10 000 万和 1:20 000 万地图上选取弯曲数量分别为 27 个和 14 个(见图(b))。在教学地图集中,水涯线粗为 0.2 mm,根据(4-47)式得 1:5 000 万地图上选取弯曲数量为

$$n = 106 \times \frac{0.1}{0.2}\sqrt{\frac{2\ 500}{5\ 000}} = 27(个)$$

同理可得,1:10 000 万和 1:20 000 万地图上选取弯曲数量分别为 14 个和 7 个(见图(c))。在一般报刊的概况图中,水涯线粗为 0.4 mm,根据(4-47)式得 1:5 000 万地图上选取弯曲数量为

$$n = 106 \times \frac{0.1}{0.4}\sqrt{\frac{2500}{5000}} = 14(个)$$

同理可得,1:10 000 万和 1:20 000 万地图上选取弯曲数量分别为 7 个和 4 个(见图(d))。

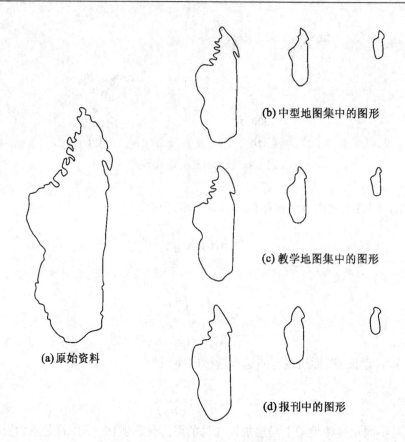

图 4-9 马达加斯加岛的图形化简

第五章 地图要素结构选取模型

地图要素结构选取模型是确定选取具体要素的模型。根据制图物体的结构关系,从大比例尺资料图上的制图物体中寻找出更重要的一部分物体表示在新编地图上。从地物的层次关系(等级关系)、空间关系(毗邻与包含)和拓扑关系(邻接和关联)等方面来解决具体选取哪些物体的问题。结构选取模型主要有等比数列法、模糊数学模型和图论模型。

§5-1 河流结构选取模型

河流结构选取模型主要有等比数列法、模糊数学模型和图论模型。

一、等比数列法

等比数列法是用河流的大小和河流的密度两个因素来衡量河流的重要性,根据其重要性来决定河流的取舍。

1. 等比数列法的基本原理

地图制图综合的基本任务之一是确定哪些物体应当全部选取,哪些物体应当全部舍去,哪些物体应当选择表示,并确定选取的尺度和条件。

一般来说,最大的和最重要的物体在地图上要全部表示,而最小的和最次要的物体则根本不表示。这两类物体的界限——全取线和全舍线一般并不难确定,所以,制图综合研究的重要工作是如何选择表示中等大小的物体。

地图上表示的地区差别要求视力能够分辨,且差别符合地图要素分布的实际情况。根据视觉感受原理,视觉能够分辨出密度差别的某要素表示在地图上的数量是一个等比数列。所以,把这种结构选取模型称为等比数列法。

等比数列法的基本规则如下:物体的大小用等比数列 A_i 表示,物体的分布密度用等比数列 B_j 表示,选取物体所需的间隔用数列 C_{lk} 表示。由这三个数列组成的选取模型叫等比数列表(见表5-1)。表中的对角线表示全取线,超过此线就全部选取。对角线以下的为选取表示部分。C_{lk} 数列最左边的一列和最下边的一行为全舍线,在此线外的就全部舍去。

2. 数列的确定方法

(1) A_i 数列的确定

先确定物体大小的全取线 A_n 和全舍线 A_1,在 A_1 和 A_n 之间的 A_i 根据下式求出:

$$A_i = A_1 \times \rho^{i-1}, \quad i = 1, 2, \cdots, n \tag{5-1}$$

式中,ρ 是辨认系数,其值根据制图要素而定,一般为 1.4~1.6。

表 5-1

大小分级 \ 密度分级 (选取间隔)	$B_1 \sim B_2$	$B_2 \sim B_3$	$B_3 \sim B_4$	...	$B_{n-2} \sim B_{n-1}$	$B_{n-1} \sim B_n$
$>A_n$	C_{11}					
$A_{n-1} \sim A_n$	C_{21}	C_{22}				
$A_{n-2} \sim A_{n-1}$	C_{31}	C_{32}	C_{33}			
$\vdots$	$\vdots$	$\vdots$	$\vdots$	$\ddots$		
$A_2 \sim A_3$	$C_{n-1,1}$	$C_{n-1,2}$	$C_{n-1,3}$	...	$C_{n-1,n-1}$	
$A_1 \sim A_2$	C_{n1}	C_{n2}	C_{n3}	...	$C_{n,n-1}$	C_{nn}

对于河流这样进行分级会过于概略,不能满足地图详细性的要求,还要在两级之间插入一个辅助等级。在 A_{i-1} 与 A_i 之间插入 A'_i,A'_i 可按下式计算:

$$A'_i = A_{i-1} + \frac{A_i - A_{i-1}}{\rho + 1} \tag{5-2}$$

(2) B_j 数列的确定

首先确定物体间隔指标的全取线 B_n 和全舍线 B_1。B_1 根据地图物体的类型而定,例如,河流的最小间隔是 1.2 mm。相邻两物体的间隔超过 B_n 时一般不再舍弃。在 B_1 和 B_n 之间的 B_j 根据下式求出:

$$B_j = B_1 \times \rho^{j-1}, \quad j = 1, 2, \cdots, n \tag{5-3}$$

(3) C_{lk} 数列的确定

新编地图上制图物体应保持的最小间隔

$$C_{11} = \frac{1}{2}(B_1 + B_2) \tag{5-4}$$

当 $l = k$ 时,等比数列表选取数列矩阵对角线上的元素用下式确定:

$$C_{lk} = C_{kl} = C_{11} \times \rho^{l-1}, \quad l = 1, 2, \cdots, n \tag{5-5}$$

选取数列矩阵上的第一列元素,表示分布密度最大的地区中物体选取时所需的间隔,用下式确定:

$$C_{l1} = C_{11} + \frac{C_{22} - C_{11}}{\rho + 1} \times S_{l-1}, \quad l = 2, 3, \cdots, n \tag{5-6}$$

式中,S_{l-1} 为首项为 1、公比为 ρ 的等比数列前 $l-1$ 项之和,即

$$S_{l-1} = \frac{1 - \rho^{l-1}}{1 - \rho} \tag{5-7}$$

选取数列矩阵上的第二列元素,表示分布密度第二大的地区中物体选取时所需的间隔,用下式确定:

$$C_{l2} = C_{22} + \frac{C_{33} - C_{22}}{\rho + 1} \times S_{l-2}, \quad l = 3, 4, \cdots, n \tag{5-8}$$

式中，S_{l-2} 为首项为 1、公比为 ρ 的等比数列前 $l-2$ 项之和，即

$$S_{l-2} = \frac{1-\rho^{l-2}}{1-\rho} \tag{5-9}$$

其余各列依此类推。

也可以用相邻两行或两列的差数相等的原则推求表中各元素的数值，即

$$C_{32} - C_{22} = C_{31} - C_{21}$$
$$C_{22} - C_{21} = C_{32} - C_{21}$$
$$\vdots$$

3. 河流结构选取模型

(1) 确定数列 A_i

河流的全舍线 A_1 与地理条件有关，这个数值在河网密度大的地区可定得低一些，在河网密度小的地区可定得高一些。在普通地图上，一般都认为长度在 4 mm 以下的河流应全部舍去，即

$$A_1 = 4 \text{ mm}$$

通常认为在普通地图上长度大于 15 mm 的河流应全部选取，即河流全取线

$$A_n = 15 \text{ mm}$$

根据 (5-1) 式，取 $\rho = 1.6$，有

$$A_2 = A_1 \times \rho = 4 \times 1.6 = 6.4 \text{ mm}$$
$$A_3 = A_1 \times \rho^2 = 4 \times 1.6^2 = 10.2 \text{ mm}$$
$$A_4 = A_1 \times \rho^3 = 4 \times 1.6^3 = 16.3 \text{ mm}$$

取 $A_n = A_4 = 16.3$ mm。

对于河流，这样按大小分级显得过于概略。为了更确切地表示河流的实际差别，中间插入一个辅助等级系列。根据 (5-2) 式有

$$A_2' = A_1 + \frac{A_2 - A_1}{\rho + 1} = 4 + \frac{6.4 - 4}{1.6 + 1} = 4.9 \text{ mm}$$
$$A_3' = A_2 + \frac{A_3 - A_2}{\rho + 1} = 6.4 + \frac{10.2 - 6.4}{1.6 + 1} = 7.9 \text{ mm}$$
$$A_4' = A_3 + \frac{A_4 - A_3}{\rho + 1} = 10.2 + \frac{16.3 - 10.2}{1.6 + 1} = 12.5 \text{ mm}$$

因此，河流按长度分级的数列 A_i 为

4，4.9，6.4，7.9，10.2，12.5，16.3

(2) 确定数列 B_j

通常认为资料图的两条河流的最小间隔（全舍线）

$$B_1 = 1.2 \text{ mm}$$

相邻两条河流的间隔超过 20 mm 时一般不再舍弃，即全取线

$$B_n = 20 \text{ mm}$$

根据 (5-3) 式，取 $\rho = 1.6$，有

$$B_2 = B_1 \times \rho = 1.2 \times 1.6 = 1.9 \text{ mm}$$
$$B_3 = B_1 \times \rho^2 = 1.2 \times 1.6^2 = 3.1 \text{ mm}$$

$$B_4 = B_1 \times \rho^3 = 1.2 \times 1.6^3 = 4.9 \text{ mm}$$
$$B_5 = B_1 \times \rho^4 = 1.2 \times 1.6^4 = 7.9 \text{ mm}$$
$$B_6 = B_1 \times \rho^5 = 1.2 \times 1.6^5 = 12.6 \text{ mm}$$
$$B_7 = B_1 \times \rho^6 = 1.2 \times 1.6^6 = 20.1 \text{ mm}$$

为了模型使用方便,再计算一级

$$B_8 = B_1 \times \rho^7 = 1.2 \times 1.6^7 = 32.2 \text{ mm}$$

所以,河流按间隔分级的数列 B_j 为

$$1.2, \quad 1.9, \quad 3.1, \quad 4.9, \quad 7.9, \quad 12.6, \quad 20.1, \quad 32.2$$

(3) 确定数列 C_{lk}

根据(5-4)式有

$$C_{11} = \frac{1}{2}(B_1 + B_2) = \frac{1}{2}(1.2 + 1.9) = 1.6 \text{ mm}$$

根据(5-5)式有

$$C_{22} = C_{11} \times \rho = 1.6 \times 1.6 = 2.6 \text{ mm}$$
$$C_{33} = C_{11} \times \rho^2 = 1.6 \times 1.6^2 = 4.1 \text{ mm}$$
$$C_{44} = C_{11} \times \rho^3 = 1.6 \times 1.6^3 = 6.6 \text{ mm}$$
$$C_{55} = C_{11} \times \rho^4 = 1.6 \times 1.6^4 = 10.5 \text{ mm}$$
$$C_{66} = C_{11} \times \rho^5 = 1.6 \times 1.6^5 = 16.8 \text{ mm}$$
$$C_{77} = C_{11} \times \rho^6 = 1.6 \times 1.6^6 = 26.8 \text{ mm}$$

根据(5-6)式、(5-7)式有

$$C_{21} = C_{11} + \frac{C_{22} - C_{11}}{\rho + 1} \times S_{2-1} = 1.6 + \frac{2.6 - 1.6}{1.6 + 1} \times \frac{1 - 1.6}{1 - 1.6} = 2.0 \text{ mm}$$

$$C_{31} = C_{11} + \frac{C_{22} - C_{11}}{\rho + 1} \times S_{3-1} = 1.6 + \frac{2.6 - 1.6}{1.6 + 1} \times \frac{1 - 1.6^2}{1 - 1.6} = 2.6 \text{ mm}$$

$$C_{41} = C_{11} + \frac{C_{22} - C_{11}}{\rho + 1} \times S_{4-1} = 1.6 + \frac{2.6 - 1.6}{1.6 + 1} \times \frac{1 - 1.6^3}{1 - 1.6} = 3.6 \text{ mm}$$

依此类推得

$$C_{51} = 5.2 \text{ mm}$$
$$C_{61} = 7.7 \text{ mm}$$
$$C_{71} = 11.7 \text{ mm}$$

根据(5-8)式、(5-9)式有

$$C_{32} = C_{22} + \frac{C_{33} - C_{22}}{\rho + 1} \times S_{3-2} = 2.6 + \frac{4.1 - 2.6}{1.6 + 1} \times \frac{1 - 1.6}{1 - 1.6} = 3.2 \text{ mm}$$

因为 $C_{22} - C_{21} = 0.6$ mm,第二列中每个因子都是前一列中的对应数加上 0.6 mm,即

$$C_{42} = 3.6 + 0.6 = 4.2 \text{ mm}$$

依此类推得

$$C_{52} = 5.8 \text{ mm}$$
$$C_{62} = 8.3 \text{ mm}$$
$$C_{72} = 12.3 \text{ mm}$$

其余各列依此类推,得

$C_{43} = 5.1$ mm, $C_{53} = 6.7$ mm, $C_{63} = 9.2$ mm, $C_{73} = 13.2$ mm

$C_{54} = 8.2$ mm, $C_{64} = 10.7$ mm, $C_{74} = 14.7$ mm

$C_{65} = 13.0$ mm, $C_{75} = 17.0$ mm

$C_{76} = 20.8$ mm

根据以上的数据,形成普通地图的河流选取表(见表5-2)。

表 5-2   单位:mm

选取间隔 河 长	间 隔 1.2~1.9	1.9~3.1	3.1~4.9	4.9~7.9	7.9~12.6	12.6~20.1	20.1~32.2
>16.3	1.6						
12.5~16.3	2.0	2.6					
10.2~12.5	2.6	3.2	4.1				
7.9~10.2	3.6	4.2	5.1	6.6			
6.4~7.9	5.2	5.8	6.7	8.2	10.5		
4.9~6.4	7.7	8.3	9.2	10.7	13.0	16.8	
4~4.9	11.7	12.3	13.2	14.7	17.0	20.8	26.8

4. 河流选取

根据表5-2,按照资料缩小图(缩小到新编图比例尺)上的河流间隔(密度)和河流长度就可以直接决定河流的取舍。当河流长度小于4 mm时,应全部舍去;大于16.3 mm时,基本选取(间隔小于1.6 mm时舍掉);处在4~16.3 mm之间的河流,根据河流间隔决定取舍。长度在12.5~16.3 mm间的河流,间隔小于2.0 mm的应舍去;同样,10.2~12.5→2.6;7.9~10.2→3.6;6.4~7.9→5.2;4.9~6.4→7.7;4~4.9→11.7 mm。全取线:当河流长度大于16.3 mm,间隔大于1.6 mm时全取;同样有12.5~16.3→2.6;10.2~12.5→4.1;7.9~10.2→6.6;6.4~7.9→10.5;4.9~6.4→16.8;4.0~4.9→26.8 mm。处在三角形区域内时,按照河流间隔(密度)和河流长度决定其取舍。

选取河流时要从大到小。间隔分级以资料缩小图(缩小到新编图比例尺)为准,选取间隔以选取后的河流间隔为准。例如,某河流长6 mm,资料图上河流间隔为8 mm。在表5-2上可以看到,该河流在长度分级属于4.9~6.4这一级,间隔分级属于7.9~12.6这一级,因此可以找到决定该河流是否选取的间隔是13.0 mm。如果该河流到已选取河流的间隔大于13.0 mm时则应选取,小于13.0 mm时则应舍去。

二、模糊数学模型

1. 地图上河流选取因素集合

地图上河流选取主要考虑河流的长度、河流的密度(间距)。根据地图制图综合原理,河流越长,选取的可能性越大;河流越密(间距越小),选取的可能性越小。另外,还要考虑河流在人文、地理位置上的重要性和河网类型等。因此,地图上对河流选取的因素集合为

$$U = \{u_1(河流长度), u_2(河流间距), u_3(河流的重要性), u_4(河网类型)\}$$

2. 河流选取的评判集

在地图制图综合中,对河流只有选取或舍去,故河流选取的评判集为

$$V = \{v_1(选取), v_2(舍去)\}$$

3. 因素权重集

影响河流选取的四个因素中,它们所起的作用并不相等,所以要对这些因素分配不同的权重。根据专家评定和统计分析得

$$\widetilde{A} = (0.35, 0.30, 0.20, 0.15)$$

4. 模糊综合评判矩阵

为了得到模糊综合评判矩阵,必须确定各因素对选取河流的隶属度。

(1) 河流长度对其选取的隶属度 $\mu_{\widetilde{A}}(L)$ 的确定

根据等比数列选取表 5-2,当河流长度为 L_i,资料图上河流间距为 d_i 时,利用回归分析方法,可求出选取时所需的河流间距 C。这个 C 值是河流选取和舍去的临界值,隶属度为 0.5。

因此,有:

$$\mu_{\widetilde{A}}(L) = \begin{cases} 0, & D = 0 \\ \dfrac{1}{2} - \dfrac{1}{2}\sin\left(\dfrac{\pi}{2C} - D\right), & 0 < D < 2C \\ 1, & D \geq 2C \end{cases} \tag{5-10}$$

式中,D 为河流选取时该河流与已选取河流的间距(如图 5-1)。

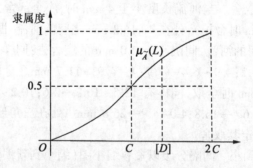

图 5-1 河流长度对选取的隶属度

(2) 河流间距对其选取的隶属度 $\mu_{\widetilde{A}}(D)$ 的确定

在制图综合中,河流间距越小,选取河流的长度越长。因此,利用回归分析可求出河流长度 S 和河流间距 d 之间的相关关系。同样,S 值是河流选取与舍去的临界值,隶属度为 0.5。所以有:

$$\mu_{\tilde{A}}(D) = \begin{cases} 0, & L = L_1 \\ \left(L - \frac{1}{2}L_1\right)/(2S - L_1), & L_1 < L < 2S - L_1 \\ 1, & 1 \geq 2S - L_1 \end{cases} \qquad (5\text{-}11)$$

式中,L_1 是选取的最短河流的长度,L 为河流长度(如图 5-2)。

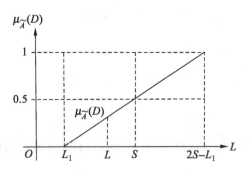

图 5-2 河流间的间距倚其长度对选取的隶属度

(3)河流在人文、地理位置上的重要性对河流选取隶属度 $\mu_{\tilde{A}}(I)$ 的确定

河流在人文、地理位置上的重要性对河流选取的作用是比较复杂的模糊概念,根据地图制图的理论知识,采用仿数量化的方法定值(见表 5-3)。

表 5-3

河流重要性	重要	一般	次要
$\mu_{\tilde{A}}(I)$	1.0	0.5	0.3

(4)河网类型对河流选取隶属度 $\mu_{\tilde{A}}(C)$ 的确定

河网类型对河流选取的作用也是比较复杂的模糊概念,同样,根据地图制图的理论知识,采用仿数量化的方法定值(见表 5-4)。

表 5-4

河网类型	树枝状	格子状	平行状	扇状	辐射状	网状
$\mu_{\tilde{A}}(C)$	0.60	0.50	0.55	0.50	0.56	0.55

(5)模糊综合评判矩阵

对于每个单因素评价为

$$\tilde{R} = (r_{i1}, r_{i2})$$

式中,r_{i1} 为单因素对河流选取的隶属度,r_{i2} 为单因素对河流舍去的隶属度。

因此，模糊综合评判矩阵为

$$\widetilde{R} = \begin{pmatrix} \widetilde{R}_1 \\ \widetilde{R}_2 \\ \widetilde{R}_3 \\ \widetilde{R}_4 \end{pmatrix} = \begin{pmatrix} r_{11} & r_{12} \\ r_{21} & r_{22} \\ r_{31} & r_{32} \\ r_{41} & r_{42} \end{pmatrix} = \begin{pmatrix} \mu_{\widetilde{A}}(L) & 1-\mu_{\widetilde{A}}(L) \\ \mu_{\widetilde{A}}(D) & 1-\mu_{\widetilde{A}}(D) \\ \mu_{\widetilde{A}}(I) & 1-\mu_{\widetilde{A}}(I) \\ \mu_{\widetilde{A}}(C) & 1-\mu_{\widetilde{A}}(C) \end{pmatrix} \qquad (5\text{-}12)$$

5. 模糊综合评判结果集

根据模糊综合评判矩阵 $\widetilde{R}$ 和因素权重集 $\widetilde{A}$，通过模糊变换可得评判结果

$$\widetilde{B} = \widetilde{A} \circ \widetilde{R} = (0.35, 0.30, 0.20, 0.15) \begin{pmatrix} \mu_{\widetilde{A}}(L) & 1-\mu_{\widetilde{A}}(L) \\ \mu_{\widetilde{A}}(D) & 1-\mu_{\widetilde{A}}(D) \\ \mu_{\widetilde{A}}(I) & 1-\mu_{\widetilde{A}}(I) \\ \mu_{\widetilde{A}}(C) & 1-\mu_{\widetilde{A}}(C) \end{pmatrix} = (b_1, b_2) \qquad (5\text{-}13)$$

根据最大隶属原则，在 b_1, b_2 中，看谁的数值大。如果 $b_1 > b_2$，该河流选取；如果 $b_1 < b_2$，该河流舍去。

为了防止 $b_1 = b_2$ 的情况出现，要采用清晰度大的模糊算子，如 $M(\oplus, \cdot)$ 模糊算子。这里，采用"V"模糊算子。

6. 模糊数学模型选取河流试验

利用上述模糊数学模型，对 1∶10 万地形图编 1∶20 万地形图的河流自动选取进行试验。图 5-3 是 1∶10 万地形图缩成 1∶20 万资料图，图 5-4 是利用模糊数学模型对河流自动选取的结果。从图 5-4 的选取结果来看，模糊数学结构选取模型是令人满意的。

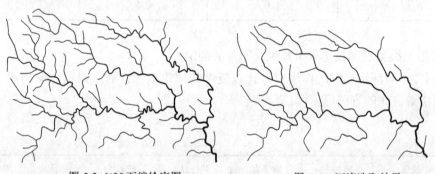

图 5-3　1∶20 万编绘底图　　　　图 5-4　河流选取结果

三、图论模型

地图上河流的图形，可以用图论中的"树"来研究。如图 5-5，河流的汇合处可看成是节点；两个节点的连线就是某一河段，可看成边（如图 5-6）。

1. 河流表征"树"的关联矩阵

先将节点编号，边编码（如图 5-6）；然后，对 (2-60) 式点边关系定义进行改进。如果边 j

第五章 地图要素结构选取模型

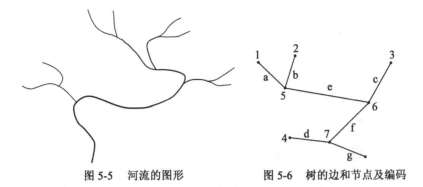

图 5-5　河流的图形　　　　图 5-6　树的边和节点及编码

(水流)与 i 有联系,则 $a_{ij}=1$;如果边 j(水流)与 i 无联系,则 $a_{ij}=0$。则有关联矩阵

$$A = \begin{array}{c} \\ 1 \\ 2 \\ 3 \\ 4 \\ 5 \\ 6 \\ 7 \end{array} \begin{array}{c} a\ b\ c\ d\ e\ f\ g \\ \begin{pmatrix} 1 & 0 & 0 & 0 & 0 & 0 & 0 \\ 0 & 1 & 0 & 0 & 0 & 0 & 0 \\ 0 & 0 & 1 & 0 & 0 & 0 & 0 \\ 0 & 0 & 0 & 1 & 0 & 0 & 0 \\ 1 & 1 & 0 & 0 & 1 & 0 & 0 \\ 1 & 1 & 1 & 0 & 1 & 0 & 0 \\ 1 & 1 & 1 & 1 & 1 & 1 & 1 \end{pmatrix} \end{array} \begin{array}{c} \widetilde{B} \\ 0.14 \\ 0.14 \\ 0.14 \\ 0.14 \\ 0.43 \\ 0.71 \\ 1.00 \end{array} \tag{5-14}$$

式中,$\widetilde{B}$ 表示该河系中某节点与边的关系多少,即节点与边联系的权重大小,且

$$b_i = \frac{\sum_{j=1}^{n} a_{ij}}{n}$$

式中,n 为边的总数。

2. 河流边值的确定

河流的边值,实质上是河流对选取的隶属度。这里,采用河流的流域面积来确定其隶属度

$$\mu_{\widetilde{B}}(S) = \begin{cases} 0, & S_i = 0 \\ S_i/S, & 0 < S_i < S \\ 1, & S_i = S \end{cases} \tag{5-15}$$

式中,S 是整个河系的流域面积,S_i 是每条河流的流域面积(如图 5-7)。

图 5-5 中每条河流的流域面积分别为

$$S_a = 115 \text{ km}^2, \quad S_b = 108 \text{ km}^2, \quad S_c = 321 \text{ km}^2, \quad S_d = 218 \text{ km}^2,$$
$$S_e = 409 \text{ km}^2, \quad S_f = 983 \text{ km}^2, \quad S_g = 1\ 486 \text{ km}^2$$

由(5-15)式计算出,

$$\mu_{\widetilde{B}}(S_a) = 0.08, \quad \mu_{\widetilde{B}}(S_b) = 0.07, \quad \mu_{\widetilde{B}}(S_c) = 0.22, \quad \mu_{\widetilde{B}}(S_d) = 0.15,$$
$$\mu_{\widetilde{B}}(S_e) = 0.28, \quad \mu_{\widetilde{B}}(S_f) = 0.66, \quad \mu_{\widetilde{B}}(S_g) = 1.00$$

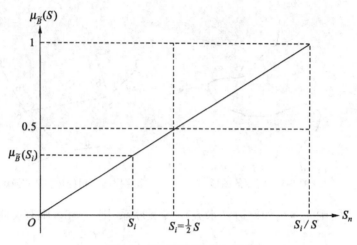

图 5-7 河流流域面积隶属度

3. 河流的模糊关联矩阵

(5-14)式的关联矩阵表示点集与边集之间存在着关系。依据河流的边值,有模糊关联矩阵:

$$\widetilde{A} = \begin{array}{c} \\ 1 \\ 2 \\ 3 \\ 4 \\ 5 \\ 6 \\ 7 \end{array} \begin{pmatrix} a & b & c & d & e & f & g \\ 0.08 & 0 & 0 & 0 & 0 & 0 & 0 \\ 0 & 0.07 & 0 & 0 & 0 & 0 & 0 \\ 0 & 0 & 0.22 & 0 & 0 & 0 & 0 \\ 0 & 0 & 0 & 0.15 & 0 & 0 & 0 \\ 0.08 & 0.07 & 0 & 0 & 0.28 & 0 & 0 \\ 0.08 & 0.07 & 0.22 & 0 & 0.28 & 0.66 & 0 \\ 0.08 & 0.07 & 0.22 & 0.15 & 0.28 & 0.66 & 1.00 \end{pmatrix} \tag{5-16}$$

4. 节点强度计算

由于点集与边集的模糊关联矩阵 $\widetilde{A}$ 是以点为行,边为列,而节点关系权重 $\widetilde{B}$ 是点集的模糊列向量,所以节点强度集合

$$\widetilde{P} = \widetilde{B} \circ \widetilde{A}^{\mathrm{T}} \tag{5-17}$$

式中,$\widetilde{A}^{\mathrm{T}}$ 是模糊关联矩阵 $\widetilde{A}$ 的转置矩阵。

依据(5-14)式、(5-16)式有节点强度集合

$$\widetilde{P} = (0.14, 0.14, 0.14, 0.14, 0.43, 0.71, 1.00) \begin{pmatrix} 0.08 & 0 & 0 & 0 & 0.08 & 0.08 & 0.08 \\ 0 & 0.07 & 0 & 0 & 0.07 & 0.07 & 0.07 \\ 0 & 0 & 0.22 & 0 & 0 & 0.22 & 0.22 \\ 0 & 0 & 0 & 0.15 & 0 & 0 & 0.15 \\ 0 & 0 & 0 & 0 & 0.28 & 0.28 & 0.28 \\ 0 & 0 & 0 & 0 & 0 & 0.66 & 0.66 \\ 0 & 0 & 0 & 0 & 0 & 0 & 1.00 \end{pmatrix}$$

= (0.003 39, 0.002 95, 0.010 01, 0.006 61, 0.052 95, 0.288 48, 0.635 56)

按其值大小顺序排列为

$$P_7 > P_6 > P_5 > P_3 > P_4 > P_1 > P_2$$

5. 用地图要素选取指标数学模型计算选取节点数量

节点选取数量可采用地图要素选取指标数学模型来确定。在图 5-5 中,资料图为 1:10 万,新编图为 1:20 万,利用(4-38)式方根模型

$$n_F = n_A \sqrt{\left(\frac{M_A}{M_F}\right)^x}$$

取

$$x = 2$$

则有

$$n_F = n_A \sqrt{\left(\frac{M_A}{M_F}\right)^x} = 7 \times \sqrt{\left(\frac{10}{20}\right)^2} \approx 4(个)$$

按节点强度顺序选取 7,6,5,3 四个点(如图 5-8)。1,2 两点有一个是河系的源头,如果将 1,2 两点全部舍掉,则会破坏河系的完整性,不符合地图制图综合原理,所以在(5-14)式中规定点与边是三个关系的节点(如 5 点与 a,b,e 三边有关系)。如果有两条边(即两个节点)被舍去,则要追踪选取边值大的一条边。因为 $P_1 > P_2$,所以选取 1 点(如图 5-9、图 5-10)。

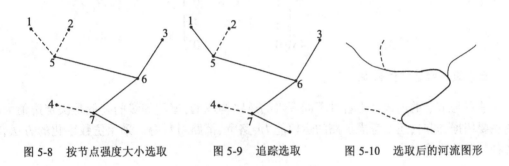

图 5-8 按节点强度大小选取   图 5-9 追踪选取   图 5-10 选取后的河流图形

§5-2 道路网结构选取模型

道路网结构选取模型主要是图论模型。地图上道路网是由各种不同等级的道路构成的网状图形,将道路与道路的交点(通常是居民地)看成是节点,每条道路本身就是一条边。根据图论原理,地图上的道路网可以视为图论中的抽象图。

一、道路网图形处理

一般来说,将道路的交叉衔接处(通常是居民地)定义为节点。在图 5-11 中,将道路上的居民地处理为节点,并对节点进行编号(如图 5-12)。

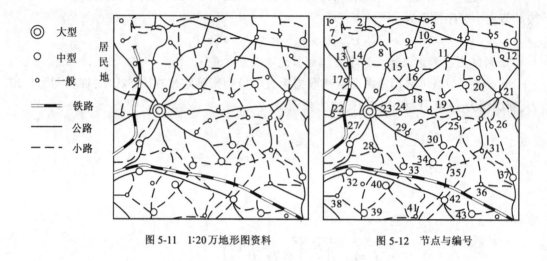

图 5-11　1:20 万地形图资料　　　　图 5-12　节点与编号

二、建立道路网的邻接矩阵

根据(2-61)式得道路网节点集合的邻接矩阵

$$A = \begin{matrix} & \begin{matrix} 1 & 2 & \cdots & 43 \end{matrix} \\ \begin{matrix} 1 \\ 2 \\ \vdots \\ 43 \end{matrix} & \begin{pmatrix} 0 & 1 & \cdots & 0 \\ 1 & 0 & \cdots & 0 \\ \vdots & \vdots & & \vdots \\ 0 & 0 & \cdots & 0 \end{pmatrix} \end{matrix}$$

三、道路网边值的确定

节点与节点的连线是由各种不同等级的道路构成的,道路等级的高低是决定边值大小的主要依据,同时,还要考虑道路的运输能力、路宽、铺路材料等。采用仿数字化的方法,将各种道路的边值定为

铁路：　　$f(x_1) = 10$
公路：　　$f(x_2) = 3$
大车路：　$f(x_3) = 1$

四、用地图要素选取指标数学模型确定节点选取数量

节点选取数量可采用地图要素选取指标数学模型来确定。在图 5-11 中,地图(资料图)为 1:20 万,新编图为 1:50 万,利用(4-38)式方根模型

$$n_F = n_A \sqrt{\left(\frac{M_A}{M_F}\right)^x}$$

取 $x = 3$,则有

$$n_F = n_A \sqrt{\left(\frac{M_A}{M_F}\right)^x} = 43 \times \sqrt{\left(\frac{20}{50}\right)^3} \approx 11(个)$$

即应选取 11 个节点。

五、计算节点强度值

利用简单迭代法计算节点强度值,根据(2-62)式、(2-63)式、(2-64)式可得节点强度值,并按大小顺序排列如下:

顺序	1	2	3	4	5	6	7	8	9
节点	v_{23}	v_{42}	v_{32}	v_{16}	v_{25}	v_{16}	v_{34}	v_2	v_{37}
强度值	0.557 9	0.257 4	0.229 2	0.226 2	0.219 4	0.214 7	0.210 6	0.202 8	0.184 6
顺序	10	11	12	13	14	15	…		
节点	v_6	v_4	v_{13}	v_{21}	v_{27}	v_{17}	…		
强度值	0.175 0	0.170 8	0.169 4	0.165 1	0.159 6	0.156 4	…		

六、按选取指标和节点强度值大小进行自动选取

按照节点选取指标(数量)和节点强度值大小顺序,选取节点为 v_{23},v_{42},v_{32},v_{16},v_{25},v_{16},v_{34},v_2,v_{37},v_6,v_4 等 11 个节点,选取与节点相连的道路(如图 5-13),道路综合结果比较令人满意。

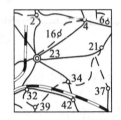

图 5-13 基于图论进行选取的 1∶50 万地形图

§5-3 地貌结构选取模型

地图综合质量好坏,地貌是决定性的要素之一。以前研究等高线表示的谷地选取时,主要是利用谷间距指标。地貌结构选取模型主要是等比数列法,该模型利用谷地长度和谷地密度(谷间距)来确定谷地的取舍。

一、地貌结构选取模型基本原理

在进行地貌综合时,谷地长且间距大的地区,谷地选取可能性大;谷地短且间距小的地区,谷地选取可能性小。当谷地长度很大时,不考虑谷间距的大小;当谷间距特别大时,也不考虑谷地长度。但对于以切割破碎为特征的地区(例如风蚀地形、劣地等),谷地虽然都比较小而且密度大,选取的比例也应大一些。

因此,谷地选取表中除正常使用的部分之外,还要增加一部分在特殊情况下使用的辅表。

二、地貌结构选取模型

1. 谷地长度分级数列 A_i 的确定

地图上能表达的最短谷地为 0.5 mm 左右。因此,通常把长度在 1 mm 以下的谷地称为小谷地,即

$$A_1 = 1 \text{ mm}$$

把长度在 5 mm 以上的谷地称为大谷地,即

$$A_n = 5 \text{ mm}$$

由于 A_1 与 A_n 之间的数值范围很小,因此按等差分级,即

$$A_2 = 3 \text{ mm}$$

可将谷地分为 4 级:

$$<1,\ 1\sim 3,\ 3\sim 5,\ >5 \text{ mm}$$

2. 谷间距(谷地密度)分级数列 B_j 的确定

地图上可以表达的最小谷间距为 0.5 mm,所以

$$B_1 = 0.5 \text{ mm}$$

取

$$\rho = 1.6$$

根据(5-3)式,有

$$B_2 = B_1 \times \rho = 0.5 \times 1.6 = 0.8 \text{ mm}$$

$$B_3 = 1.3 \text{ mm},\ B_4 = 2.0 \text{ mm},\ B_5 = 3.3 \text{ mm},\ B_6 = 5.2 \text{ mm},\ B_7 = 8.4 \text{ mm}$$

其中,1.3 mm 是正常情况下两条谷地间的最小间隔。当谷间距大于 8.4 mm 时,2 cm 范围内已不到 3 条谷地,只要能清晰表达的谷地都可以选取。

3. 选取表的构成

地貌谷地选取表(见表 5-5)分成两个基本部分,即一般地区适用的部分和特别破碎地区适用的部分,这两部分是连续的。从破碎地区到一般地区可以逐渐过渡,即两个部分应有机地结合起来。其结合部的右侧为主表,适用于一般地区;左侧为辅表,适用于特别破碎的地区。

表 5-5 单位:mm

长度 \ 选取间隔 \ 谷间距	0.5~0.8	0.8~1.3	1.3~2.0	2.0~3.3	3.3~5.2	5.2~8.4
>5			1.7			
3~5		1.8	2.1	2.7		
1~3	2.4	2.6	2.7	3.4	4.4	
<1	3.6	3.8	3.7	4.4	5.4	7.0

4. 选取数列 C_{lk} 的确定

对于主表,根据(5-4)式有

$$C_{11} = \frac{1}{2}(1.3+2.0) = 1.7 \text{ mm}$$

根据(5-5)式有

$$C_{22} = C_{11} \times \rho = 1.7 \times 1.6 = 2.7 \text{ mm}$$

$$C_{33} = C_{11} \times \rho^2 = 1.7 \times 1.6^2 = 4.4 \text{ mm}$$

$$C_{44} = C_{11} \times \rho^3 = 1.7 \times 1.6^3 = 7.0 \text{ mm}$$

根据(5-6)式、(5-7)式有

$$C_{21} = C_{11} + \frac{C_{22}-C_{11}}{\rho+1} \times S_{2-1} = 1.7 + \frac{2.7-1.7}{1.6+1} \times \frac{1-1.6}{1-1.6} = 2.1 \text{ mm}$$

$$C_{31} = C_{11} + \frac{C_{22}-C_{11}}{\rho+1} \times S_{3-1} = 1.7 + \frac{2.7-1.7}{1.6+1} \times \frac{1-1.6^2}{1-1.6} = 2.7 \text{ mm}$$

$$C_{41} = C_{11} + \frac{C_{22}-C_{11}}{\rho+1} \times S_{4-1} = 1.7 + \frac{2.7-1.7}{1.6+1} \times \frac{1-1.6^3}{1-1.6} = 3.7 \text{ mm}$$

根据(5-8)式、(5-9)式有

$$C_{32} = C_{22} + \frac{C_{33}-C_{22}}{\rho+1} \times S_{3-2} = 2.7 + \frac{4.4-2.7}{1.6+1} \times \frac{1-1.6}{1-1.6} = 3.4 \text{ mm}$$

$$C_{42} = C_{22} + \frac{C_{33}-C_{22}}{\rho+1} \times S_{4-2} = 2.7 + \frac{4.4-2.7}{1.6+1} \times \frac{1-1.6^2}{1-1.6} = 4.4 \text{ mm}$$

依此类推得

$$C_{43} = 5.4 \text{ mm}$$

辅表是为破碎地区而设置的,选取标准相应低一些,以相邻等级的间隔平均值之差的一半作为级差逐步降低。

对于辅表第一列有

$$\frac{(1.3+2.0)-(0.8+1.3)}{2} \div 2 = 0.3 \text{ mm}$$

因此,辅表的第一列

$$C_{-22} = 2.1 - 0.3 = 1.8 \text{ mm}$$
$$C_{-32} = 2.9 - 0.3 = 2.6 \text{ mm}$$
$$C_{-42} = 4.1 - 0.3 = 3.8 \text{ mm}$$

对于辅表第二列有

$$\frac{(0.8+1.3)-(0.5+0.8)}{2} \div 2 = 0.2 \text{ mm}$$

因此,辅表的第二列

$$C_{-33} = 2.6 - 0.2 = 2.4 \text{ mm}$$
$$C_{-43} = 3.8 - 0.2 = 3.6 \text{ mm}$$

根据上述计算结果,形成地貌等高线表示的谷地选取模型(见表5-5)。

三、地貌谷地选取

利用谷地选取模型(见表5-5),根据谷地的长度和谷间距就可以确定谷地的取舍。当谷地长度大于 5 mm 时则选取;当谷地长度小于 0.5 mm 时则舍去;当谷地长度在 0.5~5 mm 之间时,要同时知道谷地确切的长度值和它与两侧谷地的平均间距才能确定其是否选取。

例如,在资料缩小图(缩小到新编图比例尺)上某谷地长度为 2.8 mm,谷地间距为 2.6 mm,可查出新编图上应选取的间距为 3.4 mm。如果该谷地到已选取谷地的间距大于 3.4 mm 时则要选取,小于 3.4 mm 时则要舍去。如果长度为 2.8 mm 的谷地处于破碎地区,资料缩小图谷地间距为 1.1 mm,可查出新编图上应选取的谷地间距为 2.6 mm。这就是说,同样长度的一条谷地处于不同的地理位置时,具有不同的选取结果,在破碎地区比在一般地区选取的可能性大。

选取谷地时,要遵循由大到小的原则。

第六章　地图制图要素分级模型

在地图制图中,制图作者在对要素(现象)空间分布的统计数据进行分析后建立分级模型,采用等值线法或分级统计图法编制成地图。地图读者借助于地图符号来认识要素的分布规律,而这种认识所获得的要素空间分布的客观性,在很大程度上取决于分级数据处理模型。

§6-1　地图制图要素分级的一般要求

要素(现象)观测的定量数据是呈离散分布的比较精确的数据,但是它们不能明显、直观地反映出现象在空间分布上的规律性和一定的质量差异,往往需要通过对数据分布进行统计分析后建立分级模型,采用地图来表示它们。如何用这种概括的方式来正确地反映现象分布的地理规律性,满足所研究任务的需要,是要素(现象)数据分级的一个十分重要的问题。

要素(现象)数据的分级主要包括两个方面,即分级数的确定和分组界限的确定。它们与地图的用途、地图比例尺、数据分布的特征及其他因素有关。例如,对分级数的确定,从统计学的观点看,分级数越多,则对数据的概括程度就越小,由分级产生的数据估计误差也越小;从心理物理学的角度讲,人们在地图上能辨别的等级差别是非常有限的。对地图作者来说,一方面为了尽可能保持数据原貌,必须增加分级数,以满足对统计精度的要求;另一方面为了增强地图的易读性,又必须限制分级数,以满足对地图易读性的要求。同时,如果分级太细,则图面反映的分级数据离散性增大,破坏了大的分布规律性。因此,数据精度的反映与地图的易读性和总体规律的反映是矛盾的。必须在保证地图易读性的前提下,满足地图用途所要求的规律性,尽可能地使分级详细些。

一、确定分级数的一般原则

由于分级数目的多少是制图综合程度的主要反映,所以分级数的确定必须顾及地图的用途、比例尺、数据本身的特点及其他各种因素的影响。

1. 分级数的确定要顾及地图的数值估计精度要求

分级数目的多少影响着地图的数值估计精度,反映了数据的综合程度。随着分级数的增加,地图上数值估计的精度也随之提高。所以,以进行数值估计工作为主要目的的地图应有较多的分级数。

2. 分级数的确定受区域分布特征强调程度的影响

分级数目的多少对反映制图对象区域分布特征有较大的影响,较少的分级数对制图对象的区域分布特征有强调作用。所以,以制图对象的区域分布特征的比较和分析研究工作为主的地图,分级数可适当减少。

3. 分级数的确定应顾及地图比例尺

地图比例尺的大小对分级数目的多少有重要影响。地图比例尺大,地图视觉变量的变化范围也相应增大,分级数就可以增加;反之亦然。

4. 分级数的确定应顾及数据客观分布特征的保持

如果数据集群性强,则分级数可适当减少;反之亦然。

5. 分级数的确定应顾及地图视觉感受

如果对任一给定的分级数都可定量地估计其综合程度,那么就可以在满足地图统计精度要求的条件下,尽可能选择较少的分级数。常用的分级数的适宜范围是 5~7 级。

二、确定分级界限的一般原则

分级界限的确定是分级问题最主要的方面,它对能否保持数据分布特征起决定性作用。在分级数一定的情况下,分级数据的统计精度完全取决于分级界限的确定。

1. 分级界限应划在变化显著的特征部分,各级数据应聚集在该级代表值周围,使相同级别内有最大的一致性,级别之间有最大的差异性,能正确反映数据的分布特征。

2. 在确定分级界限时,要特别注意区分具有重要意义的数量指标,例如区分平原和山地丘陵的 200 m 等高线。

3. 任何一个等级内部都必须有数据,任何一个数据都必须属于相应的等级。

4. 各级别中现象要素物体的数目要有一定的规律性。对以点状表示的要素分级,一般是高级别的物体数目较少,而低级别的物体数目较多;对以面状表示的要素,两端级别物体个数较少,中间级别物体个数较多,接近于正态分布的特征,或是各级别物体个数基本均衡。

5. 对于离散分布且个数不多的物体时,分级界限允许不相互连接,这样有利于反映实际分布状况;而对连续分布现象的分级,其界限必须互相连接,以反映现象的连续性。

6. 在保持数据分布特征的前提下,应尽可能采用有规则变化的分级界限,以利于读者的理解和记忆,增强地图的判读效果。

7. 分级界限应适当凑整,便于读者记忆,也有助于利用地图进行比较分析。

以上这些要求,只有当分级对象的物体数目相当多时才能基本符合要求,如果物体数目较少时,就不一定能满足要求。

级别划分的方法很多。从表示要素(现象)的分布特征方面来看,大致可归纳为三种类型。

1. 根据数据的分布特征进行分级的方法。这是一种根据数据划分级别的最基本的方法,适用于对任何绝对数量或相对数量数据进行分级。

2. 按分级数据单元物体的个数进行分级的方法。在要素(现象)的表示中,尤其是显示经济现象的分布,经常要求反映区域单元个数需达到某些数量指标标准,不必强求数据方面的精度,而是明显、直观地反映各级单元个数的分布特征。例如,达到人均收入一定标准的区域,年增长产值达到国家计划标准的区域分布等。这种分级方法很简单,只要按规定的几个标准划分等级。这种分级方法也适用于绝对指标或相对指标。

3. 按地图上各级分布面积对比的分级方法。当反映与面积有关的现象指标分级时,需要考虑到各级图面面积的对比,以反映实地的面状分布特征。

至于采用哪种方法,需视地图所要求表示现象哪方面特征而定。其中,按区域单元个数的分级比较简单,这里不作具体介绍。

§6-2 等差分级模型

等差分级有两种:一种是相邻分级界限之间相差一个常数 K,称为界限等差分级模型;另一种是相邻分级间隔之间递增一个常数 D,称为间隔递增等差分级模型。

设有一组数据为

$$x_1, x_2, \cdots, x_n$$

现要根据数据分布特征将 n 个单元分为 M 级。

一、界限等差分级模型

$$A_i = L + iK = L + i\frac{H-L}{M} \tag{6-1}$$

式中,$L \leqslant \min\{x_1, x_2, \cdots, x_n\}$,为一适当整数,作为分级总区间左端点 A_0;$H \geqslant \max\{x_1, x_2, \cdots, x_n\}$,作为分级总区间右端点 A_M;M 为分级数。分级结果为 $A_0, A_1, \cdots, A_M$。

例如,$L=0, H=600, M=6$,按(6-1)式,可得分级结果:

$$0\sim100,\ 100\sim200,\ 200\sim300,\ 300\sim400,\ 400\sim500,\ 500\sim600$$

二、间隔递增等差分级模型

$$A_i = L + \frac{i}{M}(H-L) + \frac{i(i-M)}{2}D \tag{6-2}$$

式中,L, H, M, A_i 的含义与(6-1)式中的一致,D 为公差。

由于

$$A_1 = L + \frac{H-L}{M} + \frac{1-M}{2}D > L$$

所以

$$D < \frac{2(H-L)}{M(M-1)} \tag{6-3}$$

例如,$L=0, H=600, M=6$,根据(6-3)式有

$$D < \frac{2(H-L)}{M(M-1)} < \frac{2(600-0)}{6(6-1)} = 40$$

取 $D=30$,按(6-2)式,可得分级结果:

$$0\sim25,\ 25\sim80,\ 80\sim165,\ 165\sim280,\ 280\sim425,\ 425\sim600$$

§6-3 等比分级模型

等比分级模型也分为两种,即界限等比分级模型和间隔等比分级模型。

一、界限等比分级模型

$$A_i = L\left(\frac{H}{L}\right)^{\frac{i}{M}} \tag{6-4}$$

式中,A_i, L, H, M 的意义与(6-1)式中的一致,但 L 的值不能为零。

L 的取值有两种解决方案:

(1)分级不从零开始。此时数列公比

$$q = \left(\frac{H}{L}\right)^{\frac{1}{M}}$$

如用前述数据,假设 $L=100$,即 $A_0=100$,则公比

$$q = \left(\frac{H}{L}\right)^{\frac{1}{M}} = \left(\frac{600}{100}\right)^{\frac{1}{6}} = 1.348$$

根据(6-4)式求得分级结果为:

100~135, 135~182, 182~245, 245~331, 331~446, 446~600

(2)令 $A_0=0, A_1=L$,此时数列公比

$$q = \left(\frac{H}{L}\right)^{\frac{1}{M-1}}$$

如用前述数据,假设 $A_0=0, A_1=L=100$,公比

$$q = \left(\frac{H}{L}\right)^{\frac{1}{M-1}} = \left(\frac{600}{100}\right)^{\frac{1}{6-1}} = 1.431$$

根据(6-4)式求得分级结果为:

0~100, 100~143, 143~205, 205~293, 293~419, 419~600

二、间隔等比分级模型

$$A_i = L + \frac{1-q^i}{1-q^M}(H-L) \tag{6-5}$$

式中,A_i, L, H, M 的意义与(6-1)式中的一致,q 为相邻两级间隔之比,需事先给定。

(1)当 $q=0$ 时,$A_1=L+H-L=H$,无意义,故 $q\neq 0$。

(2)如果 $0<q<1$ 时,则会出现 $A_0 \sim A_1$ 间隔较大,出现越向高值接近,间隔值越小的情况。

(3)当 $q=1$ 时,则有

$$A_i = L + \frac{1-q^i}{1-q^M}(H-L) = L + \frac{(1-q)(1+q+q^2+\cdots+q^{i-1})}{(1-q)(1+q+q^2+\cdots+q^{M-1})}(H-L)$$

$$= L + \frac{i}{M}(H-L)$$

即为(6-1)式,因此界限等差分级又可以看成间隔等比分级的特例。

(4)当 $q>1$ 时,越向高值接近,间隔值越大。同时,q 的取值越大,间隔之间的差异越大,一般宜取小一些。

如前述数据,取 $q=2$,根据(6-5)式,分级结果为:

0~10,10~29,29~67,67~143,143~295,295~600

等差分级模型和等比分级模型的分级结果,要根据实际地图制图的需要进行适当调整和凑整。

§6-4 统计分级模型

由于分级界限的确定是以一些统计量为基础的,所以这类分级模型能较好地反映数据的分布特征。在地图上表示与区域面积分布有关的现象要素分级时,经常要求图面上各级面积间保持一定的关系。通常,各级面积之间的对比关系可以归纳为三种情况:①各级面积均匀相等;②最大和最小数据值的级别所占面积较小,而向中间级别增大,基本上具有正态分布函数特征;③各级面积的对比具有其他分布函数特征,例如最高数据级别所占面积很小,最低数据级别所占面积略大,向中间级别面积增大的特征。其中,第一种情况比较简单,只要按各区域所对应的数据指标依大小排列后,根据分级数把各区域面积相加后近似分成几个级别,适当把分级界限凑整,调整后即得分级成果;后两种情况,则需采用某种概率分布函数来拟合各级面积,设计地图要素的分级。

一、面积相等分级模型

该模型的特点是各个等级在图上有相等的面积。首先作面积对统计值的累加频率曲线,对代表面积百分数的纵轴进行等分,横轴上的相应点即为分级界限。此法适用于指标与分布的统计单元全部面积有关的情况,它的前提是各统计单元的面积必须已知。

二、正态分布分级模型

在地图上表示与区域面积分布有关的现象要素分级时,往往要求图面上最大数据值和最小数据值的级别所占面积较小,而向中间级别增大,基本上具有正态分布函数特征。现结合一个具体例子来叙述分级方法。

设某制图地区共有 92 个区域,统计出各区域耕地面积占全部土地面积比重的数据,要求分为 7 级,共布有 748 个面积单位。92 个区域按数据大小排列后,先用界限等差分级模型分为 7 级,各级所占面积的单位为:26.5(0~5%),200.7(5%~10%),157.1(10%~15%),196.3(15%~20%),112.4(20%~25%),25.8(25%~30%),29.2(>30%);$n=748$。在分布直方图(如图 6-1)上明显反映出现测值和理论值的差异(图上虚线表示理论值,实线表示观测值),并且根据这种分级结果编制成图(如图 6-2)。上述分级结果表明,各级所占图面面积很不合理,如 5%~10% 这一级,所占的比重太大(面积单位为 200.7),不能反映要素空间分布特征,需要重新进行分级设计。

根据本例的实际情况,把耕地比重最高与最低的两级作为已知分级,其中 0~5% 这一级共有 4 个区域,占常态面积的比重

$$w_1 = 0.035\ 4$$

大于 30% 这一级共有 5 个区域,占常态面积的比重

$$w_p = 0.039\ 0$$

为了计算方便,假设纵轴 $\phi(u)$ 位于正态分布曲线的中央,其左、右常态面积为 0.5,两

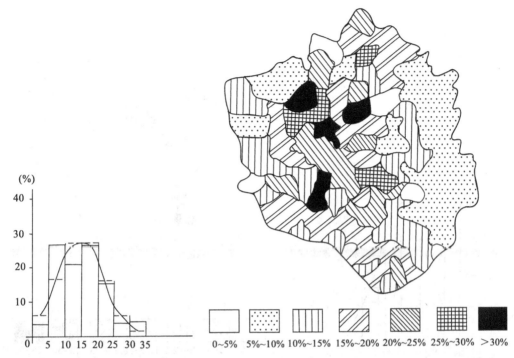

图 6-1 各间隔面积比直方图(数据等间隔)　图 6-2 耕地占全部土地比重分级统计地图(等间隔分级)

边去除 w_1 和 w_p 后,常态面积分别为 $-0.464\,6$ 和 $+0.461\,0$,查表得

$$u_1 = -1.806\,8,\quad u_p = 1.762\,4$$

假定设计为 7 级,除已定两级外,中间尚需分 5 级,每级间隔为

$$\Delta u = \frac{u_p - u_1}{5} = 0.713\,84$$

从而可求得各级间隔的 u_k 值和相应的 w_k 值。然后计算 f':

$$f' = w_k \times n,\quad n = 748$$

即得各间隔面积单位的理论值。根据理论值,将 92 个区域的原始数据排队,逐步划分级别,得到新的分级方案(见表 6-1)。分级间隔的实际情况和假设情况的直方图(如图 6-3)与根据分级结果编制的地图(如图 6-4),反映出各级所占图面面积呈现正态分布结果。

表 6-1

u_i	$-\infty$	1.806 8	-1.093 0	-0.379 1	0.334 7	1.048 6	1.762 4	$+\infty$
常态面积(查表)	-0.500 0	-0.464 6	-0.362 8	-0.147 7	0.131 1	0.352 8	0.461 0	0.500 0
w_1	0.035 4	0.101 8	0.215 1	0.278 8	0.221 7	0.108 2	0.039 0	1.000 0
理论值 f'	26.5	76.1	160.9	208.5	165.8	80.9	29.2	747.9
设计值 f	26.5	86.4	164.9	203.1	158.2	79.7	29.2	748.0
分级结果	0~5%	5%~8%	8%~12.5%	12.5%~18%	18%~23%	23%~30%	>30%	

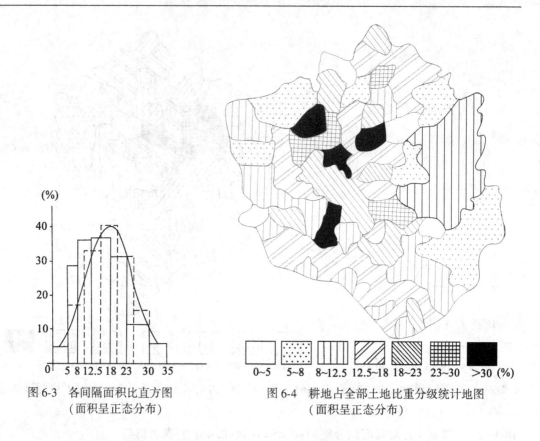

图 6-3 各间隔面积比直方图
（面积呈正态分布）

图 6-4 耕地占全部土地比重分级统计地图
（面积呈正态分布）

三、其他分布分级模型

如果需要设计的分级间隔面积不呈对称的正态分布函数，使变量较高或较低的级别在图面上占有偏大的面积，可以利用其他分布密度曲线来设计分级，例如用 χ^2 分布曲线来拟合。现结合前述的实例进行具体设计分级。

与正态分布相似，先取上、下两组的面积作为定值，本例中为 0.039 0 和 1−0.035 4 = 0.964 6，查 χ^2 表（分 7 级，自由度为 7−2 = 5）得相应的 χ_p^2 值为 11.920 和 0.954；将此横坐标的间距等分为 5 级，每级的 Δu 值为

$$\Delta u = \frac{11.920 - 0.954}{5} = 2.193\ 2$$

分配 Δu 值后计算各组上、下限的 χ_p^2 函数密度面积，很容易得各间隔的面积值。计算结果见表 6-2。

表 6-2

χ_p^2	∞	11.920	9.727	7.534	5.340	3.147	0.954	0
p	0	0.039 0	0.086 6	0.187 4	0.384 5	0.678 2	0.964 6	1
间隔面积 w'	0.039 0	0.047 6	0.100 8	0.197 1	0.293 7	0.286 4	0.035 4	1.000 0
面积单位（理论值）f'	29.2	35.6	75.4	147.4	219.7	214.2	26.5	748.0

面积单位(设计值)f	29.2	37.5	80.5	157.1	216.6	200.6	26.5	748.0
分级结果	>30%	30%~24%	24%~21%	21%~17%	17%~10%	10%~5%	5%~0	

这种分级的结果适用于各分级面积不对称的情况,并且接近曲线横坐标 0 端和 ∞ 端出现两个较小面积的级别,因此比较适合本例数据的分布特征。

§6-5 具有数学规则的最优分级模型

这类分级模型充分利用数据本身提供的大量信息,根据一定的数学规则确定分级界限,使分级结果更能反映数据分布特征。

一、任意数列分级模型

任意数列公式为

$$A_i = \left[L^x + \frac{H^x - L^x}{M}(i-1) \right]^{\frac{1}{x}} \tag{6-6}$$

很明显,上式中的 x 可在某个区间上连续取值,因而可得到多种数列分级,其中包括等差数列($x=1$)。于是,在某个适当的区间上必定能找到一个 x,使分级误差最小。问题可以归结为两个:其一,如何确定适当的区间;其二,怎样在所确定的区间上找到使分级误差达到最小的 x。

从理论上讲,x 可在 $(-\infty, 0)$ 和 $(0, +\infty)$ 上取值。x 在 1 附近取值时,分级间隔的变化规律如下:

(1) $x>1$,分级间隔由大变小;
(2) $x=1$,分级间隔相等;
(3) $x<1$,分级间隔由小变大。

通常,x 在下列两个区间中取值:

(1) $(\beta, 1]$;
(2) $[1, \gamma)$。

x 离 1 越远,分级间隔的变化越大。

所以,问题是在所确定的区间中寻找一个最优解 x,使产生的分级误差最小,实际上是无约束线性规划中的一维搜索问题。

二、任意级数分级模型

利用(6-6)式可以得到相应的任意级数分级公式:

$$\left. \begin{array}{l} L + B_1 x + B_2 x + \cdots + B_M x = H \\ B_i = \left[1 + \dfrac{B_M^x - 1}{M-1}(i-1) \right]^{\frac{1}{x}}, \ i = 1, 2, \cdots, M \end{array} \right\} \tag{6-7}$$

式中,
$$B_i = \frac{A_i}{A_1} = \left[1 + \frac{B_M^x - 1}{M-1}(i-1)\right]^{\frac{1}{x}}, \quad i = 1, 2, \cdots, M$$

(6-7)式中改变 x 的大小可以改变数列递增或递减的速率:
(1) $x<1$,以增大的速率递增或递减;
(2) $x=1$,以恒定的速率递增或递减;
(3) $x>1$,以下降的速率递增或递减。

改变 B_M 将影响分级间隔的变化趋势。因为 $B_1 = 1$,所以
(1) $B_M < 1$,分级间隔递减;
(2) $B_M > 1$,分级间隔递增。

x 和 B_M 结合起来,可得到六种任意级数分级模型:
(1) 以恒定的速率递增($x=1, B_M>1$);
(2) 以增大的速率递增($x<1, B_M>1$);
(3) 以下降的速率递增($x>1, B_M>1$);
(4) 以恒定的速率递减($x=1, B_M<1$);
(5) 以增大的速率递减($x<1, B_M<1$);
(6) 以下降的速率递减($x>1, B_M<1$)。

对于上面的六种任意级数分级模型,若给定一组 (x, B_M),就有相应的一种任意级数分级。用多变量寻优方法能找到具有最小分级误差的任意级数分级。

1. 分级间隔以恒定的速率递增的分级模型

此时,$x=1, B_M>1$,因此只要确定 B_M 的搜索区间即可。最大分级间隔
$$B_M x < (H-L)$$
$$B_M < \frac{H-L}{x}$$

由于
$$x < \frac{H-L}{M}$$

设 α 为 x 小于 $(H-L)/M$ 的倍数,则有
$$x = \frac{(H-L)}{\alpha M}, \quad \alpha > 1$$

故
$$B_M < \alpha M$$

所以,B_M 的搜索区间为 $(1, \alpha M)$。

α 的确定有两种方法:
(1) 将 α 定到最大的可能值,使所确定的搜索区间必定包含 B_M,即
$$1 < \alpha < M$$
(2) 经过几次试验调整逐次确定。

2. 分级间隔以增大的速率递增的分级模型

此时,$x<1, B_M>1$。$x<1$ 时,数列 $B_1, B_2, \cdots, B_M$ 以增大的速率递增。所以,把 x 的搜索区

间定为$(\beta,1)$。增大的速率越快,β 定得越小,但要注意在 $x=0$ 处为间断点。

3. 分级间隔以下降的速率递增的分级模型

此时,$x>1,B_M>1$。同理,B_M 的搜索区间可定为$(1,\alpha M)$。对于 x,当 $x>1$ 时,数列 B_1, $B_2,\cdots,B_M$ 以下降的速率递增。所以,可把 x 的搜索区间定为$(1,\gamma)$,γ 定得越大,下降的速率越快。

4. 分级间隔以恒定的速率递减的分级模型

此时,$x=1,B_M<1$,只需确定 B_M 的搜索区间。由于分级间隔是递减的,最小的分级间隔应大于零,即

$$B_M^x>0, \quad B_M>0$$

所以,B_M 的搜索区间为$(0,1)$。

5. 分级间隔以增大的速率递减的分级模型

此时,$x<1,B_M<1$。根据上述,x 的搜索区间为$(\beta,1)$,B_M 的搜索区间为$(0,1)$。

6. 分级间隔以下降的速率递减的分级模型

此时,$x>1,B_M<1$。按照前述,x 的搜索区间为$(1,\gamma)$,B_M 的搜索区间为$(0,1)$。

确定了上述六种分级模型的 x 和 B_M 的搜索区间,便可根据对分级间隔变化的要求选定 x 和 B_M 的搜索区间,用多维搜索方法来寻找最优解。

在数列或级数基础上得到的分级,分级界限的变化有数学规则,能使用图者容易估计数值属于哪一个等级和各级的间隔,但分级界限零碎,不便于用图者记忆和分析,故必须把分级界限的凑整作为约束条件。通常凑整值是某个十进制数的倍数,如 5 的倍数或 10 的倍数。

三、应用举例

利用具有数学规则的最优分级模型对某省北部 31 个县(市)的人口数(见表6-3)进行分级。用 Monte Carlo 法求搜索区间(迭代次数为200),用二次多项式近似法探求任意数列和任意级数($x=1$ 和 $x\neq 1$ 两种情况)的最优解 x 和 B_M。为使搜索区间一定包含最优解,将区间定得尽量大。令

$$\alpha=5$$
$$\beta=-1$$
$$\gamma=3$$

分级结果见表6-4、表6-5和表6-6。

表6-3　　　　　　　　　　　　　　　　原始数据

序号	数据	序号	数据	序号	数据	序号	数据
1	202 083	9	346 484	17	479 824	25	588 006
2	232 678	10	354 847	18	500 899	26	609 555
3	264 514	11	357 756	19	503 124	27	610 998
4	280 498	12	369 194	20	512 166	28	820 142
5	301 778	13	373 105	21	517 093	29	951 806

续表

序号	数据	序号	数据	序号	数据	序号	数据
6	312 889	14	374 483	22	534 594	30	958 281
7	320 982	15	390 706	23	541 679	31	1 016 065
8	343 486	16	473 305	24	561 782		

表6-4 任意数列分级结果

等级	分级界限	各级数据	分级间隔
1	200 000~260 000	2	60 000
2	260 000~340 000	5	80 000
3	340 000~460 000	8	120 000
4	460 000~660 000	12	200 000
5	660 000~1 020 000	4	360 000

表6-5 任意级数分级结果($x=1$)

等级	分级界限	各级数据	分级间隔
1	200 000~280 000	3	80 000
2	280 000~400 000	12	120 000
3	400 000~560 000	8	160 000
4	560 000~770 000	4	210 000
5	770 000~1 020 000	4	250 000

表6-6 任意级数分级结果($x \neq 1$)

等级	分级界限	各级数据	分级间隔
1	200 000~250 000	2	80 000
2	250 000~340 000	5	120 000
3	340 000~470 000	8	160 000
4	470 000~680 000	12	210 000
5	680 000~1 020 000	4	250 000

§6-6 最优分割分级模型

在地图制图数据处理中,有些样本的次序是很重要的,不能随便将它们的次序打乱。例如,一些与年代有关的地图制图数据处理,年代就是有序的。采用最优分割分级模型解决这类数据的分级问题比较有效。

一、最优分割分级的基本原理

最优分割分级是在有序样本不被破坏的前提下,使其分割的级内离差平方和为最小而级间离差平方和达到极大的一种分级方法,它可以用来对有序样本进行分级。

n 个数据按大小顺序排列后,有 $n-1$ 个"空隙",如分成 M 个等级则需确定 $M-1$ 个分级界限。因此,n 个数据分成 M 个等级的一切可能的分法有 $\binom{n-1}{M-1}$ 种。对于每种分级,可以按误差函数公式来计算分级误差的大小,以择其优。

二、计算步骤

1. 数据排序

把数据按由小到大的顺序排列。

2. 计算级直径

设某一级是 $\{x_i, x_{i+1}, \cdots, x_j\}$,$j>1$,它们的均值向量为

$$\bar{x}_{ij} = \frac{1}{j-i+1} \sum_{k=1}^{j} x_k$$

直径用 $D(i,j)$ 表示,常用的直径是

$$D(i,j) = \sum_{k=i}^{j} (x_k - \bar{x}_{ij})(x_k - \bar{x}_{ij})^{\mathrm{T}}$$

当 $m=1$ 时,

$$D(i,j) = \sum_{k=i}^{j} (x_k - \bar{x}_{ij})^2$$

3. 计算误差矩阵 $E(i,j)$
4. 确定分级界限

(1) 最优二分割

由误差矩阵 D 计算出对于 $m=n, n-1, \cdots, 2$ 的总误差

$$S_m(2,j) = D(1,j) + D(j+1,m), \qquad j=1,2,\cdots,m-1$$

然后挑出其最小值以确定各子段的最优二分割点 $\alpha_1(m)$,即

$$S_m(2, \alpha_1(m)) = \min S_m(2,j), \qquad 1 \leq j \leq m-1$$

当 $m=n$ 时,可得出 n 个样本的最优二分割是

$$\{x_1, x_2, \cdots, x_{\alpha_1(n)}\}, \{x_{\varepsilon_1(n)+1}, \cdots, x_n\}$$

(2) 最优三分割

由 $S_m(2, \alpha_1(j))$ 及 D 矩阵计算误差

$$S_m(3, \alpha_1, (j), j) = S_i(2, \alpha_1(j)) + D(j+1, n)$$

$$j=2,3,\cdots,m-1; m=n,n-1,\cdots,4,3$$

然后挑出最小值,确定各子段的最优三分割点 $\alpha_1(m), \alpha_2(m)$,即

$$S_m(3, \alpha_1(m), \alpha_2(m)) = \min S_m(3, \alpha_1(j), j)$$

$$2 \leq j \leq m-1$$

当 $m=n$ 时,可得出 n 个样本的最优三分割:

$$\{x_1,x_2,\cdots,x_{\alpha_1(n)}\},\{x_{\varepsilon_1(n)+1},\cdots,x_{\alpha_2(n)}\},\{x_{\alpha_2(n)+1},\cdots,x_n\}$$

(3) 最优 M 分割

在已经完成 $M-1$ 分割的基础上,可求出最优 M 分割。

由 $S_m(M-1,\alpha_1(j),\cdots,\alpha_{M-2}(j))$ 及 D 矩阵计算误差

$$S_m(M,\alpha_1(j),\cdots,\alpha_{M-2}(j),j)=S_i(M-1,\alpha_1(j),\cdots,\alpha_{M-2}(j))+D(j+1,m)$$
$$j=M-1,\cdots,m-1;m=n,n-1,\cdots,M$$

然后挑出最小值,确定各子段的最优分割点 $\alpha_1(m),\cdots,\alpha_{M-1}(m)$,即

$$S_m(M,\alpha_1(m),\cdots,\alpha_{M-1}(m))=\min_{M-1\leqslant j\leqslant m-1} S_m(M,\alpha_1(j),\cdots,\alpha_{M-2}(j),j)$$

n 个样本的最优 M 分割是

$$\{x_1,x_2,\cdots,x_{\alpha_1(n)}\},\{x_{\varepsilon_1(n)+1},\cdots x_{\alpha_2(n)}\},\cdots,\{x_{\alpha_{M-1}(n)+1},\cdots,x_n\}$$

三、应用举例

以表 6-3 给出的数据为例,按上述计算步骤和分级模型编程,凑整后的分级结果见表 6-7。

表 6-7　　　　　　　　　　最优分割分级结果

等级	分级界限	各级数据	分级间隔
1	200 000 ~ 250 000	2	50 000
2	250 000 ~ 290 000	2	40 000
3	290 000 ~ 330 000	3	40 000
4	330 000 ~ 430 000	8	100 000
5	430 000 ~ 540 000	7	110 000
6	540 000 ~ 700 000	5	160 000
7	700 000 ~ 1 020 000	4	320 000

§6-7　逐步模式识别分级模型

这种分级模型根据模式识别的基本原理进行分级,适合于大批量数据的分级。

一、逐步模式识别分级基本原理

在分级数据处理中,各级数据的平均值可以看做各级的"标准样本"。但是在确定分级界限之前,各级数据的平均值是无法知道的。不过,可以先用某种简单的方法对数据进行初始分级,以各级的平均值作为该等级的近似标准样本,并在此基础上,对 n 个从小到大排列的数据 $x_j(j=1,2,\cdots,n)$,按照它们与 M 个等级平均值 $\bar{x}_i(i=1,2,\cdots,M)$ 的"贴近程度",重新进行分级,这样重复进行,一直到前后两次分级的界限不再变化为止。

"贴近程度"是一个模糊概念,把数据与各级平均值的"贴近程度"作为确定数据属于哪个等级的原则。M 个等级应认为是 M 个模糊集合 $\{B_1, B_2, \cdots, B_M\}$,任一数据都存在 M 个隶属度,从属于 M 个等级。所以,模式识别分级方法实质上是对数据从属于哪个等级的隶属度最大的判别过程。对于任一数据 x_j,要想确定它属于哪个等级,首先得建立恰当的隶属函数。这里,引用衡量相似程度的相似系数来定义隶属函数。

第 i 个样本与第 j 个样本之间的相似系数可用以下几种方法计算:

(1) 最大最小法

$$r_{ij} = \frac{\min\{x_i, x_j\}}{\max\{x_i, x_j\}}$$

(2) 算术平均最小法

$$r_{ij} = \frac{\min\{x_i, x_j\}}{(x_i + x_j)/2}$$

(3) 几何平均最小法

$$r_{ij} = \frac{\min\{x_i, x_j\}}{\sqrt{x_i \times x_j}}$$

用上述三种方法中的任意一种都可以计算隶属度,然后根据隶属度最大原则确定数据 x_j 属于哪个等级。

二、分级计算步骤

1. 数据排序
2. 选择初始分级

进行初始分级,并计算各级平均值 $\{\bar{x}_1(0), \bar{x}_2(0), \cdots, \bar{x}_M(0)\}$。

3. 进行迭代计算,重新确定分级界限

在进行第一次迭代确定了新的分级界限并计算了各级平均值 $\{\bar{x}_1(1), \bar{x}_2(1), \cdots, \bar{x}_M(1)\}$ 之后,在各相邻两个等级的平均值之前,用选定的隶属函数依次计算数据分别属于两个相邻等级的隶属度,根据隶属度最大原则判定数据属于哪个等级,从而重新确定了各级的界限。若 M 个等级的 $M-1$ 个分级界限中任一分级界限变了,则对新的分级计算新的各级平均值 $\{\bar{x}_1(2), \bar{x}_2(2), \cdots, \bar{x}_M(2)\}$,并重复迭代计算,直到前后两次分级的界限不再变化为止。

三、应用举例

仍以表 6-3 所列的人口数分级为例,利用最大最小法计算隶属度。凑整后的分级结果见表 6-8。

表 6-8　　　　　　　　　　　逐步模式识别分级结果

等级	分级界限	各级数据	分级间隔
1	200 000~270 000	3	70 000
2	270 000~330 000	4	60 000

续表

等级	分级界限	各级数据	分级间隔
3	330 000~380 000	7	50 000
4	380 000~430 000	1	50 000
5	430 000~520 000	6	90 000
6	520 000~720 000	6	200 000
7	720 000~1 020 000	4	300 000

第七章 地图制图评价模型

在地图制图过程中,为了把握地图制作质量,保证地图产品的科学性,通常要对地图制图资料质量、地图的编绘质量、地图制图综合程度、地图的分类分级合理性、地图信息含量、地图产品质量等进行评价。

§7-1 地图编绘质量评价模型

地图是科学与艺术完美结合的作品。地图制图过程中每一个环节都对地图质量产生一定的影响,因此,在制作地图时,要对每一项工作的质量进行认真的审查和评价,特别是对地图编绘质量应该进行科学的评价,以保证地图产品的高水平。

过去在评价地图编绘质量时,常常用有较严格界限(或较容易确定)的因素(如错误、遗漏以及线划质量)进行定性评价,然而这些因素往往只是评价标准的一部分,很难准确地、全面地评价一幅地图编绘质量。因此,需要建立一个能全面地、正确地评价地图编绘质量的数学模型。

在影响地图编绘质量的众多因素中,除了个别因素有严格的界限和数值标准外,大多数因素很难区分出较严格的数值界限,所以具有很大的模糊性。评价一幅地图的编绘质量就是对这些具有模糊性的因素进行全面的综合评判,来确定它的质量。用模糊数学方法能把这一评价过程模型化。

一、模糊综合评判模型

下面以评价普通地图编绘质量为例,来介绍地图编绘质量的模糊综合评判模型。

1. 因素集 U

影响普通地图编绘质量的因素主要有:①各要素地图制图综合的正确程度;②各要素之间关系处理的合理程度;③地图数学基础的精度和各要素的制作定位精度;④地图内容表示的现势性;⑤地图上表示内容的错误和遗漏程度;⑥线划描绘质量的好坏。即

$$U = (u_1, u_2, u_3, u_4, u_5, u_6)$$

2. 评判集 V

我国地图制图管理和生产部门一般将地图质量分为优、良、可、差四个等级,所以地图编绘质量评判集

$$V = (v_1, v_2, v_3, v_4)$$

3. 模糊综合评判矩阵

地图质量检查人员依据《地图编绘规范》、《编图大纲》、《图幅编辑设计书》和《作业任务书》等技术文件,对每个因素进行评价,并有一个评判结果,构成单因素评判模糊集

$$\widetilde{R}_i = (r_{i1}, r_{i2}, r_{i3}, r_{i4})$$

6个因素的评判构成模糊综合评判矩阵：

$$\widetilde{R} = \begin{pmatrix} \widetilde{R}_1 \\ \widetilde{R}_2 \\ \widetilde{R}_3 \\ \widetilde{R}_4 \\ \widetilde{R}_5 \\ \widetilde{R}_6 \end{pmatrix} = \begin{pmatrix} r_{11} & r_{12} & r_{13} & r_{14} \\ r_{21} & r_{22} & r_{23} & r_{24} \\ r_{31} & r_{32} & r_{33} & r_{34} \\ r_{41} & r_{42} & r_{43} & r_{44} \\ r_{51} & r_{52} & r_{53} & r_{54} \\ r_{61} & r_{62} & r_{63} & r_{64} \end{pmatrix}$$

4. 因素权重集

由于各个因素对制图编绘质量的影响程度不一样，所以要给这些因素分配不同的权重。在普通地图编绘质量中起主要作用是各要素地图制图综合的正确程度，各要素之间关系处理的合理程度，它们的权重要大一些。地图上表示内容的错误和遗漏程度，线划描绘质量的好坏，可以在检查后基本得到纠正，因此它们的权重要小一些。权重可以由地图制图专家给定，也可以通过统计分析方法获得，比较科学的方法是用层次分析法确定。这里，由专家给出各因素权重：

$$\widetilde{A} = (a_1, a_2, a_3, a_4, a_5, a_6) = (0.35, 0.25, 0.15, 0.10, 0.10, 0.05)$$

5. 模糊综合评判结果集

根据模糊综合评判矩阵 $\widetilde{R}$ 和因素权重集 $\widetilde{A}$，通过模糊变换可得评判结果

$$\widetilde{B} = \widetilde{A} \circ \widetilde{R} = (b_1, b_2, b_3, b_4) \tag{7-1}$$

根据最大隶属原则，在 b_1, b_2, b_3, b_4 中看谁的数值最大，评判结果就评定为相应的等级。如果 b_1 最大，这幅地图就是优质图。

为了防止在 b_1, b_2, b_3, b_4 中出现两个数值相等的情况，要采用清晰度大的模糊算子，如采用 $M(\oplus, \cdot)$ 模糊算子。

6. 应用举例

设有一幅地形图编绘原图，地图质量检查人员依据《地图编绘规范》、《图幅编辑设计书》等技术文件，根据自己丰富的制图经验对该幅图从制图综合、关系处理等六个方面进行全面的评价，并对每个方面给出某些定量指标。

例如，对各要素地图制图综合的正确程度进行全面的评价后，认为图面上25%综合得很好，符合优级；40%综合得较好，符合良级；20%综合得一般，符合可级；15%综合得不够好，为差级。这样，地图制图综合的正确程度的单因素评判模糊集

$$\widetilde{R}_1 = (0.25, 0.40, 0.20, 0.15)$$

采用相似的方法，获得其余几个单因素评判模糊集。各要素之间关系处理的合理程度的单因素评判模糊集

$$\widetilde{R}_2 = (0.20, 0.60, 0.20, 0.00)$$

地图数学基础的精度和各要素的制作定位精度单因素评判模糊集

$$\widetilde{R}_3 = (0.10, 0.20, 0.60, 0.10)$$

地图内容表示的现势性单因素评判模糊集

$$\widetilde{R}_4 = (0.10, 0.20, 0.50, 0.20)$$

地图上表示内容的错误和遗漏程度单因素评判模糊集

$$\widetilde{R}_5 = (0.05, 0.10, 0.20, 0.65)$$

线划描绘的质量好坏单因素评判模糊集

$$\widetilde{R}_6 = (0.30, 0.20, 0.40, 0.10)$$

6 个因素的评判构成模糊综合评判矩阵：

$$\widetilde{R} = \begin{pmatrix} \widetilde{R}_1 \\ \widetilde{R}_2 \\ \widetilde{R}_3 \\ \widetilde{R}_4 \\ \widetilde{R}_5 \\ \widetilde{R}_6 \end{pmatrix} = \begin{pmatrix} r_{11} & r_{12} & r_{13} & r_{14} \\ r_{21} & r_{22} & r_{23} & r_{24} \\ r_{31} & r_{32} & r_{33} & r_{34} \\ r_{41} & r_{42} & r_{43} & r_{44} \\ r_{51} & r_{52} & r_{53} & r_{54} \\ r_{61} & r_{62} & r_{63} & r_{64} \end{pmatrix} = \begin{pmatrix} 0.25 & 0.40 & 0.20 & 0.15 \\ 0.20 & 0.60 & 0.20 & 0.00 \\ 0.10 & 0.20 & 0.60 & 0.10 \\ 0.10 & 0.20 & 0.50 & 0.20 \\ 0.05 & 0.10 & 0.20 & 0.65 \\ 0.30 & 0.20 & 0.40 & 0.10 \end{pmatrix}$$

根据(7-1)式，采用 Zadeh 模糊算子"∨"，"∧"进行模糊变换，得到该幅图模糊综合评判结果集：

$$\widetilde{B} = \widetilde{A} \circ \widetilde{R} = (0.35 \quad 0.25 \quad 0.15 \quad 0.10 \quad 0.10 \quad 0.05) \begin{pmatrix} 0.25 & 0.40 & 0.20 & 0.15 \\ 0.20 & 0.60 & 0.20 & 0.00 \\ 0.10 & 0.20 & 0.60 & 0.10 \\ 0.10 & 0.20 & 0.50 & 0.20 \\ 0.05 & 0.10 & 0.20 & 0.65 \\ 0.30 & 0.20 & 0.40 & 0.10 \end{pmatrix}$$

$$= (0.25 \quad 0.35 \quad 0.20 \quad 0.15)$$

根据最大隶属原则，$b_2 = 0.35$ 数值最大，该幅地图的编绘质量评判结果为"良"级。

二、模糊多层次评判模型

对地图编绘质量进行评价，需要考虑的因素很多。在评价过程中作出任何一种结论都得对若干有关联的因素做综合考虑。因此，在评价过程中都对应着不同层次的若干因素的综合考虑，故宜采用模糊数学中的多层次综合评判法来建立评价模型。这种模型就是先把因素划分为几类，接着对每一类作出简单的综合评判，然后再根据评判的结果进行类之间的更高层次的综合评判。

下面以专题地图编绘质量评价为例，介绍地图编绘质量的模糊多层次评判模型。

1. 确定评价因素集 U

评价专题地图编绘质量 U 应包括如下几个方面：

u_1——指标的科学性和正确性(图上指标能否反映该图幅应表达的内容)。
c_{11}——指标处理的合理性(主要包括分类、分级以及通常资料的加工处理)。
c_{12}——指标与地图用途及使用对象的适应性。
c_{13}——资料利用的合理性、充分性。
u_2——表示方法的正确性。
c_{21}——表示方法选择的正确性。
c_{22}——图例设计的正确性。
w_{221}——符号设计的正确性。
A_{2211}——图形设计的正确性。
A_{2212}——尺寸设计的正确性。
A_{2213}——注记设计的正确性。
w_{222}——色彩设计的正确性。
w_{223}——图例设计的正确性和完备性。
c_{23}——附图及统计图表设计的正确性。
c_{24}——表示方法配合的合理性。
c_{25}——表示方法的统一协调性。
c_{26}——各种注记字体、字大配置的合理性、易读性和统一协调性。
u_3——地图精度。
c_{31}——图幅选择设计的投影、比例尺的适应性。
c_{32}——地图内容的位置精度。
c_{33}——统计分级及符号的图解精度(读出精度)。
u_4——地图现势性及反映动态情况。
c_{41}——图上内容的现势性及保持现势性的可能性。
c_{42}——历年变化情况的反映。
c_{43}——预报预测的可能性。
c_{44}——修编的可能性。
u_5——图面配置与整饰。
c_{51}——图面的总配置。
w_{511}——主图、图表、附图、图名及说明文字配置。
w_{512}——主图与周围地区的联系的反映。
w_{513}——经济性(图面配置合理、节约图幅数量)。
w_{514}——表达主要内容的完整性。
c_{52}——各分图幅内的配置。
c_{53}——图名、图表名、附图名设计的正确性。
c_{54}——整饰质量(色相、色调、色度的准确性,线划尺寸的准确性)。
u_6——图面上的错误和遗漏。

以上列出的评价标准是按重要程度大小列出的。在各层次中,前面因素比后面因素的重要性要大。

2. 确定评价等级集 V

一般将地图质量分为优、良、可、差四个等级,所以专题地图编绘质量评价等级集
$$V=(v_1,v_2,v_3,v_4)$$

3. 确定评价因素的权重集

由于在评价专题地图编绘质量中考虑到了影响编绘质量的所有因素,所以权重集也具有权向量的意义。为了使评价结果客观地反映实际情况,提高模型的评价精度,权重集采用层次分析法来确定。

用层次分析法确定权重集,一般有如下两个程序:

(1) 构造判断矩阵

针对上一层次因素 U,将讨论层次有关因素之间的相对重要性用数值表示出来并列成矩阵形式,如下所示:

$$\begin{array}{c|ccccc} U & D_1 & \cdots & D_j & \cdots & D_n \\ \hline D_1 & d_{11} & \cdots & d_{1j} & \cdots & d_{1n} \\ \vdots & \vdots & & \vdots & & \vdots \\ D_i & d_{i1} & \cdots & d_{ij} & \cdots & d_{in} \\ \vdots & \vdots & & \vdots & & \vdots \\ D_n & d_{n1} & \cdots & d_{nj} & \cdots & d_{nn} \end{array}$$

其中,d_{ij} 表示对 U 而言,d_i 比 d_j 相对重要的数值表现形式。d_{ij} 一般取值为 $1,2,\cdots,9$ 及它们的倒数,其含义为:

1 表示 d_i 与 d_j 同等重要;3 表示 d_i 比 d_j 重要一点;5 表示 d_i 比 d_j 重要;7 表示 d_i 比 d_j 重要得多;9 表示 d_i 比 d_j 重要很多。

2,4,6,8 分别有 3,5,7,9 相应的类似含义,只是程度稍小些。如果因素重要性差别更小,可用带小数的数值表示,如 1.2,5.6,8.3 等。

(2) 计算权重值

计算本层次与上层次某因素有联系的因素相互重要性次序的权重值,其实质可归结为计算判断矩阵的特征向量问题。为简化计算方法,可用近似计算法——和积法来求解,其步骤为:

① 将判断矩阵 U 的各列正规化;

② 各列进行正规化后的判断矩阵按行加总;

③ 对加总后的向量再进行正规化,所得结果 W 即为欲求的特征向量,W 的各分量 w_i 即为相应元素 u_i 的权重值。

现用层次分析法确定专题地图编绘质量的评价因素集合 U 的各级权重集。在各层次中,根据评价因素的相互重要性关系分别构造判断矩阵,并计算 W(见表 7-1)。

由表 7-1,得到采用层次分析法计算出的各级因素权重集:

$$P_u=(p_1,p_2,p_3,p_4,p_5,p_6)=(0.363,0.284,0.122,0.101,0.089,0.041)$$
$$P_{u_1}=(p_{11},p_{12},p_{13})=(0.575,0.230,0.195)$$
$$P_{u_2}=(p_{21},p_{22},p_{23},p_{24},p_{25},p_{26})=(0.327,0.304,0.116,0.093,0.084,0.076)$$

$P_{u_3} = (p_{31}, p_{32}, p_{33}) = (0.451, 0.402, 0.147)$

$P_{u_4} = (p_{41}, p_{42}, p_{43}, p_{44}) = (0.540, 0.226, 0.139, 0.095)$

$P_{u_5} = (p_{51}, p_{52}, p_{53}, p_{54}) = (0.530, 0.195, 0.150, 0.125)$

$P_{c_{22}} = (p_{221}, p_{222}, p_{223}) = (0.539, 0.288, 0.173)$

$P_{c_{51}} = (p_{511}, p_{512}, p_{513}, p_{514}) = (0.520, 0.187, 0.155, 0.138)$

$P_{w_{221}} = (p_{2211}, p_{2212}, p_{2213}) = (0.630, 0.215, 0.155)$

表 7-1

U	u_1	u_2	u_3	u_4	u_5	u_6	W
u_1	1	1.4	3	3.5	4	9	0.363
u_2	1/1.4	1	2.4	2.8	3.2	7	0.284
u_3	1/3	1/2.4	1	1.2	1.4	3	0.122
u_4	1/3.5	1/2.8	1/1.2	1	1.1	2.5	0.101
u_5	1/4	1/3.2	1/1.4	1/1.1	1	2.2	0.089
u_6	1/9	1/7	1/3	1/2.5	1/2.2	1	0.041

u_2	c_{21}	c_{22}	c_{23}	c_{24}	c_{25}	c_{26}	W
c_{21}	1	1.2	3	3.4	3.8	4.2	0.327
c_{22}	1/1.2	1	2.8	3.2	3.6	4	0.304
c_{23}	1/3	1/2.8	1	1.2	1.4	1.6	0.116
c_{24}	1/3.4	1/3.2	1/1.2	1	1.1	1.2	0.093
c_{25}	1/3.8	1/3.6	1/1.4	1/1.1	1	1.1	0.084
c_{26}	1/4.2	1/4	1/1.6	1/1.2	1/1.1	1	0.076

u_4	c_{41}	c_{42}	c_{43}	c_{44}	W
c_{41}	1	3	4	5	0.540
c_{42}	1/3	1	1.7	2.4	0.220
c_{43}	1/4	1/1.7	1	1.5	0.139
c_{44}	1/5	1/2.4	1/1.5	1	0.095

u_5	c_{51}	c_{52}	c_{53}	c_{54}	W
c_{51}	1	3	3.5	4	0.530
c_{52}	1/3	1	1.3	1.6	0.195
c_{53}	1/3.5	1/1.3	1	1.2	0.150
c_{54}	1/4	1/1.6	1/1.2	1	0.125

u_1	c_{11}	c_{12}	c_{13}	W
c_{11}	1	2.5	3	0.575
c_{12}	1/2.5	1	1.2	0.230
c_{13}	1/3	1/1.2	1	0.195

u_3	c_{31}	c_{32}	c_{33}	W
c_{31}	1	1.2	3	0.451
c_{32}	1/1.2	1	2.8	0.402
c_{33}	1/3	1/2.8	1	0.147

c_{22}	w_{221}	w_{222}	w_{223}	W
w_{221}	1	2	3	0.539
w_{222}	1/2	1	1.7	0.288
w_{223}	1/3	1/1.7	1	0.173

w_{221}	A_{2211}	A_{2212}	A_{2213}	W
A_{2211}	1	3	4	0.630
A_{2212}	1/3	1	1.4	0.215
A_{2213}	1/4	1/1.4	1	0.155

c_{51}	w_{511}	w_{512}	w_{513}	w_{514}	W
w_{511}	1	3	3.3	3.6	0.520
w_{512}	1/3	1	1.2	1.4	0.187
w_{513}	1/3.3	1/1.2	1	1.1	0.155
w_{514}	1/3.6	1/1.4	1/1.1	1	0.138

4. 评价计算

(1) 首先求出末级因素对评价等级集 V 的隶属度。

在评价专题地图编绘质量中一般有三种方法确定因素对评价等级集 V 的隶属度。

①打分法。统计出全部评委各种评价的隶属频率。例如在评价"指标处理合理性"时，14%的评委打"优"，51%的评委打"良"，25%的评委认为是"可"，10%的评委认为是"差"。由此即可得出该因素的评价等级集 V 的隶属度为$(r_{11}, r_{12}, r_{13}, r_{14}) = (0.14, 0.51, 0.25, 0.10)$。

②全图综合评定法。如"整饰质量"，全幅图中约有 35%整饰质量为优，约 10%整饰质量为良，15%整饰质量为可，40%整饰质量为差。这样，"整饰质量"的评价等级集 V 的隶属度为$(r_{41}, r_{42}, r_{43}, r_{44}) = (0.35, 0.10, 0.15, 0.40)$。

③隶属函数确定法。由通常的划分得评价分布函数为

$$\mu_{\tilde{v}_1}(x) = \begin{cases} \dfrac{1}{15}(x-85), & 85 \leq x \leq 100 \\ 0, & x < 85 \end{cases} \qquad (7\text{-}2)$$

$$\mu_{\tilde{v}_2}(x) = \begin{cases} \dfrac{1}{15}(100-x), & 85 \leq x \leq 100 \\ \dfrac{1}{15}(x-70), & x < 85 \end{cases} \qquad (7\text{-}3)$$

$$\mu_{\tilde{v}_3}(x) = \begin{cases} \dfrac{1}{15}(85-x), & 70 \leq x \leq 85 \\ \dfrac{1}{10}(x-60), & x < 70 \end{cases} \qquad (7\text{-}4)$$

$$\mu_{\tilde{v}_4}(x) = \begin{cases} \dfrac{1}{10}(70-x), & 60 \leq x \leq 70 \\ 1, & x < 60 \end{cases} \qquad (7\text{-}5)$$

如果"图面上的错误和遗漏"得分为 62，用 $x = 62$ 代入以上各式得

$$\mu_{\tilde{v}_1}(62) = 0.00$$
$$\mu_{\tilde{v}_2}(62) = 0.00$$
$$\mu_{\tilde{v}_3}(62) = 0.2$$
$$\mu_{\tilde{v}_4}(62) = 0.8$$

即得该因素评价等级集 V 的隶属度为 $(r_1, r_2, r_3, r_4) = (0.00, 0.00, 0.20, 0.80)$。

在评价中应该根据具体情况来选择这三种方法中最合适的方法。一般来说，集体评价地图编绘质量时，三种方法都能用上；如果只有一人或两三人时，只能在后两种方法中根据具体因素选择其中较合适的方法。

灵活应用以上三种方法，可获得所有末级因素的评价等级集 V 的隶属度。如 A_{2211} 的评价等级集 V 的隶属度为 $(r_{11}, r_{12}, r_{13}, r_{14})$。

(2) 根据末级因素的评价等级集 V 的隶属度可直接构造 $\widetilde{R}_{u_1}, \widetilde{R}_{u_3}, \widetilde{R}_{u_4}, \widetilde{R}_{c_{51}} \widetilde{R}_{w_{221}}$ 的单因素评价矩阵，如

$$\widetilde{R}_{w_{221}} = \begin{pmatrix} r_{11} & r_{12} & r_{13} & r_{14} \\ r_{21} & r_{22} & r_{23} & r_{24} \\ r_{31} & r_{32} & r_{33} & r_{34} \end{pmatrix}$$

并且直接得到评价结果：

$$u_6 = (r_1, r_2, r_3, r_4)$$

(3) 由 P_{u_1} 和 $\widetilde{R}_{u_1}$，P_{u_3} 和 $\widetilde{R}_{u_3}$，P_{u_4} 和 $\widetilde{R}_{u_4}$，$P_{c_{51}}$ 和 $\widetilde{R}_{c_{51}}$，$P_{w_{221}}$ 和 $\widetilde{R}_{w_{221}}$ 求出评价结果 $u_1, u_3, u_4, c_{51}, w_{221}$。在专题地图编绘质量评价中，要考虑所有的评价因素的影响，且评价计算过程中信息量损失尽量小，因此，采用 $M(\oplus, \cdot)$ 模糊算子。如

$$w_{221} = P_{w_{221}} \circ \widetilde{R}_{w_{221}} = (p_{2211}, p_{2212}, p_{2213}) \begin{pmatrix} r_{11} & r_{12} & r_{13} & r_{14} \\ r_{21} & r_{22} & r_{23} & r_{24} \\ r_{31} & r_{32} & r_{33} & r_{34} \end{pmatrix}$$

$$= (b_{2211}, b_{2212}, b_{2213}, b_{2214})$$

式中

$$b_{221j} = \min\left(1, \sum_{i=1}^{3} p_{221i} r_{ij}\right), \quad j = 1,2,3,4$$

同理可得

$$u_1 = P_{u_1} \circ \widetilde{R}_{u_1} = (b_{11}, b_{12}, b_{13}, b_{14})$$

$$u_3 = P_{u_3} \circ \widetilde{R}_{u_3} = (b_{31}, b_{32}, b_{33}, b_{34})$$

$$u_4 = P_{u_4} \circ \widetilde{R}_{u_4} = (b_{41}, b_{42}, b_{43}, b_{44})$$

$$c_{51} = P_{u_{51}} \circ \widetilde{R}_{u_{51}} = (b_{511}, b_{512}, b_{513}, b_{51})$$

(4) 根据评价结果 w_{221}, c_{51} 构造评价矩阵 $\widetilde{R}_{c_{22}}, \widetilde{R}_{u_5}$。如

$$\widetilde{R}_{c_{22}} = \begin{pmatrix} b_{2211} & b_{2212} & b_{2213} & b_{2214} \\ r_{21} & r_{22} & r_{23} & r_{24} \\ r_{31} & r_{32} & r_{33} & r_{34} \end{pmatrix}$$

同理可构造出 $\widetilde{R}_{u_5}$。

(5) 由 $P_{c_{22}}$ 和 $\widetilde{R}_{c_{22}}$, P_{u_5} 和 $\widetilde{R}_{u_5}$ 求出评价结果 c_{22}, u_5。

$$c_{22} = P_{c_{22}} \circ \widetilde{R}_{c_{22}} = (b_{221}, b_{222}, b_{223}, b_{224})$$

(6) 由 c_{22} 构造 $\widetilde{R}_{u_2}$。

$$\widetilde{R}_{u_2} = \begin{pmatrix} r_{11} & r_{12} & r_{13} & r_{14} \\ b_{221} & b_{222} & b_{223} & b_{224} \\ r_{31} & r_{32} & r_{33} & r_{34} \\ \vdots & \vdots & \vdots & \vdots \\ r_{61} & r_{62} & r_{63} & r_{64} \end{pmatrix}$$

(7) 由 P_{u_2} 和 $\widetilde{R}_{u_2}$ 求出评价结果 u_2。

$$u_2 = P_{u_2} \circ \widetilde{R}_{u_2} = (b_{12}, b_{22}, b_{23}, b_{24})$$

(8) 由 U 的各子集 u_i 的评价结果构成 U 的单因素评价矩阵 $\widetilde{R}_u$。

$$\widetilde{R}_u = \begin{pmatrix} b_{11} & b_{12} & b_{13} & b_{14} \\ b_{21} & b_{22} & b_{23} & b_{24} \\ \vdots & \vdots & \vdots & \vdots \\ b_{51} & b_{52} & b_{53} & b_{54} \\ r_1 & r_2 & r_3 & r_4 \end{pmatrix}$$

(9) 由 P_u 和 $\widetilde{R}_u$ 最后求出专题地图编绘质量的评价结果 U。

$$U = P_u \circ \widetilde{R}_u = (b_1, b_2, b_3, b_4) \tag{7-6}$$

5. 确定专题地图编绘质量的等级

根据最大隶属度原则,确定被评价的专题地图编绘质量等级,也就是看 b_1,b_2,b_3,b_4 四个数值中谁最大,评判结果定为相应的等级。如果 b_3 最大,那么该幅专题地图编绘质量应定为"可"。

6. 应用实例

应用上述模型来评价《湖北省国土经济地图集》中 35 号图幅"湖北省棉花分布与区划图"的编绘质量。这幅图由"棉花播种面积分布与区划"、"棉花生产水平"和"棉花茬口类型"三幅分图以及若干图表组成。根据"湖北省国土经济地图集总设计书"等编辑文件,运用"全图综合评定法"和"隶属函数确定法"获得这幅图所有末级评价因素对评价等级集 V 的隶属度(见表 7-2)。

表 7-2　　末级因素对评价 V 的隶属度表

末级因素	r_{i1}	r_{i2}	r_{i3}	r_{i4}	末级因素	r_{i1}	r_{i2}	r_{i3}	r_{i4}	末级因素	r_{i1}	r_{i2}	r_{i3}	r_{i4}	末级因素	r_{i1}	r_{i2}	r_{i3}	r_{i4}
c_{11}	0.14	0.51	0.25	0.10	c_{21}	0.30	0.45	0.21	0.04	c_{41}	0.20	0.55	0.21	0.04	w_{513}	0.20	0.35	0.30	0.15
c_{12}	0.20	0.42	0.21	0.17	c_{23}	0.21	0.41	0.31	0.07	c_{42}	0.20	0.44	0.32	0.04	w_{514}	0.20	0.35	0.25	0.20
c_{13}	0.21	0.33	0.34	0.12	c_{24}	0.35	0.30	0.31	0.04	c_{43}	0.31	0.21	0.22	0.26	c_{52}	0.35	0.20	0.30	0.15
A_{2211}	0.20	0.21	0.45	0.14	c_{25}	0.34	0.25	0.31	0.10	c_{44}	0.34	0.11	0.22	0.33	c_{53}	0.30	0.25	0.30	0.15
A_{2212}	0.35	0.32	0.21	0.12	c_{26}	0.15	0.40	0.30	0.15	w_{511}	0.30	0.20	0.25	0.25	c_{54}	0.35	0.10	0.15	0.40
a_{2213}	0.40	0.15	0.30	0.15	c_{31}	0.25	0.45	0.17	0.13	w_{512}	0.35	0.15	0.35	0.20	u_6	0.00	0.00	0.20	0.80
w_{222}	0.35	0.14	0.30	0.21	c_{32}	0.29	0.20	0.30	0.21										
w_{223}	0.20	0.45	0.25	0.10	c_{33}	0.30	0.15	0.35	0.20										

根据表 7-2 可直接得出 $\widetilde{R}_{u_1},\widetilde{R}_{u_3},\widetilde{R}_{u_4},\widetilde{R}_{c_{51}},\widetilde{R}_{w_{221}}$ 和 u_6。

$$u_6 = (0.00, 0.00, 0.20, 0.80)$$

由 P_{u_1} 和 $\widetilde{R}_{u_1}$ 求出

$$u_1 = P_{u_1} \circ \widetilde{R}_{u_1} = (0.575, 0.230, 0.195) \begin{pmatrix} 0.14 & 0.51 & 0.25 & 0.10 \\ 0.20 & 0.42 & 0.21 & 0.17 \\ 0.21 & 0.33 & 0.34 & 0.12 \end{pmatrix}$$

$$= (0.17, 0.45, 0.26, 0.12)$$

同理得

$$u_3 = P_{u_3} \circ \widetilde{R}_{u_3} = (0.27, 0.31, 0.25, 0.17)$$

$$u_4 = P_{u_4} \circ \widetilde{R}_{u_4} = (0.23, 0.43, 0.24, 0.10)$$

$$c_{51} = P_{c_{51}} \circ \widetilde{R}_{c_{51}} = (0.28, 0.23, 0.27, 0.22)$$

$$w_{221} = P_{w221} \circ \widetilde{R}_{w_{221}} = (0.26, 0.22, 0.38, 0.14)$$

根据评价结果 c_{51}, w_{221} 得到 $\widetilde{R}_{u_5}, \widetilde{R}_{c_{22}}$。由 $P_{c_{22}}$ 和 $\widetilde{R}_{c_{22}}$ 可算出

$$c_{22} = P_{c_{22}} \circ \widetilde{R}_{c_{22}} = (0.539, 0.288, 0.173) \begin{pmatrix} 0.26 & 0.22 & 0.38 & 0.14 \\ 0.35 & 0.14 & 0.32 & 0.21 \\ 0.20 & 0.45 & 0.25 & 0.10 \end{pmatrix}$$

$$= (0.28, 0.24, 0.33, 0.15)$$

同理得

$$u_5 = P_{u_5} \circ \widetilde{R}_{u_5} (0.30, 0.21, 0.27, 0.22)$$

根据 c_{22} 可得 $\widetilde{R}_{u_2}$，由 P_{u_2} 和 $\widetilde{R}_{u_2}$ 可算得

$$u_2 = P_{u_2} \circ \widetilde{R}_{u_2} = (0.28, 0.35, 0.28, 0.09)$$

根据 $u_i (i=1,2,\cdots,6)$ 可得 $\widetilde{R}_u$，由 P_u 和 $\widetilde{R}_u$ 可求得这幅地图编绘质量的评价结果 U：

$$U = P_u \circ \widetilde{R}_u = (0.363, 0.284, 0.122, 0.101, 0.089, 0.041) \begin{pmatrix} 0.17 & 0.45 & 0.26 & 0.12 \\ 0.28 & 0.35 & 0.28 & 0.09 \\ 0.27 & 0.31 & 0.25 & 0.17 \\ 0.23 & 0.43 & 0.24 & 0.10 \\ 0.30 & 0.21 & 0.27 & 0.22 \\ 0.00 & 0.00 & 0.20 & 0.80 \end{pmatrix}$$

$$= (0.23, 0.36, 0.26, 0.15)$$

最后得出这幅图的编绘质量是"良"的结论。这个结论与《湖北省国土经济地图集》评审会上对这幅图的评价结果(良级偏下)完全一致。

§7-2 地图信息量评价模型

地图是一种信息传输工具，它的基本功能是传输空间信息。地图又是空间信息的载体，正确计算出这个载体的空间信息含量，是解决地图信息传输的关键。此外，目前对地图的分析评价多局限于定性描述，特别是对地图内容的完备性的分析评价更是如此。对地图的分析评价，对地图完备性进行定量分析，对地图的载负量进行定量分析，更需要将地图作为信息源来分析。

一、地图信息量量测的基本原理

地图图形符号、注记及颜色是一种信息，这种信息作用于人的生理器官——视觉机构，实际上是光转换成电，形成一种电刺激，使人们感知图形、符号、注记及颜色。当视觉细胞接受到外界一定的光线刺激之后，会发生一系列物理和化学变化，并且产生一个电位变化，这个电位变化称为感受器电位。感受器电位经过双极细胞的传递，可以使神经节细胞产生脉冲信号，通过视神经传递到大脑的视觉中枢，从而产生视觉，感知图形和颜色。由这种成对传递视觉信息的论述，可以想到电子计算机的编码工作也是成对(二进制)地进行输送信息的。因此，地图上的信息量是完全可以度量的。

根据现代信息论的观点，把地图作为地图信息传输过程中的信息源，从信息源发出的信息都被当做具有相同语义、相同价值的对象传输。不考虑地图信息本身含义及逻辑上的真实性和精确性，不考虑地图信息与用图者过去的经验、现在的环境、思想状况以及其他个人的因素；在仅仅考虑地图信息传输的场合下，可以用狭义信息论来度量地图信息的含量。

地图上有一种来自现有特征和图形的信息，我们称它为直接信息。直接信息应包括语

义、注记、位置、颜色四种信息。地图上还有一种不是来自符号本身,而要通过要素的分布与组合来反映,通过分析间接取得的信息,被称为间接信息,也称隐含信息。

熵 H 是代表地图上某体系的平均不肯定程度,I 是解除这个不肯定程度的信息量(即地图上某体系的信息量)。两者在数值上是相等的,含义上有所区别。本章在后面将要用熵表示信息量,这是因为,一般都假设地图信息能被人们全部接受,此时,地图要素不肯定程度减小的量就是地图要素的熵,从这个意义来讲,可以直接用熵表示信息量。

设在地图上表示出 $A_1, A_2, \cdots, A_m$ 个体系,其中 A_1 体系(如居民地)的概率为 $p_1, p_2, \cdots, p_m$,则该体系的信息量可按(2-43)式求得

$$H_1 = -\sum_{i=1}^{m} p_i \log_2 p_i \tag{7-7}$$

式中,由于对数的底取 2,这时信息量的单位是 bit(比特),此后均记 $\log_2$ 为 $\log$。同理可求出 $H_2, \cdots, H_m$。

如果体系 $A_1, A_2, \cdots, A_m$ 是相互独立的,则地图上的信息量为

$$H(A_1, A_2, \cdots, A_m) = H_1 + H_2 + \cdots + H_m \tag{7-8}$$

如果体系 $A_1, A_2, \cdots, A_m$ 不是相互独立的,则地图上的信息量为

$$H(A_1, A_2, \cdots, A_m) = H_1 + H(A_2/A_1) + H(A_3/A_1 A_2) + \cdots + H(A_m/A_1 A_2 \cdots A_{m-1}) \tag{7-9}$$

式中,$H(A_2/A_1) \cdots$ 是条件熵,可根据(2-48)式求得。

二、地图信息量量测(评价)的数学模型

地图信息由直接信息和间接信息组成,地图信息量测数学模型为

$$I_{地图} = I_{直接} + I_{间接} \tag{7-10}$$

1. 直接信息

直接信息是地图制图工作者最关心的地图信息。直接信息在用图时提供了明确的意义,在制图时提供了设计和制作的依据。由于语义、注记、位置和色彩是相互独立的四个系统,因此,直接信息可按下式计算:

$$I_{直接} = H_{语义} + H_{注记} + H_{位置} + H_{色彩} \tag{7-11}$$

(1)语义信息

地图上的每个信息都有相应的含义,富有内容特征。信息的语义用来评价信息的理解内容及它的重要性和实用性。根据地图符号的各种特征,按质量和数量标志进行地物分类分级,然后求出各种特征范围的频率分布,有了频率分布就可以求出每种特征范围的熵。

语义信息应分为符号语义信息和图例语义信息。某种地物只有一类时,在特征范围内地物的语义信息等于零。这是因为此时地物的语义信息被包含在图例所规定的语义信息中。

符号语义信息量用下式求得:

$$H_{1a}(A_j) = -n \sum_{i=1}^{m} p_i \log p_i \tag{7-12}$$

式中,n 是某种特征范围地物(A_j)的个数,p_i 是地物第 i 级(按质量或数量分级)的频率,m 是分级数量。

假设 $A_1, A_2, \cdots, A_k$ 是相互独立的,则有

$$H_{1a} = H_{1a}(A_1) + H_{1a}(A_2) + \cdots + H_{1a}(A_k) \tag{7-13}$$

图例语义信息量用下式求得：

$$H_{1b} = -\sum_{i=1}^{w} p_i \log p_i \tag{7-14}$$

式中，w 为图例中出现地物的种类数，p_i 为第 i 种地物分级数量占图中所有地物分级数量总和的百分比。

图例与符号两种语义相互无关，所以图中语义信息量为

$$H_1 = H_{1a} + H_{1b} \tag{7-15}$$

（2）注记信息

地图上有各种各样的注记，但总的来说可以区分为文字注记（如居民地注记）和数字注记（如高程注记）两种。

地图注记信息量可按下式求得：

$$H_2(A_j) = -nL\sum_{i=1}^{m} p_i \log p_i \tag{7-16}$$

式中，n 是某种地物（A_j）注记的数量，L 是注记的平均字数，p_i 是文字（数字或字母）中第 i 个字（数字或字母）在所有注记中出现的频率，m 是注记中出现的不重复字（数字或字母）的数量。

假设 $A_1, A_2, \cdots, A_k$ 是相互独立的，则有

$$H_2 = H_2(A_1) + H_2(A_2) + \cdots + H_2(A_k) \tag{7-17}$$

（3）位置信息

地图上的每个地物均有一定的图形和几何位置。读者是通过位置与图形来认识地物的。依比例尺表示的地物可以很快量出地物的尺寸和确定分布状况。通过量测坐标，可求出地物在地球表面的位置或对于其他地物的相对位置。不依比例尺符号可提供主点的坐标。该信息是地图上客观存在的，即使不了解其含义，位置信息在地图上仍然存在。

地图上地物的位置信息量可按下式求得：

$$H_3(A_j) = -2nL\sum_{i=1}^{10} p_i \log p_i \tag{7-18}$$

式中，n 是图上某种地物（A_j）的特征点数量，$p_1, p_2, \cdots, p_{10}$ 是数字 $1, 2, \cdots, 9, 0$ 在该图坐标系统所有坐标值中出现的频率，L 是坐标的平均字数。

假设 $A_1, A_2, \cdots, A_k$ 是相互独立的，则有

$$H_3 = H_3(A_1) + H_3(A_2) + \cdots + H_3(A_k) \tag{7-19}$$

地图图形符号一般可分为点状、线状和面状三种基本形式。点状符号的特征点是主点（定位点）；线状符号的特征点，折线为折点，曲线为拐点、极值点、最大曲率点等；面状符号的特征点是轮廓线的特征点。

（4）色彩信息

任意一种色彩均由三个量表示：色相、亮度和饱和度。单色图形也有色彩信息量，但单色图形的色彩信息量比多色图形少，这是因为它只有亮度特征，没有色相和饱和度。

色彩信息量可按下式求得：

$$H_4(B_1) = -\sum_{i=1}^{m} p_i \log p_i \tag{7-20}$$

式中，m 是以 B_1 色相（或亮度、饱和度）作为特征分布范围能分出的色相种数（或亮度、饱和度的级数），p_i 是第 i 种色相（第 i 级亮度或饱和度）的频率（面积比率）。

假设 B_1,B_2,B_3 是相互独立的，则有

$$H_4 = H_3(B_1) + H_3(B_2) + H_3(B_3)$$

综上所述，(7-11)式可变为

$$I_{直接} = H_1 + H_2 + H_3 + H_4 \tag{7-21}$$

2. 间接信息

间接信息是指各种要素所处的地理环境信息。例如，通过了解居民地周围土地种植和利用的情况，根据居民地距离铁路、公路的远近以及在河谷中的位置等，可得到判断居民地的意义、作用、地位和重要性，判断居民地的形成和进一步发展的可能性等信息。

假设图上只有两种要素（如有两种以上的要素，可只考虑其中两种最密切的，其他暂不考虑），根据(2-55)式，只要知道 X 和 Y 两个要素的相关关系 r，便可求出从 X 要素中得到关于 Y 要素的间接信息量为

$$I_X(Y) = -\log\sqrt{1-r^2} \tag{7-22}$$

三、地图信息量的量测（评价）

这里以小比例尺地图为例，说明地图信息量的量测（评价）方法和过程。以 1958 年中国地图出版社出版的《中华人民共和国地图集》中的第 54~55 页的湖北省图幅为例，对居民地的语义、注记、位置信息，部分色彩信息以及部分间接信息进行实际量测。

1. 居民地的语义信息量测

该图用圈形符号大小和结构表示居民地的人口等级，用注记的字体、字大表示居民地的行政意义。

(1) 按人口分级的居民地语义信息量测

统计按人口分级的各级居民地出现的频数和频率（见表 7-3）。

表 7-3

人口数分级/万人	频数	频率 p_i	$-p_i\log p_i$/bit
>100	1	0.000 49	0.005 39
50~100	1	0.000 49	0.005 39
30~50	3	0.001 46	0.013 75
10~30	7	0.003 41	0.027 95
2~10	45	0.021 91	0.120 77
0.5~2	320	0.155 79	0.417 88
<0.5	1 677	0.816 46	0.238 85
Σ	2 054	1	0.829 98

该图面积为 782 cm²，全图共有 2 054 个居民地，每 cm² 内有居民地个数

$$n = 2054/782 = 2.63$$

根据(7-12)式，每 cm² 居民地按人口分级的语义信息量为

$$H_{1a}(A_1) = -n\sum_{i=1}^{m} p_i \log p_i = -2.63 \sum_{i=1}^{7} p_i \log p_i = 2.63 \times 0.82999 = 2.183 \text{ bit}$$

式中，$m=7$，因为该图居民地按人口分为 7 级。

(2) 按行政意义分级的居民地语义信息量测

统计按行政意义分级的各级居民地出现的频数和频率(见表 7-4)。

表 7-4

分级	频数	频率 p_i	$-p_i \log p_i$/bit
省会	4	0.001 93	0.017 40
市	22	0.010 64	0.069 74
自治州	1	0.000 48	0.005 29
县	290	0.140 23	0.397 43
村镇	1 751	0.846 71	0.203 26
Σ	2 068	1	0.693 12

按行政意义，该图每平方厘米内有居民地个数

$$n = 2\,068/782 = 2.64$$

所以，每 cm² 居民地按行政意义分级的语义信息量为

$$H_{1a}(A_2) = -n\sum_{i=1}^{m} p_i \log p_i = -2.64 \sum_{i=1}^{5} p_i \log p_i = 2.64 \times 0.688\,21 = 1.817 \text{ bit}$$

式中，$m=5$，因为该图居民地按行政意义分为 5 级。

由于 $H_{1a}(A_1)$ 和 $H_{1a}(A_2)$ 两种信息相互独立，所以每 cm² 居民地的语义信息量为

$$H_{1a} = H_{1a}(A_1) + H_{1a}(A_2) = 2.183 + 1.817 = 4.000 \text{ bit}$$

2. 居民地的注记信息量测

统计该图上居民地名称注记中出现的汉字个数及每个汉字出现的频率(见表 7-5)。

表 7-5

字数	次数	p_i	$-p_i \log p_i$	$-np_i \log p_i$	字数	次数	p_i	$-p_i \log p_i$	$-np_i \log p_i$
460	1	0.000 202	0.002 479	1.140 3	1	31	0.006 3	0.046 1	0.046 1
151	2	0.000 404	0.004 554	0.687 7	1	33	0.006 7	0.048 4	0.048 4
73	3	0.000 605	0.006 468	0.472 2	1	35	0.007 1	0.050 7	0.050 7
51	4	0.000 807	0.008 292	0.422 9	1	36	0.007 3	0.051 8	0.051 8
26	5	0.001 009	0.010 042	0.261 1	2	37	0.007 5	0.052 9	0.105 8
18	6	0.001 211	0.011 734	0.211 2	3	38	0.007 7	0.054 1	0.162 3
22	7	0.001 413	0.013 377	0.294 3	1	39	0.007 9	0.055 2	0.055 2
20	8	0.001 615	0.014 978	0.299 6	4	41	0.008 3	0.057 4	0.229 6
14	9	0.001 816	0.016 535	0.231 5	1	46	0.009 3	0.062 8	0.062 8
11	10	0.002 018	0.018 067	0.198 7	1	48	0.009 7	0.064 9	0.064 9

续表

字数	次数	p_i	$-p_i\log p_i$	$-np_i\log p_i$	字数	次数	p_i	$-p_i\log p_i$	$-np_i\log p_i$
2	11	0.002 220	0.019 570	0.039 1	1	49	0.009 9	0.065 9	0.065 9
9	12	0.002 422	0.021 046	0.189 5	1	51	0.010 3	0.068 0	0.068 0
6	13	0.002 624	0.022 498	0.135 0	1	57	0.011 5	0.074 1	0.074 1
5	14	0.002 825	0.023 921	0.119 6	1	59	0.011 9	0.076 1	0.076 1
3	15	0.003 027	0.025 330	0.076 0	1	60	0.012 1	0.077 1	0.077 1
2	17	0.003 4	0.027 9	0.055 8	1	64	0.012 9	0.081 0	0.081 0
3	18	0.003 6	0.029 2	0.087 6	1	71	0.014 3	0.087 6	0.087 6
2	19	0.003 8	0.030 6	0.061 2	1	75	0.015 1	0.091 3	0.091 3
3	20	0.004 0	0.031 9	0.095 7	1	86	0.017 4	0.101 7	0.101 7
4	21	0.004 2	0.033 2	0.132 8	1	98	0.019 8	0.112 0	0.112 0
4	22	0.004 4	0.034 4	0.137 6	1	107	0.021 6	0.119 5	0.119 5
2	23	0.004 6	0.035 7	0.071 4	1	110	0.022 2	0.122 0	0.122 0
1	24	0.004 8	0.037 0	0.037 0	1	111	0.022 4	0.122 8	0.122 8
1	25	0.005 0	0.038 2	0.038 2	1	128	0.025 8	0.136 1	0.136 1
4	26	0.005 2	0.039 5	0.158 0	1	157	0.031 7	0.157 8	0.157 8
1	27	0.005 4	0.040 7	0.040 7					
4	28	0.005 6	0.041 9	0.167 6					
2	30	0.006 1	0.044 9	0.089 8	935	935/4 955	1		8.322 7

该图上居民地名称注记中的汉字总数为 4 955 个,其中不重复的汉字有 935 个。每个居民地名称平均有汉字数

$$L = 2.41$$

每平方厘米内有注记个数

$$n = 2.63$$

根据(7-16)式,每平方厘米内居民地注记信息量为

$$H_2 = -nL\sum_{i=1}^{m} p_i\log p_i = -2.63 \times 2.41 \sum_{i=1}^{935} p_i\log p_i$$

$$= 2.63 \times 2.41 \times 8.322\ 7 = 52.752\text{ bit}$$

式中,$m = 935$,因为该图居民地注记共有 935 个不重复的汉字。

3. 居民地的位置信息量测

该图居民地的位置就是居民地圈形符号的中心位置,图幅地理范围是经度 28°~34°,纬度 106°~118°。在地理坐标里,数字在度数级里的分布可根据居民地所在各经纬线网格中的频数(见表 7-6)计算得到。

表 7-6

数据 φ λ	34	33	32	31	30	29	28	Σ
106		3						3
107	14	22	15	22	26	20	15	134
108	25	18	26	15	21	21	20	146
109	16	19	19	15	22	27	23	141
110	11	24	19	16	27	37	17	151
111	13	23	28	22	44	31	24	185
112	17	28	43	41	36	27	23	215
113	29	41	42	32	32	38	26	240
114	27	46	39	32	39	31	23	237
115	25	30	30	25	31	35	34	210
116	21	38	24	29	26	23	31	192
117	23	32	32	39	24	19	25	194
118	2	3	1					6
Σ	223	327	318	288	328	309	261	2 054

根据表 7-6,可得每个数字在度数级里出现的频数(见表 7-7)。

表 7-7

数字	1	2	3	4	5	6	7	8	9	0	Σ
频数	4 157	1 103	2 051	460	210	195	333	413	450	898	10 270

数字在分、秒级的分布可认为是等概率的,因此每个数字出现的频数为

$$4 \times 2 \times 2\ 054 \div 10 = 1\ 643$$

每个数字的分布频数、频率以及信息量计算结果见表 7-8。

表 7-8

字符	次数	p_i	$-p_i \log p_i$
1	5 800	0.217 2	0.478 5
2	2 746	0.102 8	0.337 4
3	3 694	0.138 4	0.394 9
4	2 103	0.078 8	0.288 9
5	1 853	0.069 4	0.267 1
6	1 838	0.068 8	0.265 7
7	1 976	0.074 0	0.278 0
8	2 056	0.077 0	0.284 8
9	2 093	0.078 4	0.288 0
0	2 541	0.095 2	0.323 0
Σ	26 700	1	3.206 3

每 cm² 内有居民地个数
$$n = 2.63$$
居民地点位的地理坐标平均字数为
$$L = 6.5$$
根据(7-18)式,每 cm² 居民地的位置信息量为
$$H_3 = -2nL\sum_{i=1}^{10} p_i \log p_i = 2 \times 2.63 \times 6.5 \times 3.2063 = 109.623 \text{ bit}$$

4. 色相的色彩信息量测

该图按色相可分为绿色、蓝色和棕色三种,统计和计算结果见表7-9。

表 7-9

色相	格子数	p_i	$-p_i \log p_i$
绿	181	0.476 3	0.509 7
蓝	8	0.021 1	0.117 5
棕	191	0.502 6	0.498 8
$\sum$	380	1	1.126 0

根据(7-20)式,该图色相的色彩信息量为
$$H_4(B_1) = -\sum_{i=1}^{m} p_i \log p_i = -\sum_{i=1}^{3} p_i \log p_i = 1.126 \text{ bit}$$
式中,$m = 3$,因为该图色相有3种。

5. 居民地的部分间接信息量测

我们知道,居民地密度分布和河网密度分布有着密切联系,因而从图上分析河网密度分布状况,可以得到关于居民地密度分布特征的信息。

在该图上布置14个样本,样本统计结果见表7-10。表中,居民地密度单位为个/cm²,河网密度单位为 cm/cm²。

表 7-10

编号	居民地密度	河网密度	编号	居民地密度	河网密度
1	1.62	1.70	8	2.57	2.15
2	1.89	1.84	9	2.36	1.77
3	3.33	2.25	10	2.71	1.94
4	1.60	1.62	11	1.90	1.69
5	3.56	2.39	12	2.85	2.01
6	1.42	1.71	13	3.78	2.02
7	3.01	2.67	14	2.07	1.83

居民地密度 Y 和河网密度 X 有何种相关关系不知道,因此,采用多项式来拟合它们之间的相关关系。有

$$Y=a_0+a_1X+a_2X^2+a_3X^3$$

式中,a_0,a_1,a_2,a_3 是待定参数。这是由于多项式可以在一个较小的邻域内任意逼近任何函数的缘故。

经回归分析计算得相关系数

$$r=0.916\ 6$$

根据(7-22)式,得居民地从河流分析中获得间接信息量为

$$I_X(Y)=-\log\sqrt{1-r^2}=-\log\sqrt{1-0.916\ 6^2}=1.32\ \text{bit}$$

地图上当然不止居民地和水系这两种要素有关系,许多要素相互之间都有关系。要素之间关系越密切,相互包含的信息量就越大。这样看来,地图的间接信息量也很大。

通过上面地图信息量的计算,可以看出每 cm^2 内居民地的直接信息量为

$$I=H_{1a}+H_2+H_3=4.000+52.742+109.623=166.365\ \text{bit}$$

一般的报纸,其每 cm^2 的信息量约为 50 bit。也就是说,仅仅居民地的直接信息量已超过一般报纸的几倍,加上间接信息量、色彩信息量以及其他要素信息量,地图向读者提供的信息量要超过一般报纸的许多倍。

§7-3 地图分类分级评价模型

地图数量指标的分类分级是地图数据处理的一项重要任务。已有的分类分级方法很多,对同一数量指标,究竟采用什么分类分级方法最好,是一个不容易解决的问题。过去,对这个问题的研究也只局限于定性描述,用信息论方法能定量地评价分类分级方法,确定最佳分类分级方案。由于分类评价模型与分级评价模型类似,下面仅讨论地图分级评价模型。

一、地图分级评价模型

现象要素观测的定量数据是呈离散型分布的比较精确的数据,但是它不能明显地反映出现象在空间分布上的规律性和一定的定性质量差异。要使统计数据正确地反映现象分布规律和质量差异,并把这些统计数据变成地图,就需要对这些数据进行分级处理。

分级数据处理主要解决两个问题,即分级数的确定和分级界限的确定。

分级,实际上是简化数据的一种综合方法。从统计学的角度讲,分级数越多,对数据综合程度越小。从心理物理学的角度讲,人们在地图上能辨别的等级差别是非常有限的。对制图来说,一方面为了尽可能保持数据原貌,必须增加分级数;另一方面为了增强地图的易读性,又必须限制分级数。制图中常用的适宜分级数范围为 3~7 级。

地图的每一个等级都有相应的含义,含有一定的内容特征。当某一数据被划分为某一等级时,我们就获得了某一数据的等级信息。地图分级信息量的计算公式为

$$H=-\sum_{i=1}^{m}p_i\log p_i \tag{7-23}$$

式中,m 为分级数,p_i 为出现在第 i 级的数据频率(或图斑面积与总面积之比)。

对同一组数据可能有不同的分级方法,如等差分级、等比分级、任意数列分级、任意级数分级、最优分割分级和逐步模式识别分级等。设有 n 种分级方法,根据(7-23)式可得各种分级方法的信息量分别为

$$H_1, H_2, \cdots, H_n$$

根据(2-56)式可求得

$$H_{1\max}, H_{2\max}, \cdots, H_{n\max}$$

再根据(2-57)式,可得到

$$H_{10}, H_{20}, \cdots, H_{n0}$$

最后根据(2-58)式求得

$$R_1, R_2, \cdots, R_n$$

一般来说,剩余熵 R_i 越小,分级方法越好。其中,R_i 最小者为最佳分级方法,第 i 种分级方案为最佳分级方案。

二、地图分级的评价

对一组统计数据,根据分级的一般原则,用地图分级模型(详见第八章)设计出几种可能的分级方案,用地图分级评价模型对它们进行评价,找出最佳分级方案。

例如,对表 6-3 中某地区 31 个县(市)的人口数进行分级。

1. 地图分级

我们采用等差分级、等比分级、任意数列分级、任意级数分级($x=1, x \neq 1$)、最优分割分级和逐步模式识别分级 7 种分级模型对该组数据进行分级。

(1) 等差分级

根据(6-1)式,设 $M=5$,则有表 7-11 所示的分级结果。根据(7-23)式可求出该等差分级方案的信息量(见表 7-11)。

表 7-11

等级	分级界限	数据个数(频数)	频率 p_i	$-p_i \log p_i$/bit
1	200 000 ~ 400 000	15	0.484	0.507
2	400 000 ~ 600 000	10	0.323	0.527
3	600 000 ~ 800 000	2	0.065	0.252
4	800 000 ~ 1 000 000	3	0.097	0.326
5	1 000 000 ~ 1 200 000	1	0.032	0.159
∑		31	1	1.771

(2) 等比分级

根据(6-4)式,设 $M=5$,则有表 7-12 所示的分级结果。根据(7-23)式可求出该等比分级方案的信息量(见表 7-12)。

表 7-12

等级	分级界限	数据个数(频数)	频率 p_i	$-p_i\log p_i$/bit
1	200 000~300 000	4	0.129	0.381
2	300 000~450 000	11	0.355	0.530
3	450 000~655 000	12	0.387	0.530
4	655 000~982 500	3	0.097	0.326
5	982 500~1 443 750	1	0.032	0.159
∑		31	1	1.926

(3)任意数列分级

根据(6-6)式,设 $M=5$,则有表 7-13 所示的分级结果。根据(7-23)式可求出该任意数列分级方案的信息量(见表 7-13)。

表 7-13

等级	分级界限	数据个数(频数)	频率 p_i	$-p_i\log p_i$/bit
1	200 000~260 000	2	0.065	0.256
2	260 000~340 000	5	0.161	0.424
3	340 000~460 000	8	0.258	0.504
4	460 000~660 000	12	0.387	0.530
5	660 000~1 020 000	4	0.129	0.381
∑		31	1	2.095

(4)任意级数分级

根据(6-7)式,设 $M=5$,用 Monte Carlo 法和二次多项式近似法探求任意级数最优解 x 和 B_M($x=1$ 和 $x\neq 1$ 两种情况),则有表 7-14($x=1$)和表 7-15($x\neq 1$)所示的两种分级结果。根据(7-23)式可求出这两种任意级数分级方案的信息量(见表 7-14、表 7-15)。

表 7-14

等级	分级界限	数据个数(频数)	频率 p_i	$-p_i\log p_i$/bit
1	200 000~280 000	3	0.097	0.326
2	280 000~400 000	12	0.387	0.530
3	400 000~560 000	8	0.258	0.504
4	560 000~770 000	4	0.129	0.381
5	770 000~1 020 000	4	0.129	0.381
∑		31	1	2.122

表 7-15

等级	分级界限	数据个数(频数)	频率 p_i	$-p_i\log p_i$/bit
1	200 000~250 000	2	0.065	0.256
2	250 000~340 000	5	0.161	0.424
3	340 000~470 000	8	0.258	0.504
4	470 000~680 000	12	0.387	0.530
5	680 000~1 020 000	4	0.129	0.381
∑		31	1	2.095

(5)最优分割分级

最优分割分级是在有序样本不被破坏的前提下,使其分割的级内离差平方和为最小而级间离差平方和达到极大的一种分级方法。设 $M=7$,则有表 7-16 所示的分级结果。根据(7-23)式可求出最优分割分级方案的信息量(见表 7-16)。

表 7-16

等级	分级界限	数据个数(频数)	频率 p_i	$-p_i\log p_i$/bit
1	200 000~250 000	2	0.065	0.256
2	250 000~290 000	2	0.065	0.256
3	290 000~330 000	3	0.097	0.326
4	330 000~430 000	8	0.258	0.504
5	430 000~540 000	7	0.226	0.485
6	540 000~700 000	5	0.161	0.424
7	700 000~1 020 000	4	0.129	0.381
∑		31	1	2.632

(6)逐步模式识别分级

M 个等级可以认为是 M 个模糊集合,任一数据都存在 M 个隶属度,从属 M 个等级。模式识别分级方法的实质就是对数据从属哪个等级的隶属度最大的判别过程。设 $M=7$,则有表 7-17 所示的分级结果。根据(7-23)式可求出模式识别分级方案的信息量(见表 7-17)。

表 7-17

等级	分级界限	数据个数(频数)	频率 p_i	$-p_i\log p_i$/bit
1	200 000~270 000	3	0.097	0.326
2	270 000~330 000	4	0.129	0.381
3	330 000~380 000	7	0.226	0.485
4	380 000~430 000	1	0.032	0.158
5	430 000~520 000	6	0.194	0.459
6	520 000~720 000	6	0.194	0.459
7	720 000~1 020 000	4	0.129	0.381
∑		31	1	2.649

2. 地图分级的评价

用地图分级评价模型对这 7 种分级方案提供的信息进行分析评价,评价结果见表 7-18。从表 7-18 可知,逐步模式识别分级($R=0.055$)是该组数据的最佳分级模型。如果地图上只要求显示 5 级,任意级数分级($x=1$)($R=0.086$)是首选模型。

随着我国国民经济的快速发展,各个领域对地图的广泛需求将越来越迫切。地图设计者将会遇到各种各样的自然因素和社会经济要素的统计数据,并要将这些数据处理成分级地图。当设计者根据地图分级的一般原则和地图分级模型将这些数据分级处理为多种分级方案,而这些分级方案又各有千秋,用地图分级评价模型来确定最终的地图分级方案,无疑是较科学的方法。这样既可提高地图的设计水平和质量,又可增加地图的信息量。

表 7-18

分级模型	分级数	信息量 H/bit	最大熵 H_{max}/bit	相对熵 H_0	剩余熵 R
等差分级	5	1.771	2.322	0.763	0.237
等比分级	5	1.926	2.322	0.829	0.171
任意数列分级	5	2.095	2.322	0.902	0.098
任意级数分级($x=1$)	5	2.122	2.322	0.914	0.086
任意级数分级($x\neq 1$)	5	2.095	2.322	0.902	0.098
最优分割分级	7	2.632	2.807	0.938	0.062
逐步模式识别分级	7	2.649	2.807	0.944	0.056

三、用地图分级评价模型改进地图分级

上一节我们讨论了一幅地图的居民地语义信息量的量测。现在讨论如何用地图分级评价模型来改进这幅地图居民地的人口分级和行政意义分级。

1. 居民地人口分级的改进

先对这幅地图居民地人口分级方案进行评价,根据(7-23)式和表 7-4,人口分级的信息量为

$$H = -\sum_{i=1}^{m} p_i \log p_i = -\sum_{i=1}^{7} p_i \log p_i = 0.829\ 99 \text{ bit}$$

根据(2-56)式得人口分级的最大熵为

$$H_{max} = \log m = \log 7 = 2.807 \text{ bit}$$

根据(2-57)式得人口分级的相对熵为

$$H_0 = \frac{H}{H_{max}} = \frac{0.829\ 99}{2.807} = 0.296$$

根据(2-58)式得人口分级的剩余熵为

$$R = 1 - H_0 = 0.704$$

通过以上评价分析,可见居民地人口分级的剩余熵太大,有很大的改进余地。但考虑到地图表示人口的特殊要求,也不能做太大的改动。从表7-4中可知<0.5万这一级频数太大,这是因为把乡(镇)和村居民地混到了一起,如果把这一级分为0.2万~0.5万和<0.2万两级,把50万~100万和30万~50万合并成30万~100万一级,在分级数不变的条件下,人口分级信息量有较大的提高(见表7-19)。居民地人口分级信息量提高了

$$\frac{H'-H}{H} = \frac{1.525\ 80 - 0.829\ 99}{0.829\ 99} \times 100\% = 84\%$$

表7-19

人口数分级/万人	频数	频率 p_i	$-p_i \log p_i$/bit
>100	1	0.000 49	0.005 39
30~100	4	0.001 95	0.017 55
10~30	7	0.003 41	0.027 95
2~10	45	0.021 91	0.120 77
0.5~2	320	0.155 79	0.417 88
0.5~0.2	468	0.227 85	0.486 20
<0.2	1 209	0.588 61	0.450 06
Σ	2 054	1	1.525 80

2. 居民地行政分级表示的改进

根据(7-23)式和表7-5,行政分级的信息量为

$$H = -\sum_{i=1}^{m} p_i \log p_i = -\sum_{i=1}^{5} p_i \log p_i = 0.688\ 21 \text{ bit}$$

根据(2-56)式得人口分级的最大熵为

$$H_{\max} = \log m = \log 5 = 2.322 \text{ bit}$$

根据(2-57)式得人口分级的相对熵为

$$H_0 = \frac{H}{H_{\max}} = \frac{0.688\ 21}{2.322} = 0.296$$

根据(2-58)式得人口分级的剩余熵为

$$R = 1 - H_0 = 0.704$$

通过以上评价分析,可见居民地行政分级与人口分级一样,剩余熵较大,有很大的改进余地。但居民地行政等级不能随意改变,这里仅仅增加表达32个地区(自治州)一级(见表7-20),居民地行政分级的信息量提高了

$$\frac{H'-H}{H} = \frac{0.793\ 33 - 0.688\ 21}{0.688\ 21} \times 100\% = 15\%$$

表 7-20

分级	频数	频率 p_i	$-p_i \log p_i$/bit
省会	4	0.001 90	0.017 18
市	22	0.010 48	0.068 91
自治州(地区)	33	0.015 71	0.094 14
县	290	0.138 10	0.394 44
村镇	1 751	0.833 81	0.218 63
$\sum$	2 100	1	0.793 39

四、用地图分级评价模型选择地貌高度表

小比例尺地图表示地貌的等高距是变化的，选择等高距比较复杂。基本步骤为：①研究制图区域的地形情况；②分析已成地图的高度表；③根据剖面图进一步分析地形特征；④分析研究若干特殊等高线对表达地形形态的作用；⑤确定高程带和等高距。当设计者根据以上步骤为某制图区域设计出多种高度表，而又很难区分这些高度表的优劣时，用地图分级评价模型来选择高度表方案应该是比较科学的。这样可提高地图的设计水平，增加地图的信息量。

下面以选择湖北省大洪山地区小比例尺地图的地貌高度表为例进行说明。

1. 数据获取

用正方形格网套在地形图上，读出方格网交点的高程，从而统计出各高程差范围内的点数(频数)。在湖北省大洪山地区的 1∶5 万地形图上读出方格网交点处的高程。其分组统计结果见表 7-21。该地区高程在 50 m 以下的区域属于平原地区，均未统计。

表 7-21

高程/m	频数	频率
50～100	919	0.324 85
100～150	822	0.290 56
150～200	473	0.167 20
200～250	241	0.085 19
250～300	126	0.044 54
300～350	92	0.032 52
350～400	62	0.021 92
400～450	51	0.018 03
450～500	14	0.004 95
500～550	6	0.002 12

续表

高程/m	频数	频率
550~600	7	0.002 47
600~650	3	0.001 06
650~700	3	0.001 06
700~750	3	0.001 06
750~800	2	0.000 71
800~850	4	0.001 41
850~900	0	—
900~950	0	—
950~1 000	1	0.000 35
∑	2 829	1

2. 地貌高度表的评价与选择

为了进行比较，可以先设计若干个高度表。这些高度表可以是根据该地区的地理特点设计的，也可以是在该地区已成图上用过的。

我们为大洪山地区设计了三种高度表方案并进行分析评价。

①100 m,200 m,500 m,1 000 m。这是《中华人民共和国地图集》(1955年)上使用的高度表。根据高度表和(7-23)式可求出该高度表的信息量(见表7-22)。

表7-22

高程/m	频数	频率 p_i	$-p_i \log p_i$/bit
<100	919	0.324 85	0.526 96
100~200	1 295	0.457 76	0.516 05
200~500	586	0.207 14	0.470 48
500~1 000	29	0.010 25	0.067 73
∑	2 829	1	1.581 22

②200 m,400 m,600 m,800 m,1000 m。这是按一般人的思维设想的高度表。根据高度表和(7-23)式可求出该高度表的信息量(见表7-23)。

表 7-23

高程/m	频数	频率 p_i	$-p_i \log p_i$/bit
<200	2 214	0.782 61	0.276 76
200~400	521	0.184 16	0.449 53
400~600	78	0.027 57	0.142 83
600~800	11	0.003 89	0.031 14
800~1 000	5	0.001 77	0.016 18
$\sum$	2 829	1	0.916 44

③50 m,100 m,200 m,(300 m),500 m,(750 m),1 000 m。这是《中华人民共和国分省地图集》(1959年)上使用的高度表。根据高度表和(7-23)式可求出该高度表的信息量(见表 7-24)。

表 7-24

高程/m	频数	频率 p_i	$-p_i \log p_i$/bit
50~100	919	0.324 85	0.526 96
100~200	1 295	0.457 76	0.516 05
200~300	367	0.129 73	0.382 24
300~500	219	0.077 41	0.285 75
500~750	22	0.007 78	0.054 51
750~1 000	7	0.002 47	0.021 39
$\sum$	2 829	1	1.786 90

用地图分级评价模型对这三种高度表方案提供的信息进行分析评价,评价结果见表 7-25。从表 7-25 可知,①方案($R=0.277$)是该地区地貌高度表的最佳方案;如果地图上要求显示较详细的地貌,③方案提供的信息量最多,应该选择③方案。

表 7-25

地貌高度表	等高线条数	信息量 H/bit	最大熵 H_{max}/bit	相对熵 H_0	剩余熵 R
①方案	4	1.445 8	2.000	0.723	0.277
②方案	5	0.916 4	2.322	0.395	0.605
③方案	7	1.786 9	2.807	0.636	0.364

我们把该地区的地形用这三种高度表进行显示(如图 7-1)。图 7-1(c)(③方案)表示的地貌信息量最大,图 7-1(b)(②方案)表示的地貌信息量最小;但图 7-1(a)(①方案)每条

等高线表示的地貌信息量最大。从图形上判断的结果与上面分析的结论完全一致。

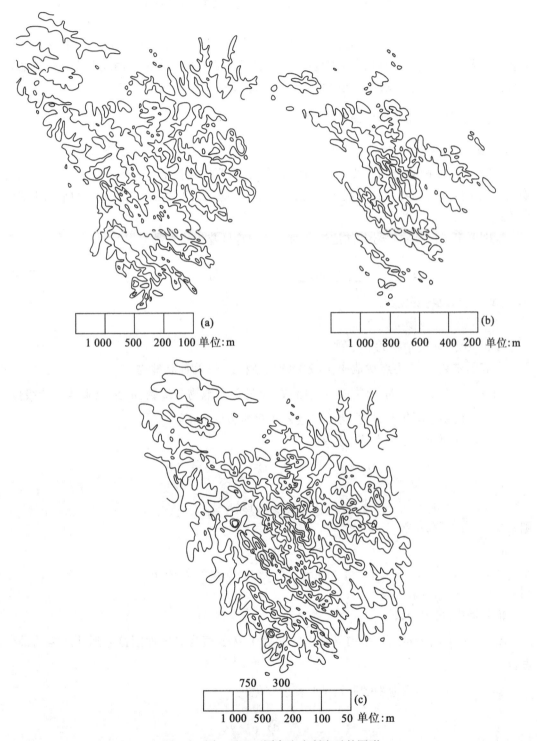

图 7-1 同一地区不同高度表所表示的图形

§7-4　地图变化信息量评价模型

随着时间的推移,地图的信息会发生变化,地图的现势性变得越来越差。地图老化到什么程度需要更新,这是地理信息的管理和生产部门非常关心的事情。用地图变化信息量评价模型可定量地确定地图的老化程度,为地理信息管理部门决策提供科学依据。

一、地图变化信息量评价模型

1. 地图变化信息量的确定

一般而言,反映某类制图要素多样性、差异性、重要性和复杂性的特征值主要有4个:地物变化总个数 ΔN,地物变化级数 Δm,地物变化的平均复杂程度 Δp,地物变化的平均重要程度 Δq。

地图要素是由地物符号和注记组成的。地物符号变化信息量为

$$\Delta I_1 = \sum_{i=0}^{2} \sum_{j=1}^{N_i} \Delta N \log \sum_{k=1}^{\Delta N_{ij}} (\Delta m + 1)(\Delta p + 1)(\Delta q + 1) \tag{7-24}$$

式中,ΔN 表示地物变化数;

N_i 表示 i 维地物类数;

ΔN_{ij} 表示 N_i 类地物的变化数;

i 表示维数,$i=0$ 为点状地物,$i=1$ 为线状地物,$i=2$ 为面状地物;

$\Delta m = |m'-m|$,表示地物的变化级数,m' 是现在地物分级数,m 是原来地物分级数。当该数多且面积互不相等时,变化分级数 m 的确定方法如下:

先按地物面积由小到大依次排列:

$$s_1, s_2, \cdots, s_i, s_{i+1}, \cdots, s_n, \quad i=1,2,\cdots,n$$

若

$$s_{i+1} - s_1 > (s_n - s_1)/(n-1)$$

则 $s_1, s_2, \cdots, s_i$ 属第一级;

若

$$s_{i+1+j} - s_{i+1} > (s_n - s_1)/(n-1), \quad j=1,2,\cdots,n$$

则 $s_{i+1}, s_{i+2}, \cdots, s_{i+j}$ 属第二级。

依此类推,可得分级数。

$\Delta p = |p'-p|$,表示地物平均复杂程度的变化数,p 值为确定地图符号形状所需的最少点数。

$\Delta q = |q'-q|$,表示地物的平均重要程度变化数。

$$q = \frac{\sum_{i=1}^{m} u_i r_i}{\sum_{i=1}^{m} u_i}$$

上式中，r_i 为 i 级地物的重要程度权值，一般取最低一级地物权值 $r=1$，最高一级地物权值 $r=m$。u_i 为地物点的个数。对于线状地物，通常采用 1cm 长度折算成一个地物点的办法进行统计；对于面状地物，通常采用 1cm² 面积折算成一个地物点的办法进行统计。

为了方便起见，记

$$\Delta Q = \sum_{k=1}^{\Delta N_{ij}} (\Delta m + 1)(\Delta p + 1)(\Delta q + 1)$$

注记变化信息量为

$$\Delta I_2 = \sum_{i=1}^{N_i} \Delta n \log(\Delta s + 1)(\Delta t + 2) \tag{7-25}$$

式中，Δn 表示注记总的变化数，Δs 表示注记字体变化数，Δt 表示注记字级变化数。

2. 原图信息量的确定

为了确定地图信息量的变化程度，还需要计算原图信息量。原图地物信息量

$$I_1 = \sum_{i=0}^{2} \sum_{j=1}^{N_i} N \log \sum_{k=1}^{N_{ij}} (m+1)(p+1)(q+1) \tag{7-26}$$

式中，N 表示总地物数，N_i 表示 i 维地物的类数，N_{ij} 表示 N_i 类地物数，i 表示维数，m 表示地物分级数，p 表示地物平均复杂程度，q 表示地物的平均重要程度。为了方便起见，记

$$Q = \sum_{k=1}^{N_{ij}} (m+1)(p+1)(q+1)$$

注记信息量为

$$I_2 = \sum_{i=1}^{N_i} n \log(s+1)(t+2) \tag{7-27}$$

式中，n 表示注记总数，s 表示注记字体数，t 表示注记字级数。

3. 地图信息变化程度的确定

地图信息变化程度即地图老化程度，可用下式确定：

$$F = \Delta I / I \tag{7-28}$$

式中，$\Delta I = \Delta I_1 + \Delta I_2$，$\Delta I$ 表示地图变化信息量；$I = I_1 + I_2$，I 为原图信息量。

一般认为，$F>35\%$，全图需要更新；$35\%>F>20\%$，需要更新一部分要素；$F<20\%$，则全图不需要更新。对于地图单要素信息变化，一般认为，$F_i>30\%$，则需要更新；$F_i<30\%$，则不需要更新。

二、地图变化信息量的确定

我们选用同一地区、不同年代的两幅地图，即 1966 年和 1981 年出版的九江市 1∶5 万地形图进行地图变化信息量的量测。1966 年版地图为原图，从 1981 年版地图获取变化信息量。

1. 点状地物变化信息量的确定

所谓"变化"，不仅包括新增的或消失的地物，还包括形状、位置等发生变化的地物。现以居民地为例，量测数据见表 7-26。

表 7-26　　　　　　　　　　　点状居民地量测数据

原图				新图				变化			
N	m	p	q	N	m	p	q	ΔN	Δm	Δp	Δq
2 561	2	3	1.21	3 572	2	3	1.39	1 545	0	0	0.18
77	2	3	1.21	0	0	0	0	77	2	3	1.21
688	2	3	1.21	746	2	3	1.39	58	0	0	0.18

据(7-24)式可得点状居民地变化信息量：

$$\Delta I = 20\,061.19 \text{ bit}$$

据(7-26)式可得点状居民地原图信息量：

$$I = 54\,641.46 \text{ bit}$$

同理，可求得独立地物、桥梁等点状地物变化信息量和原图信息量(见表 7-27)。

表 7-27　　　　　　　　　点状地物变化信息量计算分析表

地物	N	Q	I/bit	ΔN	ΔQ	ΔI/bit	F
独立地物	89	1 928	970.99	201	1 060	2 712.39	279.34%
居民地	3 326	88 205.52	54 641.46	1 680	3 933.58	20 061.19	36.71%
桥梁	115	3 842.64	1 369.14	164	1 243.79	1 206.64	88.13%
Σ	3 530	93 976.16	56 981.59	2 045	6 237.37	23 980.22	42.08%

从表 7-27 可以看出，独立地物变化信息量很大，这是由于在这几年里新建了许多与人们生活密切相关的设施，如水塔、窑、烟囱、桥梁等。

2. 线状地物变化信息量的确定

线状地物变化信息量的确定与点状地物变化信息量确定的区别在于要将线状地物的长度换算成个数。现以境界为例，量测数据见表 7-28。

表 7-28　　　　　　　　　　　境界量测数据

原图				新图				变化			
N	m	p	q	N	m	p	q	ΔN	Δm	Δp	Δq
3	2	6	1.8	0	0	0	0	3	2	6	1.8
11	2	15	1.8	10	2	7	1.7	1	0	8	0.1
55	2	11	1.8	55	2	11	1.7	0	0	0	0.1
0	0	0	0	14	2	19	1.7	14	2	19	1.7

据(7-24)式可得境界变化信息量：

$$\Delta I = 141.42 \text{ bit}$$

据(7-26)式可得境界原图信息量：

$I = 565.78$ bit

同理,可求得道路、水系、管线、堤、等高线等的变化信息量和原图信息量(见表 7-29)。从表 7-29 中可以看出,管线变化信息量最大,与图中分析结果相符。

表 7-29　　　　　　　　　　线状地物变化信息量计算分析表

地物	N	Q	I/bit	ΔN	ΔQ	ΔI/bit	F
道路	433	14 986.3	6 006.3	260	676.2	2 444.34	40.70%
境界	69	294	565.78	18	231.8	141.42	25.00%
水系	234	2 987.64	2 701.48	162	476.03	1 440.98	53.34%
管线	207	680	1 947.74	320	217	2 483.2	127.49%
堤	320	4 451.37	3 878.41	185	1 107.04	1 870.35	48.22%
等高线	1 517	8 455.2	25 713.42	723	1 471.5	7 608.18	29.59%
Σ	2 780	31 854.51	40 813.13	1 668	4 179.57	15 988.47	39.17%

3. 面状地物变化信息量的确定

面状地物变化信息量的确定与点状地物变化信息量确定的区别有两点:
(1)需要将面状地物的面积换算成个数;
(2)分级数 m 的确定需要通过运算求得。

现以沙地为例来说明,沙地的量测数据见表 7-30。m 值确定如下:
首先将面积由小到大排列:

$$3, \quad 5, \quad 9, \quad 21, \quad 36, \quad 55, \quad i = 1, 2, \cdots, 6$$

据前述,有 $S_{i+1} - 3 > (55-3)/(6-1)$,故 $S_{i+1} > 13.4$。由此得 $i=3$,故 3,5,9 为第一级;又因为 $S_{4+j} - 21 > (55-3)/(6-1)$,$S_{4+j} > 31.4$ 故 21 为第二级。

同理可得 36 为第三级,55 为第四级,最后得 $m=4$。

表 7-30　　　　　　　　　　沙地量测数据

原图				新图				变化			
N	m	p	q	N	m	p	q	ΔN	Δm	Δp	Δq
5	4	20	3	0	0	0	0	5	4	20	3
9	4	40	3	0	0	0	0	9	4	40	3
36	4	14	3	0	0	0	0	36	4	14	3
55	5	163	3	0	0	0	0	55	4	163	3
21	4	76	3	0	0	0	0	21	4	76	3
3	4	32	3	0	0	0	0	3	4	32	3

据(7-24)式可得沙地变化信息量

$$\Delta I = 1\ 648.27 \text{ bit}$$

沙地原图信息量与其变化信息量相等,即
$$I = \Delta I = 1\ 648.27\ \text{bit}$$

同理,可求得水域、植被、居民地等变化信息量和原图信息量(见表7-31)。从表7-31中可以看出,沙地变化信息量最大,这是由于沙地全部消失而引起的。

表7-32显示,点状地物的变化信息量最大。从图上分析可以知道,点状地物变化确实很大,如独立地物、桥、居民地的增减或其位置、形状等的改变,这与独立地物的易变性是分不开的。线状地物的变化信息量居第二。相对而言,面状地物变动较小,比较稳定,因而它的变化信息量最小。表7-32的分析结果与实际情况完全相符。

表7-31 面状地物变化信息量计算分析表

地物	N	Q	I/bit	ΔN	ΔQ	ΔI/bit	F
水域	490	56 725.9	7 737.94	115	1 795	1 258.98	16.27%
植被	1 388	16 511.04	19 447.47	172	1 506.72	1 816.32	9.3%
沙地	129	7 020	1 648.27	129	7 020	1 648.27	100%
居民地	9	92	58.71	11	33	55.49	94.52%
Σ	2 016	80 348.94	28 892.39	427	10 354.72	4 779.06	16.54%

表7-32 地图地物变化信息量计算分析表

地物	ΔI/bit	I/bit	F
点状	23 980.22	56 981.86	42.08%
线状	15 988.47	40 813.13	39.17%
面状	4 779.06	28 892.39	16.54%
Σ	44 747.75	126 687.38	35.32%

4. 注记变化信息量的确定

注记是地图信息量中不可缺少的部分。现以植被注记为例,来说明注记变化信息量的确定。由原图上统计出5条注记,即
$$n = 5$$

字体和字级均为1,而在新图上又出现了7条新注记,字级数也为1。同地物变化一样,注记的变化不仅包括注记的增加或减少,还包括字级、字数、名称的改变。在原图中的5条注记都发生了变化,再加上新图中新出现的7条注记,有
$$\Delta n = 12$$

$\Delta t, \Delta s$ 均为0。因此,植被注记变化信息量
$$\Delta I = 12\ \text{bit}$$

植被注记原图信息量
$$I = 15.85\ \text{bit}$$

同理,可求得其他注记的变化信息量(见表7-33)。

表 7-33　　　　　　　　　　注记变化信息量计算分析表

地物	n	t	s	I/bit	Δn	Δt	Δs	ΔI/bit	F
居民地	752	7	2	3 575.68	702	3	0	1 630.00	45.59%
水系	71	4	2	525.53	144	2	0	288.00	54.80%
地貌				1 243.50				789.95	63.53%
植被	5	1	1	15.85	12	0	0	12.00	75.71%
道路	5	1	1	15.85	10	0	0	10.00	63.09%
Σ				5 376.41				2 729.95	50.78%

其中,地貌注记由数字、山名和等高线注记组成,地貌注记变化信息量详细计算分析见表 7-34。

表 7-34　　　　　　　　　　地貌注记变化信息量计算分析表

地物	n	t	s	I/bit	Δn	Δt	Δs	ΔI/bit	F
数字	298	2	1	894.00	480	1	0	760.78	85.10%
山名	4	1	1	10.34	2	1	0	3.17	30.66%
等高线	21	1	1	54.28	26	0	0	26.00	47.90%
Σ				958.82				789.95	82.40%

5. 地图各要素变化信息量的确定

考虑到地图更新方案的多样性,从实际应用出发,还需要计算各要素的变化信息量。现以道路为例来说明要素变化信息量的确定。道路的变化信息量由点状地物中桥、线状地物中道路和注记的变化信息量组成。从表 7-27、表 7-29、表 7-33 可得

$$\Delta I_{道} = \Delta I_{道(线)} + \Delta I_{道(注)} + \Delta I_{桥(点)} = 3\ 660.98 \text{ bit}$$

同样,可得道路的原图信息量

$$I_{道} = I_{道(线)} + I_{道(注)} + I_{桥(点)} = 7\ 391.56 \text{ bit}$$

同理,可得其他要素的变化信息量(见表 7-35)。表 7-35 表明,独立地物信息变化率最大。

表 7-35　　　　　　　　　　各要素变化信息量计算分析表

地物	ΔI/bit	I/bit	F
居民地	21 746.68	58 275.85	37.30%
地貌	1 046.40	28 605.19	35.12%
道路	3 660.98	7 391.56	49.50%
水系	4 858.31	14 643.36	33.20%
植被	1 828.32	1 9463.32	9.40%
境界	141.42	565.78	25.00%
管线	2 483.20	1 947.74	127.50%
独立地物	2 712.39	970.99	279.30%
Σ	47 477.70	131 863.79	36.01%

6. 信息变化程度分析

求得了变化信息量(见表 7-36),就可对信息变化程度进行分析,确定如何更新地图。地图信息变化程度分析结果见表 7-36。由表 7-36 可知,该图需要更新,如果分要素考虑,除境界和植被外都需要更新。但境界是特殊要素,对现势性要求较高,变化程度即使小于 30%,也应更新。

表 7-36　　　　　　　　　地图信息变化程度分析表

	全图	独立地物	管线	道路	居民地	地貌	水系	境界	植被
F	36.01%	279.30%	127.50%	49.50%	37.30%	35.12%	33.20%	25.00%	9.40%
分析	>35%	>30%	>30%	>30%	>30%	>30%	>30%	<30%	<30%

第八章 地图制图要素相关模型

在客观世界里,各种地理要素(现象)并不是孤立的,它们相互影响,相互制约,彼此之间存在着一定的联系。相关模型就是分析研究各种地理要素之间相互依赖关系的空间分布特征的一种手段。为了揭示制图区域两种或两种以上不同地理要素或一种要素在两个不同时刻或时间段的两种情况之间的关系,首先要建立相关数学模型,计算相关系数,然后运用制图方法将制图区域相关系数的分布状况用地图形式表示出来,从而获得相关制图模型。通过对这些地图进行系统的分析和研究,深入认识地理要素在空间和时间上的各种依赖关系、分布特征和发展变化规律。

§8-1 地图制图要素分布特征相互关系的相关模型

在同一制图区域内,相互关联的现象之间,其分布的特征和范围都在客观上反映了现象之间的相互密切关系。对不同地图上的相同地区采用抽样量测数据,可以反映出现象间规律性的重合关系以及受某些因素影响而导致的不重合关系。根据现象要素间的关系和观测变量数据的类型建立的相关模型有多种,在此介绍单相关、偏相关、复(全)相关、等级(秩)相关等相关模型。

一、单相关系数

在反映两种现象之间分布的线性关系程度时,常采用单相关系数。在一般情况下,当两种要素之间为直线相关时,就要研究它们之间的相关程度和相关方向。所谓相关程度,就是研究它们之间的相关关系是否密切;所谓相关方向,就是两个要素之间相关的正负。相关程度和相关方向可以用相关系数来衡量。

设 X 和 Y 为两种地理要素,x_i 和 y_i 分别为它们的样本统计值($i=1,2,\cdots,n$),则两种要素的相关系数为

$$r = \frac{\sum\limits_{i=1}^{n} x_i y_i - \frac{1}{n}\sum\limits_{i=1}^{n} x_i \sum\limits_{i=1}^{n} y_i}{\sqrt{\left[\sum\limits_{i=1}^{n} x_i^2 - \frac{1}{n}(\sum\limits_{i=1}^{n} x_i)^2\right]\left[\sum\limits_{i=1}^{n} y_i^2 - \frac{1}{n}(\sum\limits_{i=1}^{n} y_i)^2\right]}} \tag{8-1}$$

相关系数的取值范围为 $-1 \leqslant r \leqslant +1$。当相关系数为正时,表示两种要素之间为正相关;反之为负相关。相关系数的绝对值 $|r|$ 越大,表示两种要素之间的相关程度越密切,$r=1$ 为完全正相关,$r=-1$ 为完全负相关,$r=0$ 为无关。判断两种要素之间是否具有实质性线性相关关系,要看 $r>r_\alpha$ 是否成立,如果成立,相关显著。

r_α 值是根据样本数量 n 和给定的显著水平 α,查相关系数检验表得出的。

例如,同一地区有两幅地图,A 幅表示降水量 $X/(\text{mm}/\text{年})$,B 幅表示地表径流 Y/mm。抽样量测样本 $n=36$(如图 8-1)。

根据(8-1)式得

$$r = 0.85$$

取 $\alpha = 0.05$,查表得

$$r_\alpha = 0.3494$$

因为

$$r > r_\alpha$$

所以,地表径流与降水量的线性关系密切。

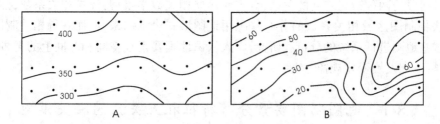

图 8-1

二、偏相关系数

地理环境是一个多要素系统,一种要素的变化会影响到其他要素的变化。为了探讨两种现象之间的相关关系,而把其他要素视为常数,即不考虑其他要素的影响,这种情况下得到的相关关系称为偏相关关系。在有 n 种要素时,计算 a,b 两种要素的偏相关关系的公式为

$$r_{ab/cd\cdots n} = -\frac{R_{ab}}{\sqrt{R_{aa}R_{bb}}} \tag{8-2}$$

式中,

$$R = \begin{vmatrix} r_{aa} & r_{ab} & \cdots & r_{an} \\ r_{ba} & r_{bb} & \cdots & r_{bn} \\ \vdots & \vdots & & \vdots \\ r_{na} & r_{nb} & \cdots & r_{nn} \end{vmatrix}$$

R_{ij} 为 r_{ij} 的代数余子式。

当只有 a,b,c 三种现象时,(8-2)式变为

$$r_{ab/c} = \frac{r_{ab} - r_{ac}r_{bc}}{\sqrt{(1-r_{ac}^2)(1-r_{bc}^2)}} \tag{8-3}$$

例如,采用降水总量(a)、地表侵蚀强度(b)、地貌(c)三种指标,来研究某一山区的降水量与地表侵蚀强度的相关关系。

计算要素两两之间的单相关关系,得

$$r_{ab} = 0.60, \ r_{ac} = 0.80, \ r_{bc} = 0.70$$

根据(8-3)式有

$$r_{ab/c} = \frac{r_{ab} - r_{ac}r_{bc}}{\sqrt{(1-r_{ac}^2)(1-r_{bc}^2)}} = \frac{0.60 - 0.80 \times 0.70}{\sqrt{(1-0.80^2)(1-0.70^2)}} = 0.09$$

所以,如果除去地貌因素的影响,降水量与地表侵蚀强度的相关关系是不显著的。

三、复相关系数

所谓复相关就是研究几种要素同时与某一种要素之间的相关关系,而度量复相关程度的指标可用复相关系数来表示。假设,为了研究要素 a 和对其起作用的要素 $b,c,\cdots,n$ 之间的联系,可用复相关系数来评价,其计算公式为:

$$r_{a \cdot bc \cdots n} = \sqrt{1 - \frac{R}{R_{aa}}} \tag{8-4}$$

式中,R_{ij} 与(8-2)式中的含义相同。

如果只有 a,b,c 三种要素时,(8-4)式变为

$$r_{a \cdot bc} = \sqrt{\frac{r_{ab}^2 + r_{ac}^2 - 2r_{ab}r_{ac}r_{bc}}{1 - r_{bc}^2}} \tag{8-5}$$

例如,某一地区的雪被厚度(a)受寒冷季降水量(b)和地区林化度(c)两个因素的影响,求因素 b,c 对雪被厚度(a)影响的复相关系数。

根据量测统计数据,计算出因素两两之间的相关系数为

$$r_{ab} = 0.87, \ r_{ac} = 0.65, \ r_{bc} = 0.24$$

根据(8-5)式得

$$r_{a.bc} = \sqrt{\frac{0.87^2 + 0.65^2 - 2 \times 0.87 \times 0.65 \times 0.24}{1 - 0.24^2}} = 0.98$$

此计算结果表明,寒冷季降水量和地区林化度对雪被厚度的共同影响,超过其中每一种因素的单独影响。

四、秩相关模型

在采用分级统计图法编制的地图上,获得定量数据的选样比较困难,很难采用通过抽样量测求相关系数的方法,而需要采用同一地区两幅地图上相同分区单位的评价等级求相关系数。这种方法不需要获得现象的精确数值,仅仅用等级的意义,并用秩(等级序号)代替数值来计算相关系数,其数学模型有斯比尔门(Spearman)方法和肯达尔(Kendall)方法。

1. 斯比尔门方法

在(8-1)式中用秩代替,则有

$$r_s = 1 - \frac{6\sum_{i=1}^{n}(p_{ai} - p_{bi})^2}{n^3 - n} \tag{8-6}$$

式中,p_{ai} 为地图 A 的等级号,p_{bi} 为地图 B 的等级号,n 为区域数目。

例:有两幅地图,(a)图为耕地面积(现象 a),(b)图为粮食产量(现象 b),两种现象的分级数不一致,且分级也不均等(如图8-2)。

130　　地图数据处理模型的原理与方法

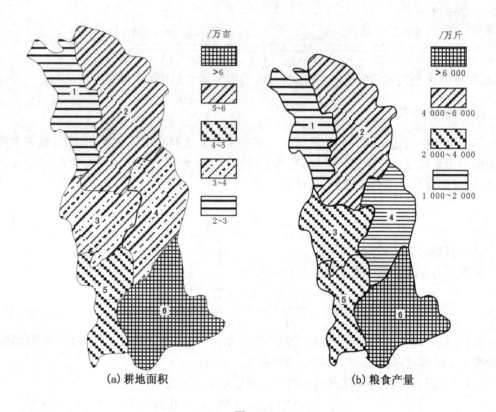

(a) 耕地面积　　　　(b) 粮食产量

图 8-2

地图的量测数据和计算见表 8-1。表中先对每个区域记入现象 a 和 b 的数据,然后按递减标志的序列给予等级编号。

表 8-1

区域编号	1	2	3	4	5	6	Σ
耕地 a/万亩	2~3	5~6	3~4	3~4	4~5	>6	
产量 b/万斤	1 000~2 000	4 000~6 000	2 000~4 000	1 000~2 000	2 000~4 000	>6 000	
p_{ai}	6	2	4.5	4.5	3	1	
p_{bi}	5.5	2	3.5	5.5	3.5	1	
$(p_{ai}-p_{bi})^2$	0.25	0.00	1.00	1.00	0.25	0.00	2.5

减标志的序列给予等级编号。顺序编号与递减相对应,标志最好(最大、最可靠)的物体为第一个编号。例如,第 6 区现象 a 的等级编号为 1,同理第 6 区现象 b 的等级编号为 1。当两个区域具有相同级别时,则采用平均的等级编号,如现象 a 第 3 区和第 4 区的级别相同,按顺序为 4,5,所以这两区的等级编号同是

$$\frac{4+5}{2}=4.5$$

这样,可得到所有的等级编号。按(8-6)式,n=6,有

$$r_s = 1 - \frac{6 \times 2.5}{6 \times (6^2 - 1)} = 0.93$$

说明该地区耕地面积与粮食产量的关系是十分密切的。

2. 肯达尔方法

设有 n 个按两种标志(x 和 y)编号的物体,对于每对物体(i,k)可以找到值为$+1,0,-1$的函数,如果物体的顺序(等级)编号用以下关系表示:

$$x_{ik} = \begin{cases} +1, & x_i < x_k \\ 0, & x_i = x_k \\ -1, & x_i > x_k \end{cases} \quad y_{ik} = \begin{cases} +1, & y_i < y_k \\ 0, & y_i = y_k \\ -1, & y_i > y_k \end{cases} \tag{8-7}$$

则一对物体(i,k)的未知函数值等于 x_{ik}, y_{ik} 的积。全部成对的积的总和为

$$T = \sum x_{ik} \sum y_{ik}$$

且其绝对值不超过全部两两成对的积,即

$$|T| \leq \frac{n(n-1)}{2}$$

所以,肯达尔等级相关系数为

$$r_k = \frac{2T}{n(n-1)} \tag{8-8}$$

且

$$-1 \leq r_k \leq +1$$

下面以前例来说明 r_k 的求法。取两个序列,其顺序编号相应为:在第一序列中为 6,2,4.5,4.5,3,1;在第二序列中为 5.5,2,3.5,5.5,3.5,1。根据(8-7)式按顺序编号的差异找到 x_{ik} 和 y_{ik} 的值,全部成对的 x_{ik} 和 y_{ik} 积的形式与总和为:

$$\begin{aligned} T = \sum x_{ik} \sum y_{ik} &= (0 \times 0) + [(-1) \times (-1)] + [(-1) \times (-1)] + (-1 \times 0) \\ &\quad + [(-1) \times (-1)] + [(-1) \times (-1)] \\ &\quad + (0 \times 0) + (1 \times 1) + (1 \times 1) + (1 \times 1) + [(-1) \times (-1)] \\ &\quad + (0 \times 0) + (0 \times 1) + (-1 \times 0) + [(-1) \times (-1)] \\ &\quad + (0 \times 0) + [(-1) \times (-1)] + [(-1) \times (-1)] \\ &\quad + (0 \times 0) + [(-1) \times (-1)] \\ &\quad + (0 \times 0) \\ &= 12 \end{aligned}$$

根据(8-5)式,得相关系数为

$$r_k = \frac{2T}{n(n-1)} = \frac{2 \times 12}{6 \times (6-1)} = 0.8$$

按肯达尔方法计算相关系数很方便,但没有按斯比尔门公式计算的精确。按斯比尔门公式计算的等级相关系数在理论上和实际上要优于按肯达尔公式计算的相关系数,特别是在数列较短时更为明显。

§8-2 地图制图要素分布特征相互关系的信息模型

当研究同一区域内两种不同现象的相互关系时,经常遇到对所反映的现象不能量测出完全对应的数量指标,也没有完全对应的区域轮廓单元,而仅能获得各自的质量分类或等级的分布范围的情况。例如研究土壤和植被的相互关系时。有时一幅地图上有某种要素的数量指标分布,而另一幅地图上只有质量分类或分级指标。为了研究要素之间空间分布特征的相互关系,就必须采用四分相关系数和信息论方法建立信息模型来处理。

一、四分相关系数

当只考虑两种空间要素时,可以采用计算四分相关系数的方法来比较两幅地图反映的两种现象标志,即现象的存在和缺失或肯定和否定两种值。

在地图上表示的两种区域范围可能遇到下列四种情况:

α:两种区域范围都存在$(++)$;

β:范围 A 存在而 B 不存在$(+-)$;

γ:范围 A 不存在而 B 存在$(-+)$;

δ:两种范围都不存在$(--)$。

四分相关系数的计算公式为

$$r_{++} = \frac{\alpha\beta - \beta\gamma}{\sqrt{(\alpha+\beta)(\gamma+\delta)(\alpha+\gamma)(\beta+\delta)}} \tag{8-9}$$

根据(8-4)式计算的相关系数有明显的缺点,它的数值随地图范围(或制图区域)的变化而改变。由于地图上两种现象都不存在的地区很不稳定,四分相关系数必然会歪曲现象分布区域覆盖程度的关系。从四分相关系数的公式中可知,区域 A 和 B 都缺失的地段,其数值愈大,r_{++} 值也愈大。这样,由于地图图廓内所包含的区域范围不同,会使具有相同重合程度的现象获得不同的计算结果。

例如,在图 8-3 上表示两个同样重叠的区域,但地图区域的范围有所区别,因而会产生以下两种情况。

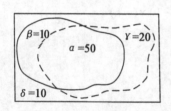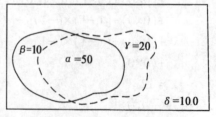

图 8-3 按不同大小计算的标志

第一种情况:

$\alpha=50, \beta=10, \gamma=20, \delta=10$，根据(8-9)式有

$$r_{++} = \frac{50 \times 10 - 20 \times 10}{\sqrt{60 \times 30 \times 70 \times 20}} = 0.19$$

第二种情况：
$\alpha=50, \beta=10, \gamma=20, \delta=100$，根据(8-9)式有

$$r_{++} = \frac{50 \times 100 - 20 \times 10}{\sqrt{60 \times 120 \times 70 \times 110}} = 0.64$$

可明显看出，两种情况下得到的结果相差较大。

为了避免这个缺点，对(8-9)式进行改进。假设

$$\delta \to \infty$$

有

$$\alpha\delta - \beta\gamma \approx \alpha\delta$$
$$\gamma + \delta \approx \delta$$
$$\beta + \delta \approx \delta$$

则(8-9)式可改为

$$r_{++} = \frac{\alpha\delta}{\sqrt{(\alpha+\beta)(\alpha+\gamma)\delta^2}} = \frac{\alpha}{\sqrt{(\alpha+\beta)(\alpha+\gamma)}} \tag{8-10}$$

采用(8-9)式计算四分相关系数是比较合理的，且有 $0 \leqslant r_{++} \leqslant 1$。

例：图8-4是某地区土壤图和土地利用图相互叠置的情况，采用四分相关系数来评价水田分布与水稻土分布之间的联系，从而分析土地利用的合理性。

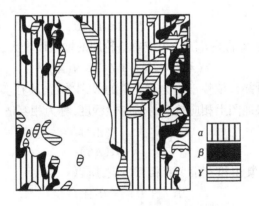

图8-4　两幅地图叠置的片断

令水稻土为现象 A，水田为现象 B。图上量测的结果为：
两者重合的范围

$$\alpha = 762 \text{ mm}$$

在水稻土分布范围内不是水田的区域

$$\beta = 231 \text{ mm}$$

水田分布在不是水稻土区域

$$\gamma = 278 \text{ mm}$$

据(8-10)式有

$$r_{++} = \frac{\alpha}{\sqrt{(\alpha+\beta)(\alpha+\gamma)}} = \frac{762}{\sqrt{(762+231)(762+278)}} = 0.75$$

计算结果说明两种现象联系紧密,该区域内水田对土壤的利用基本上是合理的,但还需进一步调整。

二、信息论方法

采用信息论方法,可以评价地图上现象的相似性程度和联系。由于信息传输过程中存在着随机性,采用熵函数可研究地图的制图表象和现象间的联系。

假设在一种地图上表示现象 A(例如土壤),有面积比率 $w_{a1}, w_{a2}, \cdots, w_{ai}, w_{an}$ 的 n 个轮廓 $a_1, a_2, \cdots, a_i, \cdots, a_n$,而在另一幅地图上表示现象 B(例如植被)有面积比率 $w_{b1}, w_{b2}, \cdots, w_{bj}, \cdots, w_{bm}$ 的 m 个轮廓 $b_1, b_2, \cdots, b_j, \cdots, b_m$。如果这两种现象独立,则它们的总信息量等于两个信息量的总和:

$$H(A+B) = H(A) + H(B)$$
$$= (-1)\sum_{i=1}^{n} w_{ai}\log w_{ai} + (-1)\sum_{j=1}^{m} w_{bj}\log w_{bj} \tag{8-11}$$

假如现象 A 和 B 有联系,则轮廓 a_i 中的某一些与轮廓 b_j 中的重合,其重叠轮廓的面积比率(频率)可用 w_{cij} 表示,此时,相应的信息量为

$$H(AB) = -\sum_{i=1}^{n}\sum_{j=1}^{m} w_{cij}\log w_{cij} \tag{8-12}$$

因为

$$H(A+B) \geq H(AB)$$

且 $H(A+B)$ 与 $H(AB)$ 之间的差异随着相应重叠轮廓的增大而增大,差异

$$T(AB) = H(A+B) - H(AB) \tag{8-13}$$

由于它表示的是绝对量并且依赖于所比较现象的级别数目,故在实用上不是十分方便。通常用相对指标量来反映地图上相应轮廓的适应性程度,称为相互适应系数:

$$K(AB) = \frac{T(AB)}{H(AB)} \tag{8-14}$$

在图 8-5(a)中,现象 A 和 B 很少有相互适应,所以

$$H(A+B) \approx H(AB)$$

根据(8-13)式有

$$T(AB) = 0$$

故

$$K(AB) = 0$$

在图 8-5(c)中,现象 A 和 B 完全相适应,因此有

$$H(AB) = H(A) = H(B)$$
$$T(AB) = H(A+B) - H(AB) = H(AB)$$
$$K(AB) = 1$$

可采用(8-14)式来评价地图上具有质量和数量特征的现象之间的关系。这些现象常用

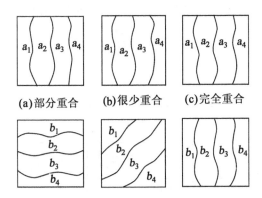

图 8-5　相互比较 $K(AB)$ 指标的变化

质底法、范围法、点数法、等值线法、统计制图等方法表示。

例如,图 8-6 是地貌图和土壤图。先把两幅图叠置在一起,作为组合图表的计算基础,

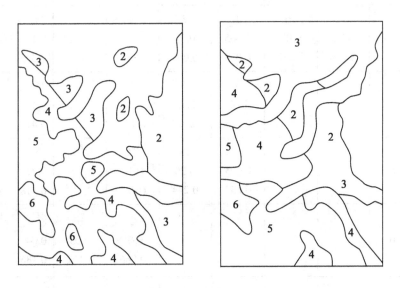

图 8-6　根据地貌图和土壤图计算相互适应系数

见表 8-2。表的行与地貌轮廓相对应,列与土壤轮廓相对应。在每个小格内的上层记入属于某种地貌和土壤轮廓的面积量测点的数量。在地图上点的总数是 216 个,据(8-11)式得土壤分布熵为

$$H(A) = 2.378 \text{ bit}$$

地貌分布熵为

$$H(B) = 2.382 \text{ bit}$$

据(8-7)式得

$$H(AB) = 3.269 \text{ bit}$$

根据(8-8)式、(8-9)式得

$$T(AB) = 2.378 + 2.382 - 3.269 = 1.491 \text{ bit}$$

$$K(AB) = \frac{1.491}{3.269} = 0.46$$

表 8-2

3.269		A(土壤)						f_b w_b $-w_b \log w_b$
		1	2	3	4	5	6	
B (地貌)	1		8 0.04 0.186	60 0.28 0.514				68 0.32 0.526
	2	25 0.12 0.367	1 0.005 0.038	2 0.01 0.066				28 0.13 0.383
	3	9 0.04 0.186	16 0.08 0.292	1 0.005 0.038	2 0.01 0.066			28 0.13 0.383
	4			5 0.02 0.113	27 0.12 0.367	4 0.02 0.113		36 0.16 0.423
	5			1 0.005 0.038	13 0.06 0.244	34 0.16 0.423		48 0.22 0.418
	6				2 0.01 0.066	6 0.03 0.152	8 0.04 0.186	
f_a w_a $-w_a \log w_a$		34 0.16 0.423	25 0.12 0.367	69 0.32 0.526	42 0.19 0.455	40 0.19 0.455	6 0.03 0.152	2.382 2.378

§8-3 地图制图要素分布特征相互关系制图模型的建立

为了进一步探讨制图区域内现象或过程间相互关系程度的内部差异及其地理分布,可采用上述基本原理来编制反映分布规律性的相关制图模型,建立完整的数学制图模型。

如前所述,两个数据系列可以获得一个相互关系程度的数据(相关系数或信息程度)。

根据一系列呈地理分布的两两数据系列,就可以算得一系列相关数据的系数矩阵。根据这些相关系数的关系,采用勾绘等值线、区域系数的分级和分区统计以及其他表示方法,编制成反映某些现象间空间分布特征的相关地图。

相关地图按现象特征可分为两类:一类是制图区域内两种或两种以上的相关现象,按地理分布特征组成的相关系数编制而成的空间分布相关地图;另一类是按某种现象区域结构或时间系列组成的相关系数编制而成的内容结构相关地图(将在下一节叙述)。空间分布相关地图按其制图模型建立的方法可分为两种:一种是按两种现象的区域单元(相应的或不相应的)归算为统一的区域单元或规则网格,然后用滑动窗口(区域)的方法建立相关系数矩阵,编制成相应的地图;另一种是直接把制图区域按规则网格统计成量测数据后,用滑动窗口(网格)方法计算相关系数,建立制图模型。

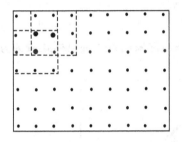

图 8-7 滑动窗口示例

图 8-8 滑动窗口点列形式

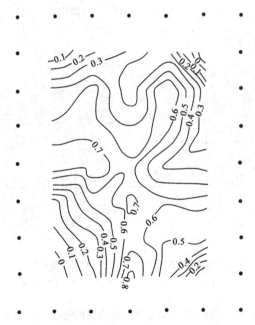

图 8-9 相关地图

现以规则网格为例介绍采用滑动窗口方法建立制图模型的过程。首先把网格分割成相同的、局部重叠且邻接的若干小区域(见图8-7),计算每个小区域内各规则网格交点数据,组成地理分布相关系数,据此编制成相关地图。然后根据地图资料(如等值线编制的地图)或统计资料,采用地图量测或其他方法,获得任意点的数据。在抽样量测时,通常是按布设的规则网格交点进行,用同一地区相关的两种现象的相应数据,就可以求得该制图区域这两种现象总的相关关系。为了研究这两种现象相关程度的地区差异分布,就必须采用滑动窗口的方法。这些窗口(小区域)都包括一定数量的网格交点,选择窗口数据点时要求:①各小区域所包含的点数及其分布具有规则的相同形式;②上、下、左、右各小区域点应该邻接并局部重复使用。选择抽样点的形式,一般均为正方形点列(矩形点列也可以,但需求出其中心点),大致可分为三种形式(见图8-8):(a)正方形奇数点列式,通常以9个点为一个区域单元(或25个点),以9对数据系列求相关系数,用来代表中心点的相关系数;(b)放射点列式,例如以5个点的数据计算值代表中心点的相关系数;(c)正方形或矩形偶数点列式,则需要近似求出其中心点的位置代表其区域的相关系数。通常采用第一种点列式较为方便。

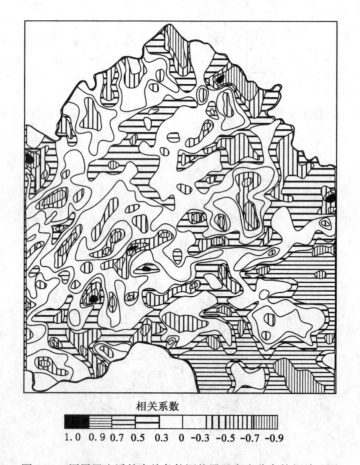

图8-10 用居民生活的自然条件评价居民密度分布的相关地图

设有某地区两幅相关现象的地图,现象 A 为年降水量,现象 B 为年径流深度,量测了7×9对数据后,计算相关系数得

$$r = 0.436$$

这说明径流的大小虽然主要受降水量的影响,但是降水特征和其他因素(如下垫面特征)的影响也很大。由于本地区地形复杂,其他因素影响差异也不一致,因此需要编制相关地图,才能进一步深入分析地区内部差异和两者关系的地理分布。用9点式方法编制的相关地图如图8-9所示,从计算成果和图上可见,相关系数区内差异为-0.082~0.810,反映出该地区主要河流最大径流量处相关系数均为高值,这些地区降水强度也较大;而受其他因素影响剧烈处,相关系数很低。地图上较详细地反映出两种现象相关的地理分布。

图8-10是采用伪等值线编制的人口密度分布图。这两种资料是由各自不同等级和轮廓图形形成的不同多边形,首先要把这两种不同的多边形做预处理,换算到统一的规则网格中。在此,规则网格选用实地边长为10 km的方格网,把自然景观单元(分为5级)和人口密度分级的轮廓按所占面积为权值换算成各规则网格的两种等级值。如果某一网格被某一级自然景观单元全部占有,则该网格的景观评价等级即为该级;如果某一网格占有几个等级,则按各级所占面积为权计算该网格的加权平均等级值。人口密度的分级轮廓图形也同样换算成规则网格的等级值。然后,按两种资料获得的各对应网格的等级值,采用滑动窗口方法计算等级相关系数,组成相关矩阵。最后,根据这个系数矩阵编制成新的相关地图。地图上居民分布与自然条件是有联系的,影响居民分布的决定因素是山区的斜坡坡度、土壤的天然肥力及其他指标。有些地方居民分布受各种因素影响的情况较为复杂,这可能还与当地的交通运输状况和矿产资源分布等因素有关。

§8-4 地图制图要素内容结构区域特征相互关系制图模型的建立

利用相关模型的基本原理,研究地图制图要素在内容结构或时间系列变化方面的区域差异或地理分布,编制成相应的地图,这就是地图制图要素内容结构特征相互关系的数学制图模型。

按照地图制图要素内容结构或时间系列相互关系的性质,大致可以分为三种模型:

1. 根据地图制图要素某种指标在系列年代或某个年代的系列指标,其内容结构指标各分区与全制图区域或某一典型区域的相互关系,可编制成等值线地图、分级统计地图或分区统计图。

2. 根据地图制图要素几种指标在两个年代或系列年代两种指标各分区对应比较的相互关系,也可以编制上述类型的地图。

上述两类数学制图模型,可按内容结构指标系列和时间系列来分别叙述。

3. 地图制图要素相邻各分区内容结构指标或时间系列的相互关系,其相邻分区间的相关程度可用线状符号表示,编制成地图制图要素相互关系的分类(分区)地图。

一、地图制图要素系列年代区域特征的相关模型

在研究人文现象系列年代变化的区域差异时,往往采用这种模型。例如根据某制图地区及其各区域某种作物多年来种植面积的时间系列数据,计算得到各区域的相关系数数列,编制成相关系数地图(如图8-11),来研究这种作物发展的区域分布。相关系数高值地区(西北部)是反映与全制图区域较一致的地区,而低值地区(中部和东、西部)是反映与全制

图区域不一致的地区。分析这幅地图，有助于研究区域的发展和差异，用来作为规划和预测的参考。

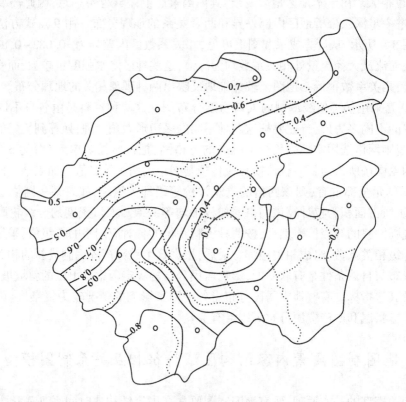

图 8-11 作物播种面积的相关系数地图

二、地图制图要素内容结构区域特征的相关模型

为了探讨地图制图要素内部结构变化的地区组合分布，采用现象内容结构区域特征的相关模型，研究地图制图要素结构的基本规律和结构变化的方向。

图 8-12 显示了 7 个农业构成中二级政区相关程度的各种比重。以一级政区为单位编制的分级统计图，反映了各政区和全地区农业结构的相关关系（按与一级政区相应的农业结构相关系数分级）；用晕线图形表示的分区统计图表(柱状图表)显示每个一级政区内二级政区按相关系数大小的比重。

三、地图制图要素内容结构区域分类模型

编制相邻区域内容结构相关系数特征的地图，可以反映各相邻区域之间的相关程度，并根据相关系数划分级别来反映区域类型。这种地图可用于农业生产的区划和合理配置，揭示农业结构的对比和作物的构成或地区结构的差异程度。图 8-13 是以各二级政区的内容结构编制的相邻区域相关系数地图。图上用相邻区域之间界线的粗细表示相关系数，清楚地反映出农业生产的构成对比和区域特点。

第九章 地图制图要素分布趋势模型

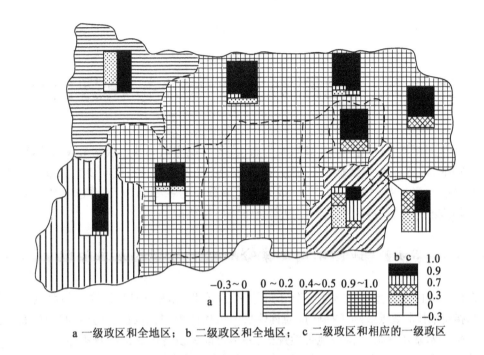

图 8-12 农业结构相关系数

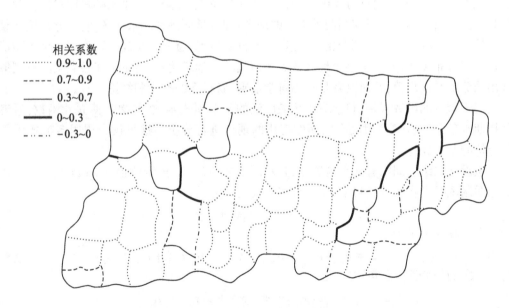

图 8-13 农业结构相关系数(相邻区域)

第九章 地图制图要素分布趋势模型

地图制图要素在地理空间呈离散状分布，或者呈现出以离散点数据组成的统计面分布。其分布特征、内部结构以及地理分布的主要趋势等，都是作为研究空间要素分布规律和规划合理布局的重要参考。为了研究自然或人文现象分布的主要趋势，需要建立各种数学模型和编制相应的地图，来探讨地图制图要素分布特征和结构。

§9-1 地图制图要素分布趋势模型的基本原理

在研究地图制图要素的地带性分布规律时，经常以地图制图要素的某种数量指标作为第三维指标，用典型点或随机抽样点的具体数值来构成模型，组成连续分布的统计面。其主要任务是揭示基本区域结构的地带性规律，并尽可能顾及各区域的特殊规律。

趋势面分析是指用一定的函数对地图制图要素的分布特征进行分析并用该函数所代表的面来逼近（或拟合）地图制图要素特征的趋势变化（或区域背景），也就是用数学方法把观测值划分为两个部分，即趋势部分和偏差部分。趋势部分反映区域性的总体变化，受大范围的系统性因素控制；偏差部分反映局部范围的变化特点，受局部因素和随机因素的控制。根据趋势面分析的结果可以编制两种不同的地图，即背景面图和剩余面图，它们分别反映整个地区的变化和联系以及局部变化的特点。趋势面分析的意义在于建立背景方程组来精确地描述区域分布规律，并且把整个地区的观测值代入数学表达式，定量地在各点实际量测值中找出趋势值和偏离值，并对其背景提出科学解释，获得新的概念和结论。

用于拟合的函数很多，目前应用得最广泛的是多项式函数，其次是傅立叶函数，后者是用周期函数（三角函数）对具有周期性变化的现象进行分析。这里仅介绍用多项式函数进行分析的基本原理。

假设在二维空间中有 n 个观测点，其观测坐标为 (x_i, y_i)，观测值为 $z_i(i=1,2,\cdots,n)$，$\hat{z}_i$ 为地图制图要素指标的趋势值，用一次多项式表示为

$$\hat{z}_i = a_0 + a_1 x_i + a_2 y_i \tag{9-1}$$

用二次多项式表示为

$$\hat{z}_i = a_0 + a_1 x_i + a_2 y_i + a_3 x_i^2 + a_4 x_i y_i + a_5 y_i^2 \tag{9-2}$$

对于三次的趋势面方程可以写成

$$\hat{z}_i = a_0 + a_1 x_i + a_2 y_i + a_3 x_i^2 + a_4 x_i y_i + a_5 y_i^2 \\ + a_6 x_i^3 + a_7 x_i^2 y_i + a_8 x_i y_i^2 + a_9 y_i^3 \tag{9-3}$$

式中，$a_0, a_1, a_2, \cdots, a_9$ 为待定系数，x_i, y_i 分别为平面横坐标和纵坐标。

在 n 个观测点上，以观测值 z_i 与趋势值 $\hat{z}_i$ 之差的平方和为最小条件，利用最小二乘法，可求出待定系数。

令

$$Q = \sum_{i=1}^{n} (z_i - \hat{z}_i)^2 \tag{9-4}$$

以三次的趋势面为例,求待定系数。把(9-3)式代入(9-4)式得

$$Q = \sum_{i=1}^{n} (z_i - a_0 - a_1 x_i - a_2 y_i - a_3 x_i^2 - a_4 x_i y_i - a_5 y_i^2 \\ - a_6 x_i^3 - a_7 x_i^2 y_i - a_8 x_i y_i^2 - a_9 y_i^3)^2 \tag{9-5}$$

要使 Q 为最小,须求 Q 对 a_i 的偏导数,并令其为零,即

$$\begin{cases} \dfrac{\partial Q}{\partial a_0} 2 = \sum_{i=1}^{n} (z_i - a_0 - a_1 x_i - a_2 y_i - \cdots - a_9 y_i^3)^2 (-1) = 0 \\ \dfrac{\partial Q}{\partial a_0} = 2\sum_{i=1}^{n} (z_i - a_0 - a_1 x_i - a_2 y_i - \cdots - a_9 y_i^3)^2 (-x_i) = 0 \\ \qquad\qquad\qquad\vdots \\ \dfrac{\partial Q}{\partial a_0} = 2\sum_{i=1}^{n} (z_i - a_0 - a_1 x_i - a_2 y_i - \cdots - a_9 y_i^3)^2 (-y^3) = 0 \end{cases}$$

分别将上式展开、整理,可得到 9 个联立方程组。应用主消法(或其他方法)求出系数 a_0, $a_1,\cdots,a_9$。

把这些系数值代入(9-3)式,趋势面任意一点 i 的趋势值都可得到。偏差值为

$$\Delta z_i = z_i - \hat{z}_i$$

偏差值也称为剩余值。

更高次趋势面方程的求法可依此类推。

趋势面分析函数描述的重要特征,在以等值线表示的统计面地图上可以得到体现。

§9-2 地图制图要素分布趋势面形态和拟合程度分析

一、趋势面形态分析

从图 9-1 中可以看出一次、二次、三次趋势面的一般形态及其剖面形态的特征。由于次数的增加,系数的个数 $a_0,a_1,\cdots$ 相应地增加,趋势面的剖面形态出现的弯曲也增多;一次趋势面无弯曲,二次趋势面出现一个弯曲,三次以上趋势面代表较复杂的曲面。这是一个量在平面上的变化,称为二维的。如果一个量在空间上变化,则称为三维的,三维变量的趋势面分析就更为复杂。

二、趋势面拟合程度分析

不同次数的趋势面对原始资料的逼近程度是不一样的,所求得的趋势面与实际资料面的逼近情况可用下式表示:

$$C = 1 - \dfrac{\sum_{i=1}^{n}(z_i - \hat{z}_i)^2}{\sum_{i=1}^{n}(z_i - \bar{z}_i)^2} \tag{9-6}$$

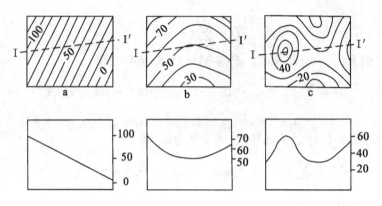

图 9-1 一次、二次、三次趋势面及相应的剖面形态特征

式中,

$$\bar{z} = \frac{\sum_{i=1}^{n} z_i}{n}$$

通常,C 为 60%~70%时,即可说明总体规律。

§9-3 地图制图要素分布趋势模型的建立方法

建立地图制图要素分布特征结构的模型,常采用假设的规则区域网格(小方格)的统计数据资料或网格交点的量测值。在自然要素的等值线图上,往往可以通过量测得到相应的数据,计算并编制相应的趋势面图和剩余面图。区域网格大小的选择,取决于原始数据资料的详细性、计算技术的可能性及描述现象所需的精度等。但是,与规则网格相对应的原始统计资料并不容易获得,需要在建立数学制图模型的过程中予以改算。当使用按点定位的(例如居民人口数)统计信息时,需对每个网格内全部点的统计资料进行相加;对按各行政、经济或自然区划单位总和形式统计的信息的改算较为复杂,可以把这些区划单位的分布轮廓以面积为权的方法换算为规则网格的数据。为了保证换算后的信息具有一定的精度,需采用较小的规则网格,并且选择网格的大小与区划分区范围的大小有关。还可以求出各分区图形的某种中心点(几何中心或政区中心等)的平面坐标,把该区域的统计信息作为该中心点的数据进行计算。

另外,多项式的次数也影响到模型的精度。通常,随着次数的增加,现象的地区结构的详细性也随着增强。

在表示某种农作物产量的地图资料上(如图 9-2),采用按政区单位分级的信息,以政区中心驻地的平面坐标来建立模型。为了更好地勾绘等值线,在数学分析中也使用邻区资料。利用趋势面分析制作背景面和剩余面的模型,可以分析它们受气候影响的总体趋势和局部影响的差别,并探讨不同次方程的拟合精度。

一次背景面图(如图 9-3)指出产量增加或减少的趋势,由于西北暖湿而东南干燥,反映了该区由东南向西北对作物有利条件的变化。在二次背景面图上(如图 9-4)开始出现等值

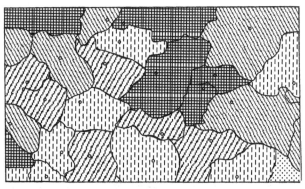

图 9-2 某种农作物产量的平均单产量图

线向北方弯曲,显示出了产量减少的地带,东北部等值线的显著偏差说明了气候对高产区的影响。

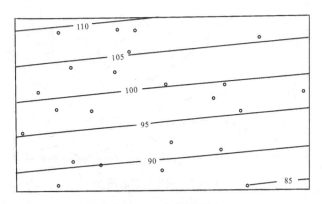

图 9-3 一次背景面图

在三次背景面图上(如图 9-5)比较精确地显示出中部低产地带和西部高产地带的走向。在四次背景面图上,高产地带和东北部较低产地带的等值线图形均有所改善(如图 9-6)。

在五次背景面图上(如图 9-7)表示出东部高值和低值的闭合等值线,正确地表示了由南向北延伸的低产地带。这些规律性在六次背景面图上表示得更为确切(如图 9-8),高产区的等值线图形说明该区不仅自然条件优越,土地利用情况也较好。

剩余面图证实了可逐渐提高数学模型拟合程度的精度和详细性,也反映了背景面与实际产量偏差的关系。一次剩余面图上(如图 9-9),偏差值最高达 20 以上,偏差中心出现在高产区和低产区。剩余的趋势变化在二次剩余面图上(如图 9-10)也表现得较显著,西南部有几个区的表象变得不好,偏差更大了。

在三次剩余面图上(如图 9-11),没有改善这些区的特征显示,有些区显示得比较精确,偏差值不超过 15。在四次剩余面图上(如图 9-12),对这些区的特征显示有所改善,偏差值也有所减少。

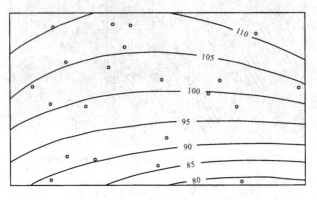

图 9-4　二次背景面图

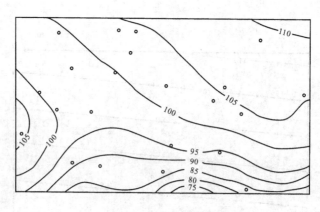

图 9-5　三次背景面图

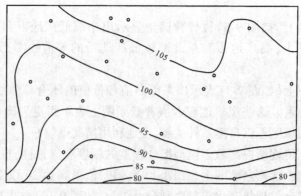

图 9-6　四次背景面图

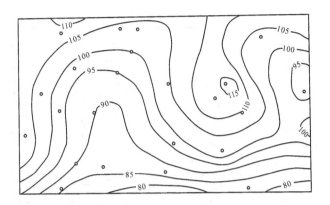

图 9-7 五次背景面图

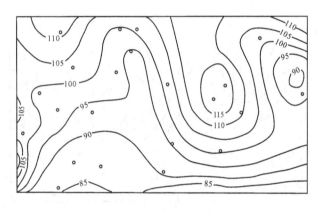

图 9-8 六次背景面图

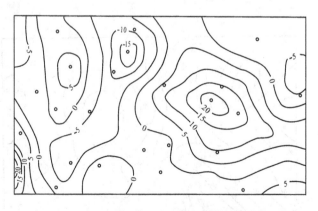

图 9-9 一次剩余面图

在五次剩余面图上(如图 9-13),偏差值变得更小。在六次剩余面图上(如图 9-14),得到产量的表象令人满意,剩余面值最小。

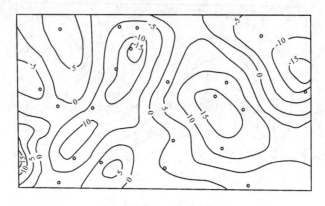

图 9-10 二次剩余面图

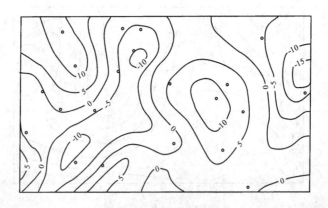

图 9-11 三次剩余面图

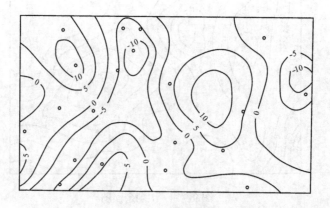

图 9-12 四次剩余面图

第九章 地图制图要素分布趋势模型

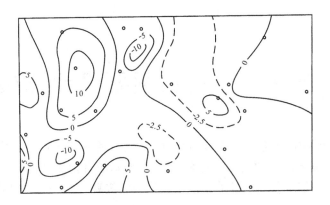

图 9-13　五次剩余面图

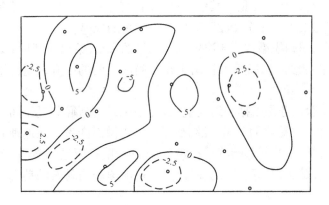

图 9-14　六次剩余面图

采用不同详细程度的原始信息编制农业方面的地图,在确定农作物的分布、种植面积的规划和评价可能的收获量等方面具有较好的应用价值。在管理机构中,通过制作、分析此类地图,可以阐明产量减少的原因和应采取的措施,也可以为制定长期规划和进行预测提供参考依据。

第十章 地图制图要素预测模型

在实际规划和科学研究中,不但要分析、研究地图制图要素间的相互关系,了解它们之间的相关程度,还需要以一种或几种要素来估计、推算或者预测其他有关要素的情况,研究要素之间相互制约的定量关系,这对于经济建设中的规划、设计和决策都具有重要意义。

§10-1 地图制图要素预测模型的基本原理

回归分析用于研究某一变量与其他变量之间的关系,既可以定性地判断某两个变量是否相关,也可以定量地确定一个变量随其他变量变化的规律。

在地理研究中,回归模型常用于决定现象结果的大小,给出当某种原因变化时其他变量变化的方向和程度;此外,回归模型还用于在时间或空间的已有变量范围内给出预测的研究。

回归分析的一般任务是根据一组变量$(x_1,x_2,\cdots,x_p)$来预测变量y的值。变量$x_i(i=1,2,\cdots,p)$叫做自变量(或称说明变量、控制变量),y叫做因变量。在地理系统地图制图要素分析中,经常是多种要素共同影响着某种要素,例如影响径流量的要素有降水、地表形态、岩性、土壤含水特征、植被状况等。因此,回归分析在地图制图要素的动态分析和预测中应用较广泛。

根据(2-26)式有:

$$\hat{y} = b_0 + b_1 x_1 + b_2 x_2 + \cdots + b_p x_p \tag{10-1}$$

式中,$b_0,b_1,\cdots,b_p$为待定参数。

设对变量$x_1,x_2,\cdots,x_p,y$作了n次观测,其中第k次观测数据为

$$\hat{y}_k = b_0 + b_1 x_{k1} + b_2 x_{k2} + \cdots + b_p x_{kp}$$

令

$$Q = \sum_{k=1}^{n}(y_k - \hat{y}_k)^2 = \sum_{k=1}^{n}(y_k - b_0 - b_1 x_{k1} - b_2 x_{k1} - \cdots - b_p x_{kp})^2$$

将Q分别对$b_0,b_1,\cdots,b_p$求偏导数,得$p+1$个方程。解方程组可求出$b_0,b_1,\cdots,b_p$。

§10-2 地图制图要素预测模型的建立方法

假设某地区有20个区域单元,有某种作物平均产量以及对该作物影响的6个自然条件(5个气候条件和1个地形条件)数据(见表10-1)。用多元回归分析计算各区域平均产量的预测值,并与观测值数据作比较,编制相应的地图。

已知$n=20,p=6$,根据多元回归分析的基本原理和表10-1列出的数据,很容易得到:

$$b_0 = 208.478, \quad b_1 = 1.520, \quad b_2 = 0.001, \quad b_3 = -0.110,$$
$$b_4 = -0.016, \quad b_5 = -0.856, \quad b_6 = -0.084$$

表 10-1

单元 \ 变量	x_1	x_2	x_3	x_4	x_5	x_6	y
1	230.9	1 303.0	4 189.0	902.6	27.5	28.1	62.5
2	236.3	1 178.0	4 287.0	946.1	27.8	86.9	57.4
3	234.3	1 231.6	4 250.0	976.0	24.8	191.9	41.7
4	228.5	1 280.1	4 111.0	915.1	26.0	92.6	64.8
5	230.6	1 260.7	4 130.0	820.6	26.6	36.3	75.8
6	235.2	1 139.9	4 242.0	1047.7	27.9	115.1	47.7
7	235.0	1 269.7	4 264.0	928.6	25.4	27.4	59.0
8	233.0	1 239.4	4 084.0	761.8	24.8	34.7	80.3
9	232.2	1 169.4	4 122.0	771.3	27.7	39.9	70.6
10	231.7	1 234.2	4 118.0	824.6	31.4	36.7	64.5
11	233.4	1 168.8	4 186.0	939.6	27.1	36.7	59.2
12	229.7	1 262.3	4 050.0	825.7	24.0	117.4	63.2
13	227.0	1 227.0	4 075.0	781.8	23.3	205.9	56.5
14	222.8	1 103.6	4 067.0	654.1	24.8	413.4	30.5
15	227.6	597.3	4 011.0	1 004.6	18.9	821.4	15.0
16	218.7	1 104.5	3 799.0	764.1	20.5	1 029.6	10.1
17	244.0	1 077.9	4 131.0	945.8	24.5	232.9	68.9
18	234.8	1 157.6	4 112.0	777.4	21.3	139.8	74.6
19	244.0	986.1	4 079.0	1 025.0	25.7	829.6	25.6
20	248.3	944.2	3 989.0	1 145.2	24.1	1 011.7	24.9

将 $b_0, b_1, \cdots, b_6$ 代入(10-1)式得回归方程：

$$\hat{y} = 208.478 + 1.520x_1 + 0.001x_2 - 0.110x_3 - 0.016x_4 - 0.856x_5 - 0.084x_6$$

根据上式可求得各单元的预测值 $\hat{y}$ 和偏差值 $y - \hat{y}$，并可计算相对偏差值 $\dfrac{y - \hat{y}}{y}$。计算结果见表 10-2。

表 10-2

单元	1	2	3	4	5	6	7	8	9	10
y	62.300	57.400	41.700	64.800	75.800	47.700	59.000	80.300	70.600	64.500
$\hat{y}$	60.127	51.579	46.000	60.737	67.482	50.788	59.523	78.760	70.227	66.244
$y-\hat{y}$	2.173	5.821	-4.300	4.063	8.318	-3.088	-0.523	1.540	0.373	-1.744
$\dfrac{y-\hat{y}}{y}$	0.035	0.101	0.103	0.063	0.110	0.065	0.009	0.019	0.005	0.027
单元	11	12	13	14	15	16	17	18	19	20
y	59.200	63.200	56.500	30.500	15.000	10.100	68.900	74.600	25.600	24.900
$\hat{y}$	63.160	70.290	57.297	35.056	13.486	8.826	70.976	72.308	24.527	25.208
$y-\hat{y}$	-3.960	-7.090	-0.797	-4.556	1.514	1.274	-2.076	2.292	1.073	-0.308
$\dfrac{y-\hat{y}}{y}$	0.067	0.112	0.014	0.149	0.101	0.126	0.030	0.031	0.042	0.012

根据表 10-2 所列数据,采用等值线法(数据代表区域中心点内插勾绘)或分级统计图法编制反映预测值、绝对偏差值和相对偏差值的地理分布图(如图 10-1、图 10-2)。

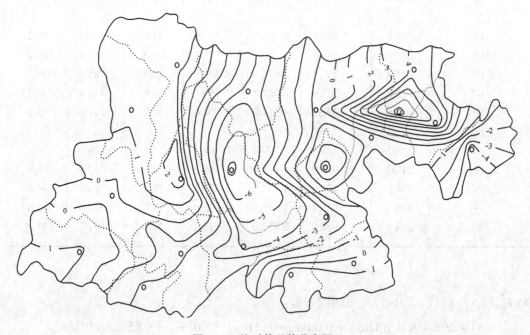

图 10-1 绝对偏差值分布图

应用较长期多种因素建立的这种回归方程,将今后某一年(或时期)观测得到的每个地区各种指标的 x_i 代入回归方程,即可求得各地区 y_i 的预测值,从而编制出相应的动态预测地图。

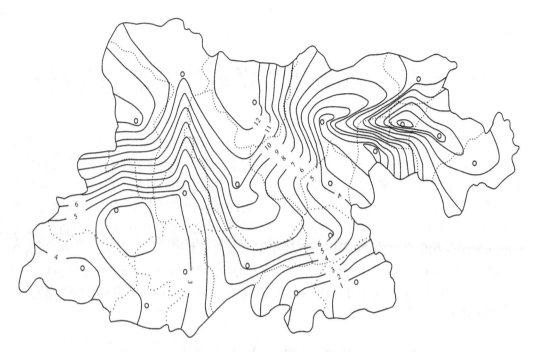

图 10-2 相对偏差值(%)分布图

第十一章　地图制图要素的信息简化模型

在地图制图数据处理中,经常遇到所研究的要素涉及多个变量的问题,而且变量之间往往还存在着一定的相关性。这种复杂的信息结构给认识要素系统的结构特点和类型特征造成了困难。如果能够把多个相关的变量组成少数互不相关的综合因子(主成分或主因素),那么就可以通过数量较少的综合因子来认识系统的结构特点和类型特征,使问题变得简单明了,并有可能独立地对它们进行处理。主成分分析和主因素分析统称因子分析,主成分分析的作用是简化信息结构,主因素分析的作用是寻找公共因子,它们是因子分析的两个功能。从分析的对象出发,因子分析可分为 R 型和 Q 型两种。R 型因子分析用于分析变量之间的关系,Q 型因子分析用于分析样本之间的关系。前者从变量的相关系数矩阵出发,后者从样本的相似性系数矩阵出发。

§11-1　地图制图要素的主成分分析模型

主成分分析就是简化信息结构,将原来的多个变量组合成个数较少的几个彼此无关的新变量,用这些新变量来反映原来变量的内在联系。新变量叫做原来变量的主成分。

一、主成分分析模型的建立

设有一定相关关系的 m 个变量 $x_1, x_2, \cdots, x_m$,并观测得 n 个样本资料:

$$x_j = (x_{j1}, x_{j2}, \cdots, x_{jm}), \quad j = 1, 2, \cdots, n$$

要寻找新的变量 $F_1, F_2, \cdots, F_p (p \leq m)$,这些新变量要能充分反映原来变量的作用,且又相互无关。因此,常取原来变量 $x_1, x_2, \cdots, x_m$ 的线性组合来作为新的变量 $F_1, F_2, \cdots, F_p$,即

$$\left. \begin{array}{l} F_1 = a_{11}x_1 + a_{12}x_2 + \cdots + a_{1m}x_m \\ F_2 = a_{21}x_1 + a_{22}x_2 + \cdots + a_{2m}x_m \\ \vdots \\ F_p = a_{p1}x_1 + a_{p2}x_2 + \cdots + a_{pm}x_m \end{array} \right\} \quad (11\text{-}1)$$

令

$$X = (x_1, x_2, \cdots, x_m)'$$
$$A_i = (a_{i1}, a_{i2}, \cdots, a_{im}), \quad i = 1, 2, \cdots, p$$

则有

$$F_i = A_i X \quad (11\text{-}2)$$

这就是用原来变量的线性组合表示的主成分的线性模型。

二、主成分的求解方法

主成分分析的目的是要用少量的新变量反映较多的原始变量的内在联系。那么,满足什么条件的变量才能反映原始变量的内在联系呢? 可以证明 $F=(F_1,F_2,\cdots,F_p)'$ 为 $X=(x_1,x_2,\cdots,x_m)'$ 的主成分的条件是:

(1) F 的 p 个分量互不相关,即 $\mathrm{cov}(F_i,F_j)=0, i\neq j, i,j=1,2,\cdots,p$。

(2) F 的分量是按其方差的递减顺序排列,即 $D(F_1)\geq D(F_2)\geq\cdots\geq D(F_p)$。

令
$$\lambda_i = D(F_i)$$

则 F 的方差协方差矩阵为

$$D(F)=D(AX)=AD(X)A'=\begin{pmatrix} \lambda_1 & & & 0 \\ & \lambda_2 & & \\ & & \ddots & \\ 0 & & & \lambda_p \end{pmatrix}=\Lambda \tag{11-3}$$

且对角线元素满足

$$\lambda_1 \geq \lambda_2 \geq \cdots \geq \lambda_p$$

要使变量能最大限度地反映原来的变量,就要找到一组合适的系数,使原始变量经过(11-2)式变换后得到的变量具有最大的方差。

根据矩阵的特征根与特征向量的定义可知,λ_i 是 X 的协方差矩阵的特征值,而 A_i 是对应于 λ_i 的矩阵的特征向量。于是,求 X 的主成分问题实际上可以归结为计算 X 的协方差矩阵的特征值和特征向量的问题。

三、主成分的意义

主成分分析的任务是简化信息结构,其基本方法是将具有一定相关关系的 m 个变量 $x_1, x_2, \cdots, x_m$ 组合成一组互不相关的新变量 $F_1, F_2, \cdots, F_p$,并且保证 $F_1, F_2, \cdots, F_p$ 携带 $x_1, x_2, \cdots, x_m$ 的全部信息。

主成分分析的目的之一,是用尽可能少的主成分来代替 p 个变量,而又能对地图制图要素所具有的意义进行分析。那么,要有多少个主成分才合适呢?

在实际应用中,通常只取前 $l(l<p)$ 个,以保证其方差之和占总方差有一定的比重,即

$$\frac{\sum_{k=1}^{l}\lambda_k}{\sum_{k=1}^{m}\lambda_k}\geq 75\% \tag{11-4}$$

比重多大合适,依研究的问题而定,有时要求超过 85%。

§11-2 地图制图要素主因素分析模型

一、主因素分析模型的建立

假设对变量 $x_1, x_2, \cdots, x_m$ 的观测值已经进行了标准化处理,即

$$E\{x_i\} = 0, \quad D\{x_i\} = 1$$

此时，$X = (x_1, x_2, \cdots, x_m)'$ 的协方差矩阵就与它的相关矩阵相等。

设 $f_1, f_2, \cdots, f_p (p \leq m)$ 是 p 个相互独立的变量，$\varepsilon_1, \varepsilon_2, \cdots, \varepsilon_m$ 是相互独立的随机变量。此时，可以用下式表示原来的变量：

$$\left. \begin{aligned} x_1 &= b_{11}f_1 + b_{12}f_2 + \cdots + b_{1p} + \varepsilon_1 \\ x_2 &= b_{21}f_1 + b_{22}f_2 + \cdots + b_{2p} + \varepsilon_2 \\ &\vdots \\ x_m &= b_{m1}f_1 + b_{m2}f_2 + \cdots + b_{mp} + \varepsilon_m \end{aligned} \right\} \tag{11-5}$$

令

$$f = (f_1, f_2, \cdots, f_p)'$$
$$\varepsilon = (\varepsilon_1, \varepsilon_2, \cdots, \varepsilon_m)'$$

写成矩阵形式为

$$X = Bf + \varepsilon \tag{11-6}$$

二、主因素的求解方法

主因素分析的目的是要寻找最少个数的公共因子的线性函数与特殊因子之和来描述原来的变量，以说明这些变量之间的相关性。

在 (11-5) 式中，$b_{ik} (i = 1, 2, \cdots, m; k = 1, 2, \cdots, p)$ 为公共因子 $f_1, f_2, \cdots, f_p$ 的因子载荷或权系数，表示公共因子 f_k 的相对重要性，b_{ik} 的绝对值越大，表明 f_k 对 x_i 的载荷越大，ε_i 是特殊因子。

(11-6) 式中，B 为因子载荷矩阵。因子载荷矩阵中各行元素的平方和称为"公共因子方差"，记为

$$h_i^2 = \sum_{k=1}^{p} b_{ik}^2, \quad i = 1, 2, \cdots, m \tag{11-7}$$

而因子载荷矩阵中各列元素的平方项称为"公共因子方差贡献"，记为

$$g_k^2 = \sum_{i=1}^{m} b_{ik}, \quad k = 1, 2, \cdots, p \tag{11-8}$$

显然，如果能把因子载荷矩阵 B 的各列元素平方和都计算出来，并使相应的公共因子方差贡献依大小排列，即

$$g_1^2 \geq g_2^2 \geq \cdots \geq g_p^2$$

那么就能以此为依据提取最有影响的公共因子。所以，关键问题是求因子载荷矩阵 B。由于主因素分析是用少数公共因子的线性函数与特殊因子之和来描述原来变量的相关性，因此，首先要建立原始变量的相关矩阵，再求这个相关矩阵的特征值 λ_k 与特征向量 a_{ik}，然后利用特征向量与因子载荷的关系求解因子载荷。这里，相关矩阵的特征值 λ_k 就是"公共因子方差贡献" g_k^2。所以，求公共因子的问题也可以归结为计算 X 的相关系数矩阵的特征值及与其对应的特征向量的问题。

三、因子载荷矩阵 B 的求法

由 (11-6) 式求 X 的协方差矩阵：

$$\begin{aligned}\mathrm{cov}(X,X) &= \mathrm{cov}(Bf+\varepsilon, Bf+\varepsilon)\\ &= \mathrm{cov}(Bf,Bf) + \mathrm{cov}(\varepsilon,\varepsilon)\\ &= B\mathrm{cov}(f,f)B' + \mathrm{cov}(\varepsilon,\varepsilon)\\ &= BB' + \Sigma\end{aligned} \tag{11-9}$$

式中：

$$\Sigma = \mathrm{cov}(\varepsilon,\varepsilon) = \begin{pmatrix} \delta_1^2 & & & \\ & \delta_2^2 & & \\ & & \ddots & \\ & & & \delta_m^2 \end{pmatrix}$$

由于 X 都是标准化变量，因此 X 的协方差矩阵也就是它的相关矩阵，于是有

$$\mathrm{cov}(X,X) = R = (r_{ij})_{m\times m}$$

因此有

$$R = BB' + \Sigma \tag{11-10}$$

令

$$R^* = R - \Sigma = BB' \tag{11-11}$$

R^* 称为约相关矩阵，它与 R 的区别仅是主对角线上的元素不同。

现在来讨论 B 的求解。在提取第一个公共因子 f_1 时，应当使其对于所有变量 x_i 的总贡献为最大，即满足条件：

$$g_1^2 = \sum_{i=1}^{m} b_{i1}^2 = \max$$

这是一个在满足 $R^* = BB'$ 的条件下，求 g_1^2 极值点问题。利用拉格朗日乘数法作辅助函数，求解得：

$$\begin{pmatrix} r_{11}^* & r_{12}^* & \cdots & r_{1m}^* \\ r_{21}^* & r_{22}^* & \cdots & r_{2m}^* \\ \vdots & \vdots & & \vdots \\ r_{m1}^* & r_{m2}^* & \cdots & r_{mm}^* \end{pmatrix} \begin{pmatrix} b_{11} \\ b_{21} \\ \vdots \\ b_{m1} \end{pmatrix} = g_1^2 \begin{pmatrix} b_{11} \\ b_{21} \\ \vdots \\ b_{m1} \end{pmatrix} \tag{11-12}$$

该式表明 g_1^2 为 R^* 的最大特征根，即

$$g_1^2 = \lambda_1$$

因子载荷矩阵 B 的第一列的向量就是矩阵 R^* 对应于 g_1^2 的特征向量，同时还必须满足条件：

$$b_{11}^2 + b_{21}^2 + \cdots + b_{m1}^2 = g_1^2$$

先求出 R^* 的最大特征值

$$\lambda_1 = g_1^2$$

再求得对应的特征向量

$$A_1 = (a_{11}, a_{21}, \cdots, a_{m1})^\mathrm{T}$$

再取

$$b_{i1} = \sqrt{\lambda_1}\, a_{i1} \tag{11-13}$$

这样求出了 R^* 的对应于最大特征值 λ_1 的特征向量

$$B_1 = (b_{11}, b_{21}, \cdots, b_{m1})^T$$

求出因子载荷矩阵 B 的第一列元素,也就提取了第一个公共因子 f_1。

提取第二个公共因子 f_2 就是求因子载荷矩阵 B 的第二列元素。同讨论提取 f_1 一样,只是提取 f_2 要在 $R_1^* = R^* - B_1 B_1^T$ 的条件下,求得:

$$B_2 = (b_{12}, b_{22}, \cdots, b_{m2})^T$$

使 g_2^2 达到最大。

如果将约相关矩阵 R^* 的全部特征值求出,并按大小次序排列:

$$\lambda_1 \geqslant \lambda_2 \geqslant \cdots \geqslant \lambda_m$$

再求出对应于这些特征值的特征向量:

$$B_1, B_2, \cdots, B_m$$

这样,也就提取了公共因子:

$$f_1, f_2, \cdots, f_p$$

主因素分析的任务是希望公共因子的数目尽可能地少,而且还要能说明变量 $x_1, x_2, \cdots, x_m$ 之间存在的相关性。在实际应用中,通常只取前 $l(l \leqslant p)$ 个,以保证其方差之和占总方差有一定的比重,即

$$\frac{\sum_{k=1}^{l} \lambda_k}{\sum_{k=1}^{m} \lambda_k} \geqslant 75\% \tag{11-14}$$

比重多大合适,一般视研究的问题而定,有时要求超过 85%。

四、方差最大正交旋转

选取 l 个公共因子后,得到因子载荷矩阵 B,根据 B 可以对公共因子作解释,但是第一次求出的主因子往往意义并不明显。为了便于解释公共因子的实际意义,通常需要对初始的因子载荷矩阵实行正交变换,使其结构简化。简化的目的是使各原始变量仅与少数几个公共因子有较大的相关系数(载荷)。换言之,就是使各公共因子仅在少数变量上有较大载荷。这样,才便于认清变量间的集群关系,并通过与其有较大载荷的变量来解释公共因子的实际意义。

可用因子载荷平方的方差描述因子结构简化程度:

$$V = \sum_{k=1}^{l} \frac{1}{m^2} \left[m \sum_{i=1}^{m} \left(\frac{b_{ik}^2}{h_i^2} \right)^2 - \left(\sum_{i=1}^{m} \frac{b_{ik}^2}{h_i^2} \right)^2 \right] \tag{11-15}$$

因子轴旋转是逐步实现的,将 $f_1, f_2, \cdots, f_l$ 两两组合成因子面 f_g-f_q ($g = 1, 2, \cdots, l-1$; $q = g+1, g+2, \cdots, l$),在保证其他因子不变的情况下,将 f_g-f_q 旋转一个角度 φ,此时 V 是 φ 的函数,φ 的确定要保证 V 取最大值。因子轴旋转相当于一个正交变换,即

$$B \Leftrightarrow B_{p \times l} T_{l \times l} = (b_{ik}) = \begin{bmatrix} 1 & & & & & & & & & 0 \\ & \ddots & & & & & & & \iddots & \\ & & 1 & & & & & 0 & & \\ & & & \cos\varphi & 0 & \cdots & 0 & -\sin\varphi & & \\ & & & 0 & 1 & & & & & \\ & & & \vdots & & \ddots & & & & \\ & & & 0 & & & 1 & & & \\ & & & \sin\varphi & & & & \cos\varphi & & \\ & & 0 & & & & & & 1 & \\ & \iddots & & & & & & & & \ddots & \\ 0 & & & & & & & & & 1 \end{bmatrix} \quad (11\text{-}16)$$

对于 l 个公共因子，配对旋转要进行 $\frac{1}{2}l(l-1)$ 次，这个过程称为一个循环。经过一次循环后 V 会增大，第一次循环后得 $V^{(1)}$，再进行第二次、第三次……循环，得 $V^{(1)} \leqslant V^{(2)} \leqslant \cdots$，这样的循环进行 k 次，使 V 值增大的量小于预期的误差（$V^{(k)} - V^{(k-1)} < \varepsilon$）为止。

旋转角 φ 的值按下式确定：

$$\tan 4\varphi = \frac{D - 2AB/m}{C - (A^2 - B^2)/m} \quad (11\text{-}17)$$

式中，$A = \sum_{i=1}^{m} \mu_i, B = \sum_{i=1}^{m} U_i, C = \sum_{i=1}^{m} (\mu_i^2 - U_i^2), D = 2 \sum_{i=1}^{m} \mu_i U_i,$

$\mu_i = (b_{ig}/h_i)^2 - (b_{iq}/h_i)^2, U_i = 2(b_{ig}/h_i)(b_{iq}/h_i)$。

旋转角 φ 的正负判别和取值范围可按表 11-1 确定。

表 11-1

分子	分母	象限	4φ 值范围	φ 值范围	转角度数
+	+	1	$0 \sim \frac{\pi}{2}$	$0 \sim \frac{\pi}{8}$	$0° \sim 22.5°$
+	−	2	$\frac{\pi}{2} \sim \pi$	$\frac{\pi}{8} \sim \frac{\pi}{4}$	$22.5° \sim 45°$
−	−	3	$-\pi \sim -\frac{\pi}{2}$	$-\frac{\pi}{4} \sim -\frac{\pi}{8}$	$45° \sim -22.5°$
−	+	4	$-\frac{\pi}{2} \sim 0$	$-\frac{\pi}{8} \sim 0$	$-22.5° \sim 0°$

五、因子得分

在地图制图数据处理中，还经常需要将公共因子 f_k 表示为变量 x_i 的线性函数。这是因为：①公共因子 f_k 能充分反映原来变量 x_i 之间的相关性，它更有利于描述所研究对象的特征；②公共因子的个数要比原来变量的个数少得多，用公共因子代表原来的变量，可使数据矩阵大大简化；③原来变量彼此之间是相关的，而公共因子是彼此不相关的，用公共因子代替原来变量,会带来许多方便。

由于公共因子的个数总是少于原来变量的个数,所以不能直接从 $X=Bf+\varepsilon$ 中求出 f 的值,而只能在最小二乘的意义下,根据原来变量 x_i 的取值求公共因子 f_k 的估计值 $\hat{f}_k$。这就要求建立 $f_k(k=1,2,\cdots,l)$ 对原来变量 $x_i(i=1,2,\cdots,m)$ 的线性回归方程:

$$\hat{f}_k = c_{k1}x_1 + c_{k2}x_2 + \cdots + c_{km}x_m$$

由回归分析得

$$\hat{f} = B^{\mathrm{T}}R^{-1}X \tag{11-18}$$

这就是因子得分的计算公式。此处,X 是规格化变量。

利用(11-18)式计算因子得分必须 R^{-1} 存在,若 R^{-1} 不存在则无法求解。实际上,在 Q 型因子分析时 R^{-1} 一般不存在。在这种情况下,可以利用主因素分析和主成分分析之间的关系算得因子得分,条件是主因素分析也是从 R 出发。

由

$$F_k = \lambda_k^{\frac{1}{2}} f_k$$

得

$$f_k = \lambda_k^{-\frac{1}{2}} F_k$$

即

$$f = \begin{pmatrix} f_1 \\ f_2 \\ \vdots \\ f_l \end{pmatrix} = \begin{pmatrix} \lambda_1^{-\frac{1}{2}} & & & \\ & \lambda_2^{-\frac{1}{2}} & & \\ & & \ddots & \\ & & & \lambda_l^{-\frac{1}{2}} \end{pmatrix} \begin{pmatrix} F_1 \\ F_2 \\ \vdots \\ F_l \end{pmatrix} = \Lambda^{-\frac{1}{2}} AX \tag{11-19}$$

式中,A 为 R 的单位特征向量矩阵,X 是规格化数据。

显然,利用(11-19)式计算因子得分比利用(11-18)式要简便。

六、主因素分析的计算步骤

1. 原始数据的规格化
2. 计算相关矩阵

这里要注意的是,若为 R 型因子分析,则计算变量的两两相关系数,得相关系数矩阵

$$R = (r_{ij})_{m \times m}$$

若为 Q 型因子分析,则计算样本的相关系数,得相关系数矩阵

$$R = (r_{ij})_{n \times n}$$

3. 计算相关矩阵的特征值及相对应的特征向量
4. 计算初始因子载荷矩阵

将算得的特征值排序:

$$\lambda_1 \geqslant \lambda_2 \geqslant \cdots \geqslant \lambda_p$$

计算主因素特征值的累积百分比:

$$\frac{\sum_{k=1}^{l}\lambda_k}{\sum_{k=1}^{m}\lambda_k} \geq 85\%$$

取前 l 个特征值及与其所对应的特征向量,利用下列公式计算初始因子载荷矩阵。

$$B = \begin{pmatrix} b_{11} & b_{12} & \cdots & b_{1l} \\ b_{21} & b_{22} & \cdots & b_{2l} \\ \vdots & \vdots & & \vdots \\ b_{m1} & b_{m2} & \cdots & b_{ml} \end{pmatrix} = \begin{pmatrix} \sqrt{\lambda_1}a_{11} & \sqrt{\lambda_2}a_{12} & \cdots & \sqrt{\lambda_p}a_{1l} \\ \sqrt{\lambda_1}a_{21} & \sqrt{\lambda_1}a_{22} & \cdots & \sqrt{\lambda_1}a_{2l} \\ \vdots & \vdots & & \vdots \\ \sqrt{\lambda_1}a_{m1} & \sqrt{\lambda_1}a_{m2} & \cdots & \sqrt{\lambda_1}a_{ml} \end{pmatrix}$$

5. 方差最大正交因子旋转

先计算公共因子方差,并规格化初始因子载荷矩阵;然后,对规格化因子载荷矩阵实行方差最大正交旋转。

6. 计算因子得分值

在进行 R 型因子分析时,利用(11-18)式计算因子得分值;而进行 Q 型因子分析时,则利用(11-19)式计算得分值。

§11-3 地图制图要素信息简化模型的应用

主成分分析和主因素分析在地理研究中有着十分广泛的应用,例如对农业环境、工业环境、军事地理环境、国际政治经济环境等进行综合分析,将制约这些环境的多个相关的变量归纳为少数互不相关的主成分或主因素,通过它们来认识复杂现象的基本结构,对复杂的现象作合理的分类。

以某地区气候指标的制图数据处理为例,说明主成分分析和主因素分析的具体运用,并对其结果作简要解释。该地区有 17 个区域单元,每个单元观测 7 种与气候有关的指标,即 $n=17,m=7$。

一、Q 型因子分析方法的应用

1. 原始数据矩阵和规格化数据矩阵

原始数据见表 11-2,规格化数据见表 11-3。

表 11-2　　　　　　　　　　　　原始数据

变量 单元	x_1	x_2	x_3	x_4	x_5	x_6	x_7
1	230.9	323.5	500.0	479.5	1 997.0	1 629.0	1 563.0
2	232.0	300.7	445.8	423.1	1 006.0	1 650.0	1 587.0
3	237.0	309.0	464.5	471.0	1 015.0	1 650.0	1 608.0
4	235.0	324.0	476.0	466.0	990.0	1 650.0	1 590.0
5	230.0	328.0	456.0	456.0	1 001.0	1 638.0	1 566.0

续表

变量＼单元	x_1	x_2	x_3	x_4	x_5	x_6	x_7
6	236.3	295.6	429.8	452.6	1 026.0	1 647.0	1 614.0
7	234.3	302.9	457.1	471.6	1 013.0	1 641.0	1 596.0
8	239.0	300.3	461.6	436.2	1 007.0	1 638.0	1 599.0
9	236.2	300.4	433.7	452.7	1 007.0	1 623.0	1 608.0
10	231.0	343.5	494.4	473.1	990.0	1 623.0	1 545.0
11	231.8	318.8	462.0	453.4	995.0	1 638.0	1 569.0
12	230.0	302.2	465.7	448.9	974.0	1 626.0	1 527.0
13	235.2	279.0	442.0	418.7	1 017.0	1 644.0	1 581.0
14	235.0	326.5	473.1	470.1	1 015.0	1 650.0	1 599.0
15	234.0	293.1	460.3	462.1	1 009.0	1 653.0	1 587.0
16	234.0	277.2	425.0	398.9	1 021.0	1 653.0	1 578.0
17	237.0	286.0	437.2	430.2	1 021.0	1 623.0	1 572.0

表 11-3　　　　　　规格化数据

原始指标	x_1	x_2	x_3	x_4	x_5	x_6	x_7
$\bar{x}$	234.06	306.56	457.91	450.83	1 006.12	1 639.59	1 581.71
S	2.587	17.865	20.418	21.782	13.186	10.650	22.439

指标＼单元	x'_1	x'_2	x'_3	x'_4	x'_5	x'_6	x'_7
1	−1.221	0.948	2.062	1.316	−0.691	−0.994	−0.834
2	−0.796	−0.328	−0.593	−1.273	−0.009	0.978	0.236
3	1.137	0.137	0.323	0.926	0.674	0.978	1.172
4	0.364	0.976	0.886	0.696	−1.222	0.978	0.370
5	−1.569	1.200	−0.093	0.237	−0.388	−0.149	−0.700
6	0.866	−0.613	−1.377	0.081	1.508	0.696	1.439
7	0.093	−0.205	−0.039	0.954	0.522	0.133	0.637
8	1.910	−0.350	0.181	−0.672	0.067	−0.149	0.771
9	0.828	−0.345	−1.186	0.086	0.067	−1.558	1.172
10	−1.183	2.068	1.787	1.022	−1.222	−1.558	−1.636
11	−0.873	0.685	0.201	0.118	−0.843	−0.149	−0.566
12	−1.453	−0.244	0.382	−0.089	−2.436	−1.276	−2.438
13	0.441	−1.543	−0.769	−1.475	0.825	0.414	−0.031
14	0.364	1.116	0.774	0.885	0.674	0.978	0.771
15	−0.023	−0.753	0.117	0.517	0.219	0.978	0.236
16	−0.023	−1.643	−1.612	−2.384	1.129	1.259	−0.165
17	1.137	−1.106	−1.014	−0.947	−1.129	−1.558	0.433

2. 样本(单元)相关系数矩阵

用规格化数据计算相关系数,得相关系数矩阵(见表11-4)。

表 11-4　相关系数矩阵

R	1	2	3	4	5	6	7	8	9	10	11	12	13	14	15	16	17
1	1.000																
2	−0.543	1.000															
3	−0.245	−0.252	1.000														
4	0.387	−0.226	0.409	1.000													
5	0.598	0.072	−0.549	0.157	1.000												
6	−0.803	0.227	0.621	−0.333	−0.604	1.000											
7	−0.038	−0.371	0.752	0.066	−0.300	0.591	1.000										
8	−0.519	−0.146	0.476	0.021	−0.871	0.432	0.038	1.000									
9	−0.395	−0.253	0.088	−0.403	−0.416	0.476	0.270	0.474	1.000								
10	0.925	−0.510	−0.416	0.360	0.717	−0.874	−0.290	−0.497	−0.331	1.000							
11	0.703	−0.024	−0.611	0.378	0.896	−0.847	−0.476	−0.717	−0.446	0.823	1.000						
12	0.557	−0.088	−0.826	0.038	0.557	−0.871	−0.621	−0.502	−0.257	0.665	0.787	1.000					
13	−0.803	−0.599	−0.070	−0.663	−0.594	0.538	−0.173	0.401	0.173	−0.810	−0.659	−0.292	1.000				
14	0.175	−0.260	0.806	0.604	−0.008	0.244	0.569	0.070	−0.275	0.057	−0.135	−0.621	−0.463	1.000			
15	−0.242	0.205	0.569	0.162	−0.388	0.432	0.582	−0.018	−0.320	−0.529	−0.414	−0.389	0.255	0.327	1.000		
16	0.818	0.797	0.141	−0.593	−0.357	0.513	−0.255	0.195	0.019	−0.777	−0.484	−0.265	0.943	−0.406	−0.244	1.000	
17	−0.496	−0.066	−0.205	−0.824	−0.506	0.368	−0.114	0.469	0.627	−0.397	−0.575	−0.121	0.652	−0.560	−0.296	0.472	1.000

3.特征值和特征向量

根据实对称矩阵求解特征方程,得 17 个特征根 $\lambda_1, \lambda_2, \cdots, \lambda_{17}$ 及其对应的特征向量。求得的特征值见表 11-5。

表 11-5　　　　　　　　　　　　特征值

7.494	4.368	2.417	1.202	0.854	0.531
0.134	0.000	0.000	0.000	0.000	0.000
0.000	0.000	0.000	0.000	0.000	

根据(11-4)式,取 $l=4$,有

$$\frac{\sum_{k=1}^{l} \lambda_k}{\sum_{k=1}^{m} \lambda_k} = \frac{15.481}{17} = 91.1\% > 75\%$$

求出前 4 个特征值 λ 相应的特征向量 A(见表 11-6)。

表 11-6　　　　　　　　　　　　特征向量

单元	$A_1(\lambda_1)$	$A_2(\lambda_2)$	$A_3(\lambda_3)$	$A_4(\lambda_4)$
1	0.323	0.111	−0.109	0.087
2	−0.107	−0.222	0.490	−0.053
3	−0.176	0.416	0.010	−0.086
4	0.161	0.316	0.126	−0.460
5	0.301	−0.075	0.162	0.310
6	−0.330	0.113	0.032	0.242
7	−0.125	0.356	−0.064	0.485
8	−0.237	0.063	−0.275	−0.558
9	−0.168	−0.050	−0.462	0.184
10	0.347	0.022	−0.162	−0.008
11	0.346	−0.087	0.107	0.009
12	0.273	−0.256	−0.035	−0.062
13	−0.289	−0.254	0.137	−0.070
14	0.004	0.436	0.107	−0.034
15	−0.147	0.216	0.367	0.127
16	−0.252	−0.268	0.287	−0.022
17	−0.210	−0.260	−0.355	0.091

4.初始因子载荷矩阵

由相似矩阵 R 求出的特征值 λ 和特征向量 A,按公式(11-13)计算初始因子载荷矩阵 B,见表 11-7。

表 11-7　　　　　　　　　　　初始因子载荷矩阵

单元	B_1	B_2	B_3	B_4
1	0.884 1	0.231 0	-0.169 4	0.095 7
2	-0.294 0	-0.464 8	0.760 9	-0.058 0
3	-0.481 0	0.869 4	0.015 8	-0.094 5
4	0.441 8	0.660 3	0.195 6	-0.504 1
5	0.824 6	-0.155 9	0.251 1	0.340 0
6	-0.903 7	0.235 4	0.049 8	0.265 3
7	-0.342 9	0.744 2	-0.099 7	0.531 9
8	-0.648 9	0.132 5	-0.427 2	-0.612 3
9	-0.460 2	-0.104 6	-0.718 9	-0.202 2
10	0.951 0	0.045 4	-0.252 1	-0.008 5
11	0.946 9	-0.180 9	0.166 5	0.009 4
12	0.747 3	-0.534 1	-0.054 3	-0.068 0
13	-0.792 3	-0.531 2	0.212 6	-0.076 9
14	0.010 5	0.910 2	0.166 3	-0.037 3
15	-0.401 7	0.451 8	0.570 1	0.139 6
16	-0.688 7	-0.560 2	0.446 9	-0.023 6
17	-0.574 3	-0.543 9	-0.551 2	0.100 3

5.因子载荷矩阵 B 的方差最大旋转

其计算步骤如下：

(1)计算公共因子方差并规格化

按(11-7)式,有

$$h_i^2 = \sum_{k=1}^{p} b_{ik}^2, \quad i = 1, 2, \cdots, m$$

计算得：

$h_1^2 = 0.872\ 7, \quad h_1 = 0.934\ 3; \quad h_2^2 = 0.884\ 8, \quad h_2 = 0.940\ 6;$

$h_3^2 = 0.996\ 4, \quad h_3 = 0.998\ 2; \quad h_4^2 = 0.923\ 6, \quad h_4 = 0.961\ 0;$

$h_5^2 = 0.882\ 9, \quad h_5 = 0.939\ 6; \quad h_6^2 = 0.945\ 0, \quad h_6 = 0.972\ 1;$

$h_7^2 = 0.964\ 3, \quad h_7 = 0.982\ 0; \quad h_8^2 = 0.996\ 0, \quad h_8 = 0.998\ 0;$

$h_9^2 = 0.780\ 4, \quad h_9 = 0.883\ 4; \quad h_{10}^2 = 0.970\ 1, \quad h_{10} = 0.984\ 9;$

$h_{11}^2 = 0.957\ 2, \quad h_{11} = 0.978\ 3; \quad h_{12}^2 = 0.851\ 3, \quad h_{12} = 0.922\ 7;$

$h_{13}^2 = 0.961\ 0, \quad h_{13} = 0.980\ 3; \quad h_{14}^2 = 0.857\ 6, \quad h_{14} = 0.926\ 1;$

$h_{15}^2 = 0.710\ 0, \quad h_{15} = 0.842\ 6; \quad h_{16}^2 = 0.988\ 4, \quad h_{16} = 0.994\ 2;$

$h_{17}^2 = 0.939\ 5, \quad h_{17} = 0.969\ 3$。

得规格化计算初始因子载荷矩阵：

$$B^{[1]} = \begin{pmatrix} 0.9463 & 0.2472 & -0.1813 & 0.1024 \\ -0.3126 & -0.4942 & 0.8090 & -0.0617 \\ -0.4819 & 0.8710 & 0.0158 & -0.0947 \\ 0.4597 & 0.6871 & 0.2035 & -0.5246 \\ 0.8776 & -0.1659 & 0.2672 & 0.3619 \\ -0.9296 & 0.2422 & 0.0512 & 0.2729 \\ -0.3492 & 0.7578 & -0.1015 & 0.5416 \\ -0.6502 & 0.1328 & -0.4281 & -0.6135 \\ -0.5209 & -0.1184 & -0.8138 & 0.2289 \\ 0.9656 & 0.0461 & -0.2560 & -0.0086 \\ 0.9679 & -0.1849 & 0.1702 & 0.0096 \\ 0.8099 & -0.5788 & -0.0588 & -0.0737 \\ -0.8082 & -0.5419 & 0.2169 & -0.0784 \\ 0.0113 & 0.9828 & 0.1796 & -0.0403 \\ -0.4767 & 0.5362 & 0.6766 & 0.1657 \\ -0.6927 & -0.5635 & 0.4495 & -0.0237 \\ -0.5925 & -0.5611 & -0.5687 & 0.1035 \end{pmatrix}$$

(2)计算各因子载荷方差和总方差

根据(11-15)式,有

$$V^{(0)} = \sum_{k=1}^{l} \frac{1}{m^2} \left[m \sum_{i=1}^{m} \left(\frac{b_{ik}^2}{h_i^2} \right)^2 - \left(\sum_{i=1}^{m} \frac{b_{ik}^2}{h_i^2} \right)^2 \right] = 0.232385$$

(3)对规格化矩阵 $B^{[1]}$ 实施方差极大旋转

第一个循环中如因子面

$f_1 \sim f_4$

$A = 4.290 \quad B = 0.000, \quad C = 2.898, \quad D = 0.227$
$\tan 4\varphi = 0.1251, \quad 4\varphi = 0.124, \quad \varphi = 0.031$
$\sin \varphi = 0.031, \quad \cos \varphi = 1.000$

$f_2 \sim f_3$

$A = 1.428, \quad B = -1.434, \quad C = 0.963, \quad D = -0.116$
$\tan 4\varphi = 0.1297, \quad 4\varphi = 0.129, \quad \varphi = 0.032$
$\sin \varphi = 0.032, \quad \cos \varphi = 0.999$

$f_2 \sim f_4$

$A = 3.853, \quad B = 0.066, \quad C = 0.952, \quad D = 0.930$
$\tan 4\varphi = 11.3924, \quad \varphi = 1.483, \quad \varphi = 0.371$
$\sin \varphi = 0.363, \quad \cos \varphi = 0.932$

计算 $BT_{12}T_{13}T_{14}T_{23}T_{24}T_{34}$ 和 $V^{(1)}$,

$$V^{(1)} = 0.328533$$

进行第二个循环后,

$$V^{(2)} = 0.338409$$

进行第三个循环后，

$$V^{(3)} = 0.338\ 740$$

进行第四个循环后，

$$V^{(4)} = 0.338\ 781$$

此时

$$V^{(4)} - V^{(3)} < 4.2 \times 10^{-5}$$

已满足要求。

逐步旋转后计算得到的因子载荷矩阵为

$$BT = \begin{pmatrix} 0.755 & -0.238 & 0.249 & 0.429 \\ -0.887 & -0.164 & 0.172 & 0.202 \\ 0.088 & 0.830 & 0.331 & -0.437 \\ 0.419 & 0.042 & 0.853 & -0.134 \\ 0.279 & -0.346 & 0.170 & 0.810 \\ -0.463 & 0.747 & -0.287 & -0.299 \\ 0.216 & 0.953 & -0.084 & 0.050 \\ -0.080 & 0.102 & -0.090 & -0.985 \\ 0.151 & 0.193 & -0.749 & -0.399 \\ 0.761 & -0.462 & 0.183 & 0.379 \\ 0.384 & -0.585 & 0.318 & 0.605 \\ 0.244 & -0.796 & -0.017 & 0.397 \\ -0.863 & -0.014 & -0.350 & -0.306 \\ 0.309 & 0.653 & 0.574 & 0.076 \\ -0.405 & 0.636 & 0.369 & 0.074 \\ -0.964 & -0.045 & -0.215 & -0.106 \\ -0.231 & -0.106 & -0.847 & -0.397 \end{pmatrix}$$

6. 计算结果的解释和制图模型的建立

从因子载荷矩阵的分析可知，16 单元是因子 f_1 的代表性单元，1,2,10,13 单元所占 f_1 的载荷也较大；7 单元是因子 f_2 的代表性单元，3,12,6,14,15 单元所占 f_2 的载荷也较大；4 单元是因子 f_3 的代表性单元，17,9 单元所占 f_3 的载荷也较大；8 单元是因子 f_4 的代表性单元，5,11 单元所占 f_2 的载荷也较大。

根据这些代表性单元的原始数据特征，就可以来分析因子所代表的作用。根据 f_1,f_2,f_3,f_4 的因子载荷值，还可以编制区域分布的等值线地图或分级统计图。图 11-1 是按 f_1 的载荷值编制的地图。这些图表或地图均可作为区域分类的参考。

二、R 型因子分析方法的应用

通过 R 型分析可以探讨变量之间的组合关系。

1. 求相关系数矩阵

由表 11-2 计算 7 个变量的两两相关系数，得相关系数矩阵：

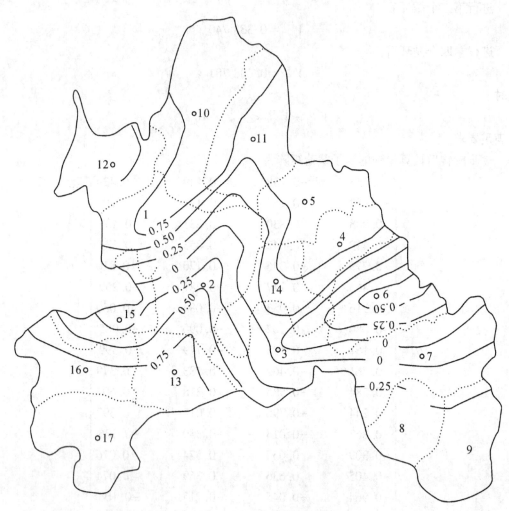

图 11-1 f_1 因子载荷值的分布图

$$R=\begin{pmatrix} 1.0000 & -0.4671 & -0.4160 & -0.1917 & 0.6414 & 0.2189 & 0.7582 \\ & 1.0000 & 0.7990 & 0.7513 & -0.5646 & -0.2272 & -0.2688 \\ & & 1.0000 & 0.7331 & -0.6334 & -0.2238 & -0.4106 \\ & & & 1.0000 & -0.3552 & -0.1834 & 0.0127 \\ & & & & 1.0000 & 0.4247 & 0.7119 \\ & & & & & 1.0000 & 0.5292 \\ & & & & & & 1.0000 \end{pmatrix}$$

2. 求矩阵 R 的特征值(见表 11-8)

表 11-8　　　　　　　　矩阵 R 的特征值

序 号	1	2	3	4	5	6	7
特征值 λ	3.798 36	1.576 47	0.817 59	0.335 83	0.226 69	0.190 19	0.054 90

根据(11-4)式,取 $l=3$,有

$$\frac{\sum_{k=1}^{l}\lambda_k}{\sum_{k=1}^{m}\lambda_k}=\frac{6.19242}{7}=88.5\%>75\%$$

前三个特征值累积百分比已超过85%(接近90%),因此,取三个主因子就能代表了。

3.求三个特征值相应的特征向量 A

$$A=\begin{pmatrix} 0.3760 & -0.4178 & -0.4334 & -0.3225 & 0.4409 & 0.2550 & 0.3645 \\ 0.3039 & 0.3563 & 0.2985 & 0.5523 & 0.1775 & 0.2914 & 0.5198 \\ -0.4768 & 0.0550 & 0.0467 & -0.1695 & -0.0605 & 0.8549 & -0.0643 \end{pmatrix}$$

4.求初始因子载荷矩阵 B

$$B=\begin{pmatrix} 0.7329 & -0.8142 & -0.8446 & -0.6285 & 0.8593 & 0.4969 & 0.7104 \\ 0.3816 & 0.4473 & 0.3748 & 0.6934 & 0.2228 & 0.3658 & 0.6527 \\ -0.4312 & 0.0498 & 0.0423 & -0.1532 & -0.0547 & 0.7730 & -0.0581 \end{pmatrix}$$

5.求经方差极大旋转后的因子载荷矩阵 BT

$$BT=\begin{pmatrix} 0.210 & -0.882 & -0.850 & -0.941 & 0.426 & 0.106 & 0.012 \\ 0.908 & -0.291 & -0.351 & 0.071 & 0.724 & 0.192 & 0.884 \\ -0.027 & -0.055 & -0.096 & -0.095 & 0.292 & 0.964 & 0.389 \end{pmatrix}$$

从上述各因子的载荷来分析:第一个主因子 f_1 代表了第Ⅱ,Ⅲ,Ⅳ三个指标的综合特征;第二个主因子 f_2 代表了第Ⅰ,Ⅴ,Ⅶ三个指标的综合特征;第三个主因子 f_3 突出反映了第Ⅵ个指标。

三、因子得分和成分值计算

1.因子得分

根据(11-19)式,得

$$f=\Lambda^{-\frac{1}{2}}AX=(A'\Lambda^{\frac{1}{2}})^{-1}X=B^{-1}X$$

按相关矩阵求得的全部特征值和相应的特征向量 A 和 B^{-1}(见表11-9),再根据表11-3和表11-9计算各变量转换为因子得分(见表11-10)。

$$\Lambda=(3.7984,1.5765,0.8176,0.3358,0.2267,0.1902,0.0549)$$

$$A=\begin{pmatrix} 0.3760 & 0.3039 & -0.4768 & -0.5863 & 0.0651 & -0.1834 & -0.3966 \\ -0.4178 & 0.3563 & 0.0550 & 0.2447 & -0.1723 & -0.7417 & -0.2363 \\ -0.4334 & 0.2985 & 0.0467 & -0.3990 & 0.5910 & -0.0246 & 0.4599 \\ -0.3225 & 0.5523 & -0.1695 & 0.2336 & -0.0643 & 0.6303 & -0.3261 \\ 0.4409 & 0.1775 & -0.0605 & 0.5680 & 0.6569 & -0.1160 & -0.0514 \\ 0.2550 & 0.2914 & 0.8549 & -0.2277 & 0.0169 & 0.0609 & -0.2517 \\ 0.3645 & 0.5198 & -0.0643 & 0.0896 & 0.4249 & -0.0344 & 0.6348 \end{pmatrix}$$

表 11-9　　　　　　　　　　　　　因子载荷的逆矩阵

因子＼变量	1	2	3	4	5	6	7
1	0.192 9	-0.214 4	-0.222 4	-0.165 5	0.226 2	0.130 8	0.187 0
2	0.242 1	0.283 8	0.237 7	0.439 9	0.141 3	0.232 1	0.414 0
3	-0.527 4	0.060 9	0.051 7	-0.187 4	-0.066 9	0.945 5	-0.071 1
4	-1.011 7	0.422 2	-0.688 5	0.403 1	0.980 4	-0.392 9	0.154 7
5	0.136 8	-0.361 8	1.241 9	-0.135 1	1.379 7	0.035 4	-0.892 5
6	-0.420 5	-1.700 7	-0.056 3	1.445 2	-0.266 8	0.139 7	-0.078 9
7	-1.692 6	-1.008 6	1.962 9	-1.391 6	-0.219 5	-1.074 2	2.709 5

表 11-10　　　　　　　　　　　　各变量转换为因子得分

单元＼因子得分	1	2	3	4	5	6	7
1	-1.557 5	0.369 0	-0.273 0	0.330 9	1.627 1	0.798 1	2.286 7
2	0.429 2	-0.663 4	1.515 9	0.205 4	-0.742 9	-0.793 6	1.876 9
3	0.464 5	1.605 3	0.047 8	-0.481 2	0.300 3	0.474 0	-0.740 2
4	-0.530 9	1.089 3	0.762 6	-1.810 5	-1.278 6	-0.423 2	-0.610 6
5	-0.816 8	-0.336 3	0.785 9	1.824 1	-0.712 9	-0.895 2	-0.719 2
6	1.292 6	0.714 6	-0.125 8	1.272 3	-0.559 5	0.455 4	-0.842 0
7	0.167 4	0.742 8	-0.197 3	0.788 9	0.065 3	1.518 4	0.113 4
8	0.654	0.404 5	-1.093 7	-2.232 4	0.102 6	-1.287 6	0.643 7
9	0.513 5	-0.008 4	-2.095 4	0.726 6	-2.254 6	0.101 2	1.333 7
10	-2.024 3	-0.036 3	-0.624 5	0.411 7	0.890 0	-1.405 0	-0.489 1
11	-0.695 6	-0.305 6	0.446 1	0.226 8	-0.797 5	-0.390 1	-0.172 5
12	-1.472 3	-2.018 9	-0.082 4	-1.195 0	-0.854 4	1.540 3	-1.122 1
13	1.065 9	-0.962 9	0.248 9	-0.521 2	1.043 8	0.189 9	0.640 6
14	-0.056 5	1.612 0	0.573 2	0.343 0	0.726 2	-0.918 6	-0.621 9
15	0.226 9	0.391 6	0.768 2	-0.300 5	0.470 8	2.091 6	-0.150 5
16	1.489 9	-1.520 2	1.402 5	0.063 8	0.661 2	-0.662 3	-0.197 7
17	0.809 3	-1.077 3	-2.059 3	0.350 6	1.312 2	-0.393 2	-1.228 1

2. 计算成分值

根据表 11-3(X') 和 $B(A'\Lambda^{\frac{1}{2}})$ 值，可求得各成分值（见表 11-11）。

表 11-11　　主成分值

成分值 单元	1	2	3	4	5	6	7
1	−5.916 0	0.581 7	−0.223 2	0.111 1	0.368 9	0.151 8	0.125 5
2	1.630 3	−1.045 9	1.239 4	0.069 0	−0.168 4	−0.150 9	0.103 0
3	1.764 4	2.530 8	0.039 1	−0.162 6	0.068 1	0.090 2	−0.040 6
4	−2.016 6	1.717 3	0.623 5	−0.608 0	−0.289 9	−0.080 5	−0.033 5
5	−3.102 5	−0.530 2	0.642 6	0.612 5	−0.161 6	−0.170 3	−0.039 5
6	4.909 8	1.126 6	−0.102 9	0.427 2	−0.126 8	0.086 6	−0.046 2
7	0.635 9	1.171 0	−0.161 3	0.264 9	0.014 8	0.288 8	0.006 2
8	2.485 3	0.637 7	−0.894 2	−0.749 6	0.023 3	−0.244 9	0.035 3
9	1.950 5	−0.013 2	−1.713 2	0.244 0	−0.511 1	0.019 2	0.073 2
10	−7.689 1	−0.057 2	−0.510 6	0.138 2	0.201 8	−0.267 2	−0.026 9
11	−2.642 2	−0.481 8	0.364 7	0.076 2	−0.180 8	−0.074 2	−0.009 5
12	−5.592 4	−3.182 8	−0.067 4	−0.401 3	−0.193 7	0.293 0	−0.061 6
13	4.048 7	−1.541 3	0.203 5	−0.175 0	0.236 6	0.036 1	0.035 2
14	−0.214 6	2.541 3	0.468 6	0.115 2	0.164 8	−0.174 7	−0.034 1
15	1.013 8	0.617 4	0.628 1	−0.100 9	0.106 7	0.397 8	−0.008 3
16	5.659 2	−2.396 6	1.146 7	0.021 4	0.149 9	−0.126 0	−0.010 9
17	3.074 0	−1.698 4	−1.683 7	0.117 7	0.297 5	−0.074 8	−0.067 4

第十二章　地图制图要素类型划分模型

地理系统是多级、多要素的复杂系统,组分单元是最简单的、最低级的类型和地理区,根据差异性和相似性逐级联系成更高一级的地理系统。这种按差异而相互连接的状况,就是地理类型。在多元的情况下,地图制图要素类型划分需要采用聚类分析的方法来完成。

聚类分析又称群分析,是研究样本或变量指标分类问题的一种多元统计方法。它认为所研究的样本或变量之间存在着不同程度的相似性。根据各样本的多个观测指标,具体找出一些能够度量样本或变量之间相似程度的统计量,作为划分类型的依据,将相似程度较大的样本(或指标)聚合为类。关系密切的聚合到一个小的分类单位,关系较疏远的聚合到一个大的分类单位,形成一个由小到大的分类系统。根据分类结果可以把整个分类系统绘成一张分群图(谱系图),把所有样本(或指标)间的亲疏关系表示出来。对呈地域分布的地理现象,能相应地编制出类型图或区划图。

§ 12-1　类型划分的常用统计量

通常,根据分类对象的不同有 Q 型聚类分析(对样本分类)和 R 型聚类分析(对变量分类)两种类型。

设有 n 个样本,每个样本测得 m 个变量。把每个样本看成 n 维空间中的向量,变量数据矩阵为

$$X = \begin{pmatrix} x_{11} & x_{12} & \cdots & x_{1n} \\ x_{21} & x_{22} & \cdots & x_{2n} \\ \vdots & \vdots & & \vdots \\ x_{m1} & x_{m2} & \cdots & x_{mn} \end{pmatrix}$$

其 Q 型聚类分析和 R 型聚类分析常用统计量介绍如下。

一、Q 型聚类分析常用统计量

1. 距离系数

对样本进行分类时,样本之间的相似性程度往往用"距离"来度量。它是将每个样本看成高维空间的一个点,点与点之间的距离表示样本之间的亲疏关系;距离越小,关系越亲;距离越大,关系越疏。

距离(d_{ij})有以下特性:

(1)如果两个样本单元完全相等,则它们的距离为零。

(2)距离越小,表示两个单元越相近。

(3) 对于任何两个单元均有 $d_{ij} \geq 0$。

(4) 对于任何两个单元均有 $d_{ij} = d_{ji}$。

(5) 对于任何三个单元均有 $d_{ij} \leq d_{ik} + d_{kj}$。

在规格化变量互不相关的情况下,采用欧氏距离:

$$d_{ij} = \sqrt{\sum_{k=1}^{m}(x_{ik} - x_{jk})^2} \tag{12-1}$$

把任何两两样本的距离都算出后,得距离系数矩阵

$$D = \begin{pmatrix} d_{11} & d_{12} & \cdots & d_{1n} \\ d_{21} & d_{22} & \cdots & d_{2n} \\ \vdots & \vdots & & \vdots \\ d_{n1} & d_{n2} & \cdots & d_{nn} \end{pmatrix} \tag{12-2}$$

式中,

$$d_{11} = d_{22} = \cdots = d_{nn} = 0$$

这是一个实对称矩阵,所以只需计算出上三角形或下三角形部分即可。根据 D 可以对 n 个点进行分类,距离近的点归为一类,距离远的点属于不同的类。

当变量彼此相关时,可采用马哈劳林比斯距离(马氏距离):

$$d_{ij} = (X_i - X_j)'S^{-1}(X_i - X_j) \tag{12-3}$$

式中,

$$X_i = \begin{pmatrix} x_{i1} \\ x_{i2} \\ \vdots \\ x_{im} \end{pmatrix}, \quad X_j = \begin{pmatrix} x_{j1} \\ x_{j2} \\ \vdots \\ x_{jm} \end{pmatrix}$$

S^{-1} 为 X_i, X_j 两个向量的协方差矩阵的逆矩阵。

2. 相似系数(夹角余弦)

为了对样本进行分类,可以用某些数值的相似性变量来表示样本之间的密切关系。相似系数越大(越接近于1),表示样本之间关系越密切;相似系数越小(越接近于0),表示样本之间的相似性程度越低。

相似系数(夹角余弦)为

$$\cos\theta_{ij} = \frac{\sum_{k=1}^{m} x_{ik}x_{jk}}{\sqrt{\sum_{k=1}^{m} x_{ik}^2 \sum_{k=1}^{m} x_{jk}^2}} \tag{12-4}$$

所有两两样本的相似系数组成一个相似系数矩阵

$$\cos\theta = \begin{pmatrix} \cos\theta_{11} & \cos\theta_{12} & \cdots & \cos\theta_{1n} \\ \cos\theta_{21} & \cos\theta_{22} & \cdots & \cos\theta_{2n} \\ \vdots & \vdots & & \vdots \\ \cos\theta_{n1} & \cos\theta_{n2} & \cdots & \cos\theta_{nn} \end{pmatrix} \tag{12-5}$$

式中,

$$\cos\theta_{11} = \cos\theta_{22} = \cdots = \cos\theta_{nn} = 1$$

这也是一个实对称矩阵,根据相似系数矩阵可对 n 个样本进行分类,把比较相似的样本归为一类,不相似的样本归为不同的类。

3. 相关系数

相关系数实际上是数据规格化后的夹角余弦。相关系数为

$$r_{ij} = \frac{\sum_{k=1}^{m}(x_{ik} - \bar{x}_i)(x_{jk} - \bar{x}_j)}{\sqrt{\sum_{k=1}^{m}(x_{ik} - \bar{x}_i)^2 \sum_{k=1}^{m}(x_{jk} - \bar{x}_j)^2}} \tag{12-6}$$

式中,

$$\bar{x}_i = \frac{1}{m}\sum_{k=1}^{m}x_{ik}, \qquad \bar{x}_j = \frac{1}{m}\sum_{k=1}^{m}x_{jk}$$

把两两样本的相关系数都算出后,组成样本相关系数矩阵

$$R = \begin{pmatrix} r_{11} & r_{12} & \cdots & r_{1n} \\ r_{21} & r_{22} & \cdots & r_{2n} \\ \vdots & \vdots & & \vdots \\ r_{n1} & r_{n2} & \cdots & r_{nn} \end{pmatrix} \tag{12-7}$$

式中,

$$r_{11} = r_{22} = \cdots = r_{nn} = 1$$

这也是一个实对称矩阵,根据相关系数矩阵可对 n 个样本进行分类。相关系数越大(越接近于 1)表示样本之间关系越密切;相关系数越小(越接近于 0)表示样本之间的相关程度越低。把关系较密切的样本归为一类,不相关的样本归为不同的类。

二、R 型聚类分析(对变量进行分类)常用统计量

1. 距离系数

$$d_{ij} = \sqrt{\sum_{k=1}^{n}(x_{ik} - x_{jk})^2} \tag{12-8}$$

把任何两两变量的距离都算出后,得距离系数矩阵

$$D = \begin{pmatrix} d_{11} & d_{12} & \cdots & d_{1m} \\ d_{21} & d_{22} & \cdots & d_{2m} \\ \vdots & \vdots & & \vdots \\ d_{m1} & d_{m2} & \cdots & d_{mm} \end{pmatrix} \tag{12-9}$$

式中,

$$d_{11} = d_{22} = \cdots = d_{mm} = 0$$

这是一个实对称矩阵,所以只需计算出上三角形或下三角形部分即可。根据 D 可以对 m 个变量进行分类,距离近的变量为一类,距离远的变量属于不同的类。

2. 相似系数(夹角余弦)

为了对变量进行分类,可以用某些数值的相似性来表示变量之间的密切关系。相似系数越大(越接近于 1)表示变量之间关系越密切;相似系数越小(越接近于 0)表示变量之间

的相似性程度越低。

相似系数(夹角余弦)为

$$\cos\theta_{ij} = \frac{\sum_{k=1}^{n} x_{ik} x_{jk}}{\sqrt{\sum_{k=1}^{n} x_{ik}^2 \sum_{k=1}^{m} x_{jk}^2}} \quad (12-10)$$

所有两两变量的相似系数组成一个相似系数矩阵

$$\cos\theta = \begin{pmatrix} \cos\theta_{11} & \cos\theta_{12} & \cdots & \cos\theta_{1m} \\ \cos\theta_{21} & \cos\theta_{22} & \cdots & \cos\theta_{2m} \\ \vdots & \vdots & & \vdots \\ \cos\theta_{m1} & \cos\theta_{m2} & \cdots & \cos\theta_{mm} \end{pmatrix} \quad (12-11)$$

式中，

$$\cos\theta_{11} = \cos\theta_{22} = \cdots = \cos\theta_{mm} = 1$$

这也是一个实对称矩阵，根据相似系数矩阵可对 m 个变量进行分类，把比较相似的变量归为一类，不相似的变量归为不同的类。

3.相关系数

相关系数实际上是数据规格化后的夹角余弦。相关系数为

$$r_{ij} = \frac{\sum_{k=1}^{n}(x_{ik} - \bar{x}_i)(x_{jk} - \bar{x}_j)}{\sqrt{\sum_{k=1}^{n}(x_{ik} - \bar{x}_i)^2 \sum_{k=1}^{n}(x_{jk} - \bar{x}_j)^2}} \quad (12-12)$$

式中，

$$\bar{x}_i = \frac{1}{n}\sum_{k=1}^{n} x_{ik}, \qquad \bar{x}_j = \frac{1}{n}\sum_{k=1}^{n} x_{jk}$$

把两两变量的相关系数都算出后，组成变量相关系数矩阵

$$R = \begin{pmatrix} r_{11} & r_{12} & \cdots & r_{1m} \\ r_{21} & r_{22} & \cdots & r_{2m} \\ \vdots & \vdots & & \vdots \\ r_{m1} & r_{m2} & \cdots & r_{mm} \end{pmatrix} \quad (12-13)$$

式中，

$$r_{11} = r_{22} = \cdots = r_{mm} = 1$$

这也是一个实对称矩阵，根据相关系数矩阵可对 m 个变量进行分类。相关系数越大(越接近于 1)表示变量之间关系越密切；相关系数越小(越接近于 0)表示变量之间的相关程度越低。把相关较密切的变量归为一类，不相关的变量归为不同的类。

§ 12-2 类型划分的系统聚类模型

系统聚类法是应用最多的一种聚类模型方法。该方法的基本思想是：首先将几个样本(或变量)各自算为一类，计算它们之间的距离；然后选择距离小的两个样本归为一个新类，

计算新类和其他样本的距离;接着选择距离最小的两个样本(包括新类)归为另一个新类;每次合并减少一个类,直到所有样本划分为所需分类的数目为止。

类与类之间的距离可以有许多定义,不同的定义就产生了不同的聚类方法。

一、聚类方法

1. 最短距离法

最短距离法是最常用的聚类方法。

用 d_{ij} 表示样本之间的距离,用 $g_1,g_2,\cdots,g_l$ 表示类(群)。定义两类间最近样本的距离表示两类之间的距离,类 g_p 和类 g_q 的距离为

$$d_{pq} = \min_{i \in g_p, j \in g_q} d_{ij} \tag{12-14}$$

用最短距离法分类的步骤如下:

(1) 计算样本之间的距离。根据(12-1)式、(12-2)式计算各样本间两两相互距离的矩阵,记做 $D(0)$。

(2) 选择 $D(0)$ 的最小元素,假设为 d_{pq},则将 g_p 和 g_q 合并为一新类,记为 g_r,

$$g_r = \{g_p, g_q\}$$

(3) 计算新类与其他类的距离。例如,计算新类 g_r 与类 g_k 的距离:

$$d_{rk} = \min_{i \in g_r, j \in g_k} d_{ij} = \min\{\min_{i \in g_p, j \in g_k} d_{ij}, \min_{i \in g_q, j \in g_k} d_{ij}\} = \min\{d_{pk}, d_{qk}\} \tag{12-15}$$

由于 g_p 和 g_q 已合并为一类,故将 $D(0)$ 中 p,q 行和 p,q 列删去,加上第 r 行和第 r 列得新矩阵,记做 $D(1)$。

(4) 对 $D(0)$ 重复 $D(1)$ 的步骤得 $D(2)$,依次类推,计算 $D(3)$ 直至所有的区域分成所需几类为止。

在实际分类中,每次可以限定一个合并的定值 t,每一步合并中可以对两个以上样本同时进行合并。

2. 最长距离法

如果类与类之间的距离用最长距离来表示,则

$$d_{pq} = \max_{i \in g_p, j \in g_q} d_{ij} \tag{12-16}$$

合并类的原则和最短距离法一样,取最小距离 d_{pq},将 g_p 和 g_q 两类合并为一个新类 g_r,g_r 与各类距离由最长距离确定。

3. 中间距离法

对于新类和其他类的距离,中间距离法采用几何中线。如果 g_p 和 g_q 两类最近,合并为一个新类 g_r,g_r 与 g_k 的距离为

$$d_{rk}^2 = \frac{1}{2}d_{kp}^2 + \frac{1}{2}d_{kq}^2 - \frac{1}{4}d_{pq}^2 \tag{12-17}$$

4. 重心法

从物理角度来看,新类和其他类的距离应以重心为代表比较合理。如果 g_p 和 g_q 两类距离最近,合并为一个新类 g_r,g_r 与 g_k 的距离为

$$d_{rk}^2 = \frac{n_p}{n_r}d_{kp}^2 + \frac{n_q}{n_r}d_{kq}^2 - \frac{n_p}{n_r} \times \frac{n_q}{n_r}d_{pq}^2 \tag{12-18}$$

式中,n_p,n_q 分别为 p,q 类的样本数,$n_r = n_p + n_q$。

5. 类平均法

新类和其他类的距离用类平均距离来表示。如果 g_p 和 g_q 两类距离最近,合并为一个新类 g_r,g_r 与 g_k 的距离为

$$d_{rk} = \frac{n_p}{n_r}d_{pk}^2 + \frac{n_q}{n_r}d_{qk}^2 \tag{12-19}$$

6. 可变类平均法

新类和其他类的距离用可变类平均法来计算。如果 g_p 和 g_q 两类距离最近,合并为一个新类 g_r,g_r 与 g_k 的距离为

$$d_{rk} = \frac{n_p}{n_r}(1-\beta)d_{pk}^2 + \frac{n_q}{n_r}(1-\beta)d_{qk}^2 + \beta d_{pq}^2 \tag{12-20}$$

式中,$\beta<1$。

7. 可变类法

新类和其他类的距离用可变类法来计算。g_r 与 g_k 的距离为

$$d_{rk} = \frac{1-\beta}{2}(d_{pk}^2 + d_{qk}^2) + \beta d_{pq}^2 \tag{12-21}$$

式中,$\beta<1$,一般 β 值小些分类效果较好,β 常取负值。

8. 离差平方和法

该方法是将方差分析用到聚类中来,要求同类样本的离差平方和最小,类与类之间的离差平方和最大。

离差平方和法的新类和其他类的距离计算公式为

$$d_{rk}^2 = \frac{n_k + n_p}{n_r + n_k}d_{pk}^2 + \frac{n_k + n_q}{n_r + n_k}d_{qk}^2 - \frac{n_k}{n_r + n_k}d_{pq}^2 \tag{12-22}$$

二、聚类方法的应用

下面以最短距离法为例来说明具体的聚类方法步骤。

1. 原始数据矩阵

原始数据矩阵见表 11-2,$n=17$,$m=7$。

2. 数据规格化

计算各变量的平均值和标准差后,对数据进行规格化处理,处理结果列于表 11-3。

3. 距离系数矩阵

根据规格化数据,按(12-1)式、(12-2)式计算各样本间两两相互距离,建立距离系数矩阵(见表 12-1)。

表 12-1　　　　　　　　　　距离系数矩阵 $D(0)$

j i	1	2	3	4	5	6	7	8	9	10	11	12	13	14	15	16	17
1	0.00	4.59	4.38	3.15	2.61	5.74	3.54	4.78	4.78	1.63	2.43	3.46	5.45	3.58	3.82	6.65	5.31
2	4.59	0.00	3.31	3.26	2.78	3.02	2.69	3.14	3.48	5.31	2.49	4.57	2.04	3.26	2.13	2.48	3.58
3	4.38	3.31	0.00	2.43	3.87	2.25	1.54	2.28	3.18	5.40	3.41	5.97	3.47	1.38	1.85	4.61	4.01
4	3.15	3.26	2.43	0.00	2.84	4.12	2.49	3.10	3.92	3.87	2.17	4.48	4.30	1.96	2.42	5.35	4.88

续表

j\i	1	2	3	4	5	6	7	8	9	10	11	12	13	14	15	16	17
5	2.61	2.78	3.87	2.84	0.00	4.45	2.82	4.22	3.88	2.93	1.04	3.30	4.15	3.07	2.97	4.92	4.39
6	5.74	3.02	2.25	4.12	4.45	0.00	2.29	2.72	2.71	6.65	4.18	6.57	2.56	3.10	2.53	3.32	3.20
7	3.54	2.69	1.54	2.49	2.82	2.29	0.00	2.51	2.44	4.60	2.42	4.88	2.99	1.79	1.22	4.24	3.29
8	4.78	3.14	2.28	3.10	4.22	2.72	2.51	0.00	2.40	5.50	3.47	5.43	2.58	2.99	2.63	3.94	2.69
9	4.78	3.48	3.18	3.92	3.88	2.71	2.44	2.40	0.00	5.40	3.42	5.20	3.18	3.70	3.18	4.42	2.34
10	1.63	5.31	5.40	3.87	2.93	6.65	4.60	5.50	5.40	0.00	2.94	3.29	6.25	4.50	4.94	7.34	5.84
11	2.43	2.49	3.41	2.17	1.04	4.18	2.42	3.47	3.42	2.94	0.00	2.93	3.68	2.82	2.45	4.66	3.97
12	3.46	4.57	5.97	4.48	3.30	6.57	4.88	5.43	5.20	3.29	2.93	0.00	5.27	5.59	4.69	6.13	5.19
13	5.45	2.04	3.47	4.30	4.15	2.56	2.99	2.58	3.18	6.25	3.68	5.27	0.00	3.99	2.52	1.61	2.27
14	3.58	3.26	1.38	1.96	3.07	3.10	1.79	2.99	3.70	4.50	2.82	5.59	3.99	0.00	2.16	5.02	4.48
15	3.82	2.13	1.85	2.42	2.97	2.53	1.22	2.63	3.18	4.94	2.45	4.69	2.52	2.16	0.00	3.64	3.55
16	6.65	2.48	4.61	5.35	4.92	3.32	4.24	3.94	4.42	7.34	4.66	6.13	1.61	5.02	3.64	0.00	3.47
17	5.31	3.58	4.01	4.88	4.39	3.20	3.29	2.69	2.34	5.84	3.97	5.19	2.27	4.48	3.55	3.47	0.00

4. 最短距离法分类

假设需要把 17 个单元分为四类,步骤如下:

首先选择最短距离。取值 $t_1 = 2.00$,其对应的距离 $d_{pq} \leq t_1$ 的单元距离有:

$$d_{1 \cdot 10}, d_{3 \cdot 7}, d_{3 \cdot 14}, d_{3 \cdot 15}, d_{4 \cdot 14}, d_{5 \cdot 11}, d_{7 \cdot 14}, d_{7 \cdot 15}, d_{13 \cdot 16}$$

将 g_1 和 g_{10} 合并成新类 g_{18};将 g_4, g_7, g_{14}, g_{15} 合并成新类 g_{19};将 g_5 和 g_{11} 合并成新类 g_{20};将 g_{13} 和 g_{16} 合并成新类 g_{21}。

其次根据(12-15)式计算新类与其他类的距离。例如:

$$d_{18 \cdot 20} = \min\{d_{1 \cdot 5}, d_{1 \cdot 11}, d_{10 \cdot 5}, d_{10 \cdot 11}\} = \min\{2.61, 2.43, 2.93, 2.94\} = 2.43$$

同理,可求得其余的距离,结果 $D(1)$ 列于表 12-2。

表 12-2　　　　　　　　　　距离系数 $D(1)$

$D(1)$	g_2	g_6	g_8	g_9	g_{12}	g_{17}	g_{18}	g_{19}	g_{20}	g_{21}
g_2	0									
g_6	3.02	0								
g_8	3.14	2.72	0							
g_9	3.48	2.71	2.40	0						
g_{12}	4.57	6.57	5.43	5.20	0					
g_{17}	3.58	3.20	2.69	2.34	5.19	0				
g_{18}	4.59	5.74	4.78	4.78	3.29	5.31	0			
g_{19}	2.13	2.25	2.28	2.44	4.48	3.29	3.15	0		
g_{20}	4.49	4.45	3.47	3.42	3.97	3.97	2.43	2.17	0	
g_{21}	2.04	2.56	2.58	3.18	2.27	2.27	5.45	2.52	3.68	0

再次在 $D(1)$ 中第二次选择最短距离。取 $t_2=2.3$ 的单元，其对应的距离 $d_{pq}\leqslant t_2$ 的单元距离有：

$$d_{2\cdot19},\quad d_{2\cdot21},\quad d_{6\cdot19},\quad d_{8\cdot19},\quad d_{17\cdot21},\quad d_{19\cdot20}$$

即把 $g_2,g_6,g_8,g_{17},g_{19},g_{20},g_{21}$ 合并成新类 g_{22}。

这样，已分出 g_9,g_{12},g_{18},g_{22} 四类。其分类结果为：

Ⅰ——1,10

Ⅱ——2,3,4,5,6,7,8,11,13,14,15,16,17

Ⅲ——9

Ⅳ——12

最后根据距离系数矩阵制作聚类图（如图 12-1）。

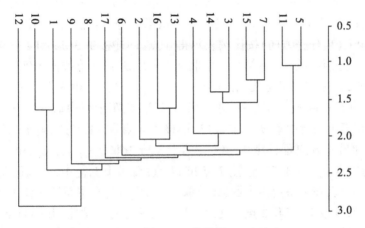

图 12-1 聚类图

根据分类结果可制作区域类型分布图（如图 12-2）。从分类图上看，这四个类型的地区

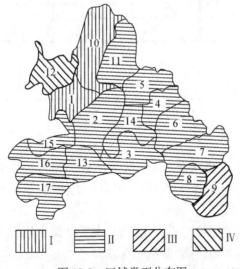

图 12-2 区域类型分布图

分布是比较明显的,足以证明分类结果是符合客观现实的。

§12-3 类型划分的树状图表聚类模型

类型划分的树状图表聚类模型是依据距离系数矩阵的数据,建立各样本单元相互联系的树状图表,在此图表上按选定的距离作为分类标准,把各单元划分为几个类。

建立分类的树状图表,其基本原理是依据图论的方法。现以前面引用的实例来叙述树状图表建立的方法和聚类过程。

根据距离系数表(表12-1),先在第一行中取最小距离($d=0$ 除外)$d_{1\cdot10}=1.63$,按规定的图表比例关系表示在略图上得 1,10 两点,同时删去与此对称的距离 $d_{10\cdot1}$(以后均应删去对称的距离 d_{ji},下面不再重复);在第二行中取最小距离 $d_{2\cdot13}=2.04$,同样用另一分支表示在图表另一位置;第三行中取 $d_{3\cdot14}=1.38$,表示出第三分支;在第四行中取 $d_{4\cdot14}=1.96$,在 3—14 的延长线上(可任一方向)按比例表示得 4 点,即连接了 3,14 和 4 三点;在第五行中取 $d_{5\cdot11}=1.04$,建立第四分支;在第六行中取 $d_{6\cdot3}=2.25$,由 3 点按比例延长至 6 点;在第七行中取 $d_{7\cdot15}=1.22$,建立第五分支;在第八行中取 $d_{8\cdot3}=2.28$,由 3 点从另一方向按比例延长至 8 点;在第九行中取 $d_{9\cdot17}=2.34$,建立第六分支;在第十行中取 $d_{10\cdot5}=2.93$,连接了第一、第四分支;在第十一行中取 $d_{11\cdot4}=2.17$,连接了 4 点和 11 点;在第十二行中取 $d_{12\cdot11}=2.93$,由 11 点的另一方向延长至 12 点;在第十三行中取 $d_{13\cdot16}=1.61$,由 13 点延长至 16 点;在第十四行中取 $d_{14\cdot7}=1.79$,连接 7 点和 14 点;在第十五行中,$d_{15\cdot7}$ 已删去(已用过),$d_{15\cdot3}=1.85$ 的 3 点已在本系统内表示,如果取 $d_{15\cdot3}$,图表将在本系统内产生闭合,所以应顺次取 $d_{15\cdot2}=2.13$,连接 15 点和 2 点。此时全部点已表示在图表上,仅需选取一个距离将两大分支连接。在最后两列中选取最短距离 $d_{17\cdot13}=2.27$,把整个图表连接在一起,至此,树状图表已完整地建立起来,见图 12-3。

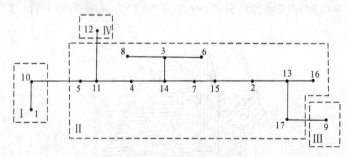

图 12-3 树状图表

从图 12-3 中可知,两点之间逼近,表示其分类较为相似。对整个图表用相对较长的距离(如取 $t=2.3$),可把各单元分成几类(如本例中分成四类)。本例分成四类的结果与采用最短距离法获得的结果一致。

用上述方法追踪数据是比较方便的,建成图表后分类也比较灵活简便,识别比较直观;但图表的制作随着单元的增多,困难也相应地加大。

在图表建立过程中应注意以下两个问题:

1. 每行距离系数只能选用一次,共选用 $n-1$ 行距离系数(因第一个距离选用时已在图表上表示了两个点)。

2. 除删去已选用的对称距离系数外,图表在本系统内不允许闭合。因此,需要在该行中顺次选取其次的最短距离。

§12-4 类型划分的变量平均值逐步替代(贝利)聚类模型

该方法的聚类特点是,在每合并一次类后,需要根据合类样本各指标的平均值重新计算新的距离系数,再在新的距离系数矩阵中进行聚类;如此逐步计算、合并,直至达到所需要的分类数目为止。

设有样本单元 $A,B,C,\cdots$,各单元的指标为 $X_1,X_2,\cdots,X_m$,变量为 $x_{ij}(i=A,B,\cdots;j=1,2,\cdots,m)$。经数据规格化并计算距离系数后得

$$D_n(0)=(d_{ij}),\quad i,j=A,B,\cdots$$

假如在 $D_n(0)$ 中 d_{AB} 最小,则 A,B 合并为一类;合并后计算 A 和 B 样本各指标相应的平均值,得

$$x_{AB\cdot j}=\frac{x_{Aj}+x_{Bj}}{2},\quad j=1,2,\cdots,m$$

其余类推。据此计算新的距离系数矩阵 $D_{n-1}(1)$ 再进行分类合并。如果第二次 d_{CD} 最小,则合并 C,D,那么,计算新的指标为

$$x_{CD\cdot j}=\frac{x_{Cj}+x_{Dj}}{2},\quad j=1,2,\cdots,m$$

再计算距离系数矩阵。如果第二次 $d_{AB\cdot C}$ 最小,则 A,B,C 应合并为一类,新的指标应为

$$x_{ABC\cdot j}=\frac{x_{Aj}+x_{Bj}+x_{Cj}}{3}=\frac{2x_{AB\cdot j}+x_{Cj}}{3},\quad j=1,2,\cdots,m$$

据此计算距离系数矩阵 $D_{n-2}(2)$,再进行分类合并,直至所需分类数目为止。

同样也可根据逐步替代法作聚类图,其作图法与前所述一致,只是每合并一次后,需要根据新的距离系数矩阵选取最小距离值,并划去相应矩阵中的该行和列。

应用上述实例,按逐步替代法计算的分类结果为:

Ⅰ——1,5,10,11
Ⅱ——2,13,16
Ⅲ——3,4,6,7,8,9,14,15,17
Ⅳ——12

其相应的聚类图和类型分类图见图 12-4 和图 12-5。

这个分类结果是在最短距离方法的基础上进一步深化的结果。第 5 区和第 11 区的变量数据特点接近于第 1 区和第 10 区的类型,在此合并为一类;第 9 区的变量数据特征接近于第Ⅲ类,在此归入该类;而第 2、第 13、第 16 三个区域,具有 X_2,X_3,X_4 的小值,故在此单独成为第Ⅱ类。

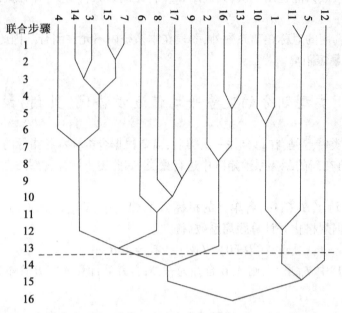

数字表示单元编号,虚线表示分为四个类型的标准水平。

图 12-4 聚类图

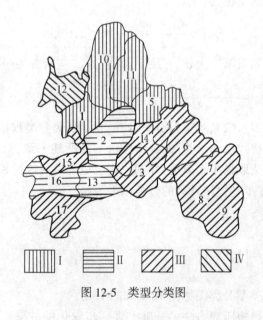

图 12-5 类型分类图

§12-5 类型划分的典型样本单元聚类模型

前述几种分类方法,都是把 n 个样本按距离相近的关系,将每个样本等价划分为 g 类。有时,需要在各类中找出某个样本作为该类的典型样本,即首先根据样本之间距离远近的特

点找出与分类数 g 相对应的几个典型样本单元,然后把剩余的尚未归类的样本按与选出的几个典型样本单元的相近关系,分别归入有关类型,即获得分类结果。

一、典型样本单元聚类模型的分类方法

典型样本单元聚类模型的分类方法是先按距离系数矩阵确定典型的样本单元,然后把与这些典型单元接近的单元组成同种的区域(样本)单元类型。

1.确定分类典型的起始单元

首先,计算各单元规格化指标组成的指标综合体,即

$$V_i = \sum_{j=1}^{m} \left| x'_{ij} \right|, \quad i = 1, 2, \cdots, n \tag{12-23}$$

如果
$$V_i \approx 0$$

表示该单元在 m 维空间中近似位于坐标原点附近,处于各单元的中央位置。因此,取 V_i 值最小的单元为假设起始单元,作为计算分类典型的"起算点",用 g_m 表示,即

$$g_m = \min\{V_i\}$$

2.确定典型单元

从矩阵 D 中选择与假设起始单元相对应的距离系数列,在其中找出与 g_m 相距最大的距离系数(g_{c1}),这个与假设起始单元距离最远的单元,就是它与全部研究地区平均值(相应于 m 维空间坐标原点)的最大差异的单元,作为第一个典型单元。

第二个典型单元应与全地区平均值(g_m)和第一个典型单元(g_{c1})的指标值均有最大的差别,这就需要在累加假设起始单元与各单元的距离值和第一个典型单元与各单元相应的距离值之和中,选择距离累加值最大值的单元作为第二个典型单元(g_{c2})。

然后是三个距离值累加取最大值,确定第三个典型单元(g_{c3})。依此类推,直至所求的典型单元数目为所需分类数目为止。

3.确定单元分类(类型)

其他未选入典型样本的单元,均与各典型样本单元作比较,按分类距离系数的最短性分别归入各典型单元之中。这样组成的区域单元分类本身在地理意义上是同种的。

二、典型样本单元聚类模型的分类实例

根据表 11-3 和表 12-1 的数据,按典型样本单元聚类模型分类计算,计算结果见表 12-3。

1.确定分类典型的起始单元

设要将样本分为四类。根据表 12-3,
$$g_m = \min\{V_i\} = 2.583$$

确定 7 单元为分类典型的起始单元。

2.确定典型单元

从矩阵 D 中选择与假设起始单元相对应的距离系数列 d_{i7},得与 g_m 相距最大的距离系数(g_{c1}):

$$g_{c1} = 4.88$$

即 12 单元为第一个典型单元。

表 12-3　　　　　　　　　典型样本单元计算表

单元	V_i	d_{i7}	d_{i12}	Σ_1	d_{i16}	Σ_2	d_{i10}	Σ_3	d_{i6}
1	8.066	3.54	3.46	7.00	6.65	13.65	1.63	15.28	5.71
2	4.213	2.69	4.57	7.26	2.48	9.74	5.31	15.03	3.02
3	5.347	1.54	5.97	7.51	4.61	12.12	5.40	17.52	2.25
4	5.492	2.49	4.48	6.97	5.35	12.32	3.87	16.19	4.12
5	4.336	2.82	3.30	6.12	4.92	11.04	2.93	13.97	4.45
6	6.580	2.29	6.57	8.86	3.32	12.18	6.65	$18.83g_{c4}$	0
7	$2.583g_m$	0							
8	4.100	2.51	5.43	7.94	3.94	11.88	5.50	17.38	2.29
9	5.242	2.44	5.20	7.64	3.42	11.06	5.40	17.46	2.72
10	10.476	4.60	3.29	7.89	7.34	$15.23g_{c3}$	0		
11	3.435	2.42	2.93	5.35	4.66	10.01	2.94	12.95	4.18
12	8.318	$4.88g_{c1}$	0						
13	5.498	2.99	5.27	8.26	1.61	9.87	6.25	16.12	2.56
14	5.532	1.79	5.59	7.38	5.02	12.40	4.50	16.90	3.10
15	2.843	1.22	4.69	5.91	3.64	9.55	4.94	14.49	2.53
16	8.215	4.24	6.13	$10.37g_{c2}$	0				
17	7.324	3.29	5.19	8.48	3.47	11.95	5.84	17.79	3.20

把 d_{i7} 和 d_{i12} 相加,得距离累加值 Σ_1 最大值 (g_{c2}):

$$g_{c2} = 10.37$$

即 16 单元为第二个典型单元。

把 d_{i16} 和 Σ_1 相加,得距离累加值 Σ_2 最大值 (g_{c3}):

$$g_{c3} = 15.23$$

即 10 单元为第三个典型单元。

再把 d_{i10} 和 Σ_2 相加,得距离累加值 Σ_3 最大值 (g_{c4}):

$$g_{c4} = 18.83$$

即 6 单元为第四个典型单元。

至此,四个典型单元已全部确定。

3. 确定单元分类 (类型)

其他未选入典型样本的单元,均与各典型样本单元作比较,按分类距离系数的最短性分别归入各典型单元之中。

如 1 单元与 12 单元 (第一个典型单元)、16 单元 (第二个典型单元)、10 单元 (第三个典型单元)、6 单元 (第四个典型单元) 的距离分别是:

$$d_{1 \cdot 12} = 3.46, \quad d_{1 \cdot 16} = 6.65, \quad d_{1 \cdot 10} = 1.63, \quad d_{1 \cdot 6} = 5.71$$

所以,1 单元归入第三个典型单元 (10 单元) 之中。

同理可将其他单元归入相应的典型单元之中。最后得分类结果为:

Ⅰ——1,4,5,10(10)

Ⅱ——2,13,16(16)
Ⅲ——3,6,7,8,9,14,15,17(6)
Ⅳ——11,12(12)

这个分类结果与逐步替代聚类模型所得的结果十分接近。典型样本单元聚类模型能比较直观地反映出各类型的典型样本,有利于显示专业化分类(分区)的典型区域。

§12-6　类型划分的模糊聚类模型

模糊聚类模型对多维变量统计指标的分类,能使分类更加切合实际。首先计算相似矩阵,当然也可以是距离矩阵。然后将原矩阵的元素均压缩到 0～1 之间,同时要使矩阵具有传递性。为了使矩阵满足传递性,必须用求传递闭包的方法将模糊关系矩阵改造成为模糊等价矩阵。对模糊等价矩阵,任意的 $\lambda \in [0,1]$ 所截得的 λ-截矩阵,也是模糊等价关系矩阵,取不同的 λ 水平(标准),就可以得到不同的聚类结果。

一、模糊聚类模型的原理与方法

1. 计算相似性统计量

如果 x 为规格化的数据,可建立相似矩阵(也可建立距离矩阵 D)

$$R' = \begin{pmatrix} r'_{11} & r'_{12} & \cdots & r'_{1n} \\ r'_{21} & r'_{22} & \cdots & r'_{2n} \\ \vdots & \vdots & & \vdots \\ r'_{n1} & r'_{n2} & \cdots & r'_{nn} \end{pmatrix}, \quad |r'_{ij}| \leq 1$$

上式需进行改造。

2. 将相似系数压缩到 0～1 之间

可以把 r'_{ij} 变换为 r_{ij},使得 $0 \leq r_{ij} \leq 1$,建立模糊矩阵

$$\widetilde{R} = \begin{pmatrix} r_{11} & r_{12} & \cdots & r_{1n} \\ r_{21} & r_{22} & \cdots & r_{2n} \\ \vdots & \vdots & & \vdots \\ r_{n1} & r_{n2} & \cdots & r_{nn} \end{pmatrix}$$

3. 建立模糊等价矩阵

上述模糊矩阵 $\widetilde{R}$,一般来说只满足自反性和对称性,不满足传递性。$\widetilde{R}$ 不是模糊等价关系,需要将 $\widetilde{R}$ 改造成为模糊等价关系矩阵。一般通过褶积将模糊矩阵改造为模糊等价矩阵。矩阵的褶积,即求模糊等价关系,与矩阵乘法类似,只不过将数的运算乘与加改为交与并,这里,采用查德模糊算子(也可以采用其他模糊算子):

① 并:记为 ∨,

$$a \vee b = \max(a,b)$$

② 交:记为 ∧,

$$a \wedge b = \min(a,b)$$

所以有：

$$r_{ij} = \bigvee_{k=1}^{n} (r_{ik} \wedge r_{jk}) = (r_{i1} \wedge r_{1j}) \vee (r_{i2} \wedge r_{2j}) \vee \cdots \vee (r_{in} \wedge r_{nj}) \qquad (12\text{-}24)$$

$$i,j = 1,2,\cdots,n$$

这样，计算 $R^2 = R \cdot R$，$R^4 = R^2 \cdot R^2$，$\cdots$，$R^{2m} = R^m$，此时，模糊矩阵 R^m 的模糊等价关系具有传递性，模糊矩阵 R^m 记为 CR。

4.进行模糊聚类

将 Cr_{ij} 依大小次序排列，沿着 Cr_{ij} 自大到小依次取 λ 值，令

$$Cr_{ij} = \begin{cases} 1, & Cr_{ij} \geq \lambda \\ 0, & Cr_{ij} < \lambda \end{cases}$$

其中，1 表示这两种样本单元划为一类。依次取 λ 值，直至得到所需类的数目为止。

二、模糊聚类模型的分类实例

为了便于比较，仍引用表 11-3 和表 12-1 所列的数据。

1.建立模糊矩阵 R

先对距离系数矩阵 $D(0)$ 进行变换，变换式为

$$r_{ij} = 1 - \frac{d_{ij}}{7.5}$$

这是由于最大距离系数 $d_{10 \cdot 16} = 7.34$ 的缘故。经变换得表 12-4。

表 12-4

R	1	2	3	4	5	6	7	8	9	10	11	12	13	14	15	16	17
1	1.00	0.39	0.42	0.58	0.65	0.24	0.52	0.36	0.36	0.78	0.68	0.54	0.27	0.52	0.49	0.11	0.29
2		1.00	0.56	0.57	0.63	0.60	0.64	0.58	0.54	0.29	0.67	0.37	0.73	0.57	0.72	0.67	0.52
3			1.00	0.68	0.48	0.70	0.79	0.70	0.58	0.28	0.55	0.20	0.54	0.82	0.75	0.39	0.47
4				1.00	0.62	0.45	0.67	0.59	0.48	0.48	0.71	0.40	0.43	0.74	0.68	0.29	0.35
5					1.00	0.41	0.62	0.44	0.48	0.61	0.86	0.56	0.45	0.59	0.60	0.34	0.41
6						1.00	0.69	0.64	0.64	0.11	0.44	0.12	0.66	0.59	0.66	0.56	0.57
7							1.00	0.67	0.67	0.39	0.68	0.35	0.60	0.76	0.84	0.43	0.56
8								1.00	0.68	0.27	0.54	0.28	0.66	0.60	0.65	0.47	0.64
9									1.00	0.28	0.54	0.31	0.58	0.51	0.58	0.41	0.69
10										1.00	0.61	0.56	0.17	0.40	0.34	0.02	0.22
11											1.00	0.61	0.51	0.62	0.67	0.38	0.47
12												1.00	0.30	0.25	0.37	0.18	0.31
13													1.00	0.47	0.66	0.79	0.70
14														1.00	0.71	0.33	0.40
15															1.00	0.51	0.53
16																1.00	0.54
17																	1.00

2.建立模糊等价矩阵

用(12-24)式计算 R^2。例如：

$r_{12} = (1.00 \wedge 0.39) \vee (0.39 \wedge 1.00) \vee (0.42 \wedge 0.56) \vee \cdots \vee (0.29 \wedge 0.52) = 0.67$

这样，可以得到 R^2, R^4, R^8, R^{16}，并且有

$$R^{16} = R^8$$

这就得到等价模糊矩阵 R^8（见表12-5）。

表12-5

R^8	1	2	3	4	5	6	7	8	9	10	11	12	13	14	15	16	17
1	1.00	0.68	0.68	0.68	0.68	0.68	0.68	0.68	0.68	0.78	0.68	0.61	0.68	0.68	0.68	0.68	0.68
2		1.00	0.72	0.72	0.71	0.70	0.72	0.70	0.69	0.68	0.71	0.61	0.73	0.72	0.72	0.73	0.70
3			1.00	0.74	0.71	0.70	0.79	0.70	0.69	0.68	0.71	0.61	0.72	0.82	0.79	0.72	0.70
4				1.00	0.71	0.70	0.74	0.70	0.69	0.68	0.71	0.61	0.72	0.74	0.74	0.72	0.70
5					1.00	0.70	0.71	0.70	0.69	0.68	0.86	0.61	0.71	0.71	0.71	0.71	0.70
6						1.00	0.70	0.70	0.69	0.68	0.70	0.61	0.70	0.70	0.70	0.70	0.70
7							1.00	0.70	0.69	0.68	0.71	0.61	0.72	0.79	0.84	0.72	0.70
8								1.00	0.69	0.68	0.70	0.61	0.70	0.70	0.70	0.70	0.70
9									1.00	0.68	0.69	0.61	0.69	0.69	0.69	0.69	0.69
10										1.00	0.68	0.61	0.68	0.68	0.68	0.68	0.68
11											1.00	0.61	0.71	0.71	0.71	0.71	0.70
12												1.00	0.61	0.61	0.61	0.61	0.61
13													1.00	0.72	0.72	0.79	0.70
14														1.00	0.79	0.72	0.70
15															1.00	0.72	0.70
16																1.00	0.70
17																	1.00

3.聚类

按 Cr_{ij} 大小排列有：

1>0.86>0.84>0.82> 0.79>0.78>0.74>0.73>0.72>0.71>0.70>0.69>0.68>0.61

经多次试验，当 $\lambda = 0.70$ 时，得

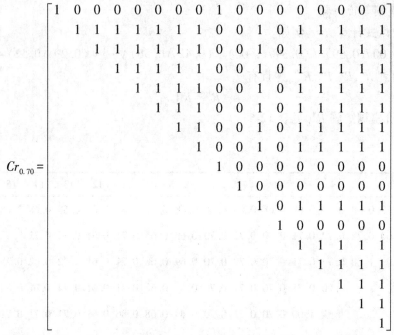

最后合并为四类:
　　Ⅰ——1,10
　　Ⅱ——2,3,4,5,6,7,8,11,13,14,15,16,17
　　Ⅲ——9
　　Ⅳ——12

这个分类结果与采用最短距离法获得的结果完全一致。

如果要进一步深化分类,可采用其他模糊算子,因为查德模糊算子只考虑影响因素最大的元素,其余元素全舍弃,损失信息太多。根据动态聚类过程可制作动态聚类图(如图12-6)。

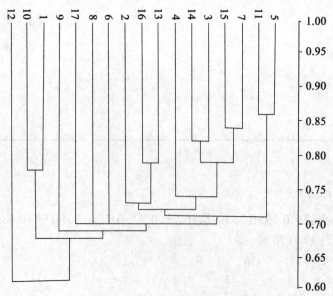

图12-6　动态聚类图

第十三章 空间数据多尺度处理模型

空间数据多尺度处理与表示是当今地理信息科学领域研究的重要前沿性课题。综合运用现代数学理论、计算机科学技术和计算智能技术,可为空间数据多尺度处理与表示的问题解决提供思路。近年来,数学形态学、分形理论和小波理论等现代数学理论和方法为智能化的空间数据多尺度处理、跨尺度的空间分析和自适应可视化等课题的研究提供了新的途径。

§13-1 数学形态学在空间数据多尺度处理中的应用

数学形态学(Mathematical Morphology)诞生于1964年。法国巴黎矿业学院的地质统计学家马瑟荣(G. Matheron)和赛拉(J. Serra)从理论和实践两个方面奠定了数学形态学的基础。经过几十年的发展,已成为一门比较成熟的数字图像处理技术。数学形态学的最大特点是能将大量复杂的影像处理运算用基本的移位和逻辑运算组合来描述和实现,使得算法设计更加灵活,运算速度也大大加快。因此,20世纪80年代以后数学形态学作为一种强有力的图像处理方法在数字图像处理、地质、生物、遥感和计算机视觉领域得到广泛的应用。

由于数学形态学从提出之初就主要用于处理二值图像,因而很自然地被应用于基于栅格数据模型的空间数据处理领域。1983年Monmoners首先用数学形态学腐蚀算子(erosion)研究栅格数据模型的面状要素地图综合。20余年来,不少学者用数学形态学研究空间数据处理问题,建立了化简、合并、删除、移位等综合算子的数学模型和算法(Li 1994,Su,Li and Lodwick 1996,1997,1998,Antonio 2000,张青年 2000,王光霞 2000)。

一、数学形态学的基础知识

这里主要介绍与空间数据处理有关的数学形态学常用运算及其性质。

1. 腐蚀

腐蚀是数学形态学最基本的运算。设 A 为输入图像,B 为结构元素。A 被 B 腐蚀可表示为

$$A \ominus B = \{x; B + x \subset A\} \tag{13-1}$$

式中,$B+x$ 表示 B 沿矢量 x 平移了一段距离,$\subset$ 表示子集关系。

$A \ominus B$ 由将 B 平移 x 但仍包含在 A 内的所有点 x 组成。如果将 B 看做模板,那么,$A \ominus B$ 则由平移模板的过程中所有可以填入 A 内部的模板的原点组成。

如果原点在结构元素的内部,那么,腐蚀具有收缩输入图像的作用,如图13-1,图中结构元素 B 为一个圆盘。从几何角度看,圆盘在 A 内部移动,将圆盘的原点位置(这里为圆盘的圆心)标记出来,便得到腐蚀后的图像。

一般地,可以得到下列性质:如果原点在结构元素的内部,则腐蚀后的图像为输入图像

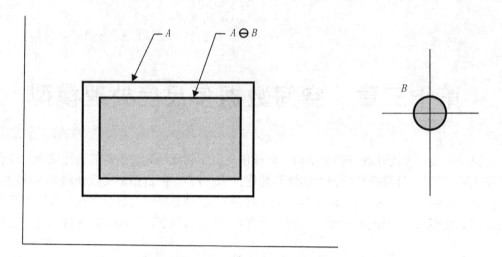

图 13-1 腐蚀类似于收缩

的一个子集；如果原点在结构元素的外部，则腐蚀后的图像可能不在输入图像的内部（如图 13-2）。

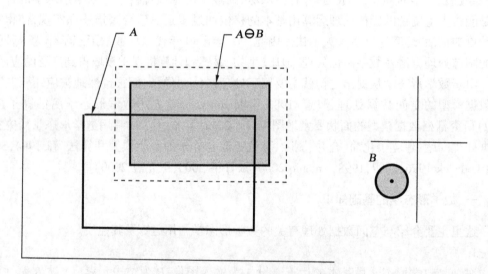

图 13-2 腐蚀不是输入图像的子图像

腐蚀除了可以用填充形式的方程(13-1)表示外，还有一个更重要的表达形式：

$$A \ominus B = \{A - b : b \in B\} \tag{13-2}$$

这里，腐蚀可以通过将输入图像平移 $-b$（b 属于结构元素），并计算所有平移的交集而得（如图 13-3）。

(13-1)式和(13-2)式都直接适用于数字空间。考虑下面的数字空间图像 A 和结构元素 B：

第十三章　空间数据多尺度处理模型

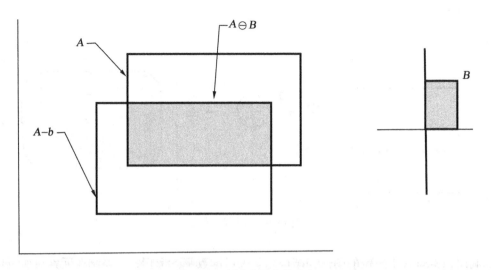

图 13-3　腐蚀为平移的交集

$$A = \begin{pmatrix} 0 & 1 & 0 & 1 & 0 \\ 0 & 1 & 1 & 0 & 1 \\ 0_\Delta & 1 & 1 & 1 & 0 \end{pmatrix} \qquad B = \begin{pmatrix} 1 & 0 \\ 1 & 1_\Delta \end{pmatrix} \tag{13-3}$$

式中,带下标"Δ"的元素表示原点的位置。

将结构元素 B 在 A 内平移,检查其填入 A 的情况,将所有可填入结构元素的原点位置标记出来,便得到腐蚀后的图像:

$$A \ominus B = \begin{pmatrix} 0 & 0 & 1 & 0 \\ 0_\Delta & 0 & 1 & 1 \end{pmatrix} \tag{13-4}$$

2. 膨胀

膨胀是腐蚀运算的逆运算。A 被 B 膨胀表示为

$$A \oplus B = \cup \{A + b : b \in B\} \tag{13-5}$$

膨胀可以通过相对结构元素的所有点平移输入图像,然后计算并集得到(如图 13-4)。

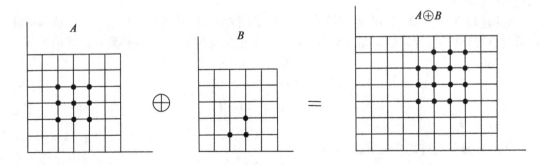

图 13-4　膨胀运算

设结构元素 B 为一个包含原点的圆盘,利用 B 对图像 A 进行膨胀的结果是使 A 扩大了

(如图 13-5)。

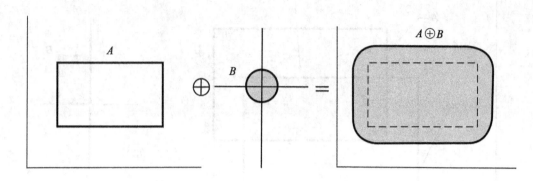

图 13-5 利用圆盘膨胀

利用(13-3)式中规定的图像和结构元素来讨论数字图像膨胀。将结构元素对所有像素作平移,然后对平移结构元素得到的结果作并运算,便可得到膨胀运算的结果。

$$A \oplus B = \begin{pmatrix} 1 & 0 & 1 & 0 & 0 \\ 1 & 1 & 1 & 1 & 0 \\ 1 & 1 & 1 & 1 & 1 \\ 1_\triangle & 1 & 1 & 1 & 0 \end{pmatrix} \tag{13-6}$$

3. 开运算

利用结构元素 B 对图像 A 作开运算,可定义为

$$A \circ B = (A \ominus B) \oplus B \tag{13-7}$$

开运算是结构元素 B 对图像 A 先作腐蚀运算,然后再作膨胀运算,即对每一个可填入图像内部的位置作标记,计算结构元素平移到每一个标记位置时的并,便可得到开运算结果。

图 13-6 表示了先腐蚀后膨胀所描述的开运算。用圆盘对矩形作开运算,会使矩形的内角变圆。在空间数据可视化中,对主要街道的路口采用这种算法处理,可将路口的图形变成圆弧形状,使街道的图形表达更符合实际。这种圆化的结果,可以通过将圆盘对矩阵的内部作滚动,并计算各个填入位置的并得到。如果结构元素为一个底边水平的小正方形,开运算便不会产生圆角。

利用(13-3)式中规定的图像和结构元素来讨论数字图像开运算。对每一个可填入图像内部的位置作标记,计算结构元素平移到每一个标记位置时的并,便可得到开运算结果。

$$A \circ B = \begin{pmatrix} 0 & 1 & 0 & 0 \\ 0 & 1 & 1 & 0 \\ 0_\triangle & 1 & 1 & 1 \end{pmatrix} \tag{13-8}$$

4. 闭运算

闭运算是开运算的逆运算,定义为

$$A \cdot B = [A \oplus (-B)] \ominus (-B) \tag{13-9}$$

图 13-7 为闭运算的示意图。由于结构元素 B 是一个圆盘,所以旋转对运算结果不会产生任何影响。根据对偶性,可沿图像 A 的外边缘填充或滚动圆盘,求出结果。显然,闭运算对图形的外部作滤波,仅仅磨光了凸向图像内部的尖角。

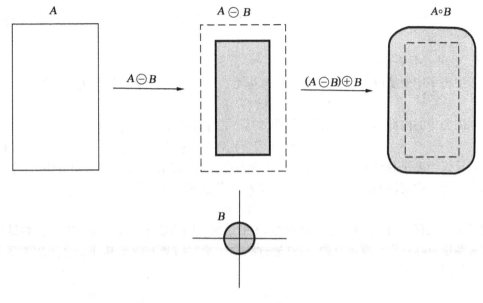

图 13-6 开运算

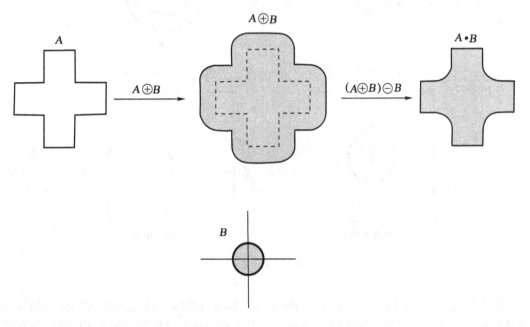

图 13-7 闭运算

还是利用(13-3)式中规定的图像和结构元素来讨论数字图像闭运算。根据(13-9)式得数字图像开运算结果为

$$A \cdot B = \begin{pmatrix} 0 & 1 & 1 & 1 & 0 \\ 0 & 1 & 1 & 1 & 1 \\ 0_\Delta & 1 & 1 & 1 & 0 \end{pmatrix} \quad (13\text{-}10)$$

5. 击中击不中变换

击中击不中变换(HMT)需要两个结构基元 E 和 F，这两个基元被作为一个结构元素对

$$B = (E, F)$$

一个探测图像的内部，另一个探测图像的外部。击中击不中变换定义为

$$A * B = (A \ominus E) \cap (A^c \ominus F) \quad (13\text{-}11)$$

当且仅当 E 平移到某一点时可填入 A 的内部，F 平移到该点时可填入 A 的外部时，该点才在击中击不中变换的输出中。显然，E 和 F 应当是不相连接的，即

$$E \cap F = \phi$$

否则便不可能存在两个结构元素可同时填入的情况。因为击中击不中变换是通过将结构元素填入图像及其补集完成运算的，故它通过结构元素对探测图像和其补集之间的关系。变换过程如图 13-8 所示。

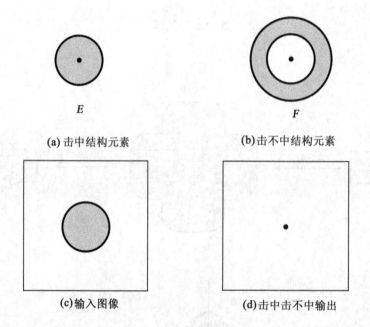

图 13-8　击中击不中变换

在图像分析中，击中击不中变换可同时探测图像的内部和外部，这在研究图像中物体与背景之间的关系时往往会得到很好的结果。击中击不中变换在解决目标识别、细化等问题时比较有效。

6. 细化

许多数学形态学算法都依赖于击中击不中变换。这种变换曾经用来对格式塔心理学的一些思想作数学上的形式化描述。数字图像细化便是一种最常见的使用击中击不中变换的形态学算法。对于结构元素对 $B = (E, F)$，利用 B 细化 S 定义为

$$S \otimes B = S/(S * B) \tag{13-12}$$

即 $S \otimes B$ 为 $S*B$ 与 S 的差集。

更一般地,利用结构对序列 $B^1, B^2, \cdots, B^k$ 迭代地产生输出序列:

$$S^1 = S \otimes B^1, \cdots, S^{k-1} \otimes B^k \tag{13-13}$$

或

$$\{S^i\} = S \otimes \{B^i\} = (\cdots((S \otimes B^1) \otimes B^2) \cdots \otimes B^k) \tag{13-14}$$

随着迭代的进行,得到的集合也不断细化。

结构对的选择仅受结构元素不相交的限制。事实上在不断重复的迭代细化过程中可以使用同一个结构对。在实际应用中,通常选择一组结构元素对。迭代过程不断在这些结构对中循环,当一个完整的循环结束时,如果所得结果不再变化,则终止迭代过程。

图 13-9 表示利用一个数字结构对 E 和 F 作用于图像 S 的连续迭代过程。击中击不中变换标记在图像的左下角,并在迭代的过程中通过细化除去这些标记。

由于在图 13-9 中仅使用了一个结构元素对,因此,细化是有方向性的。如果循环使用八个方向的结构元素对,则细化可以对称的方式完成。图 13-10 给出从上到下,从左到右循环使用的八个方向结构对。图 13-11 给出了循环使用这八个方向结构对的细化效果。用

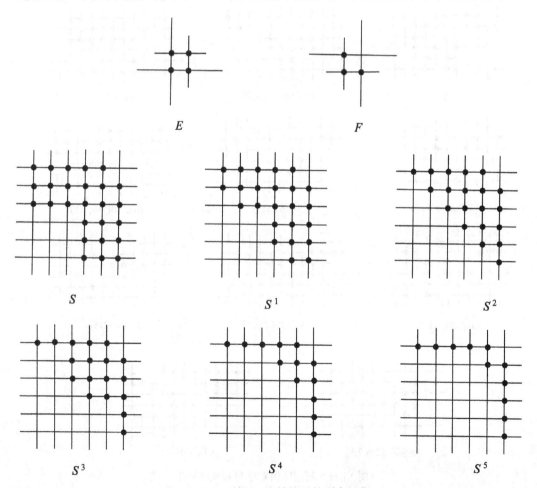

图 13-9 利用一个结构对的顺序细化

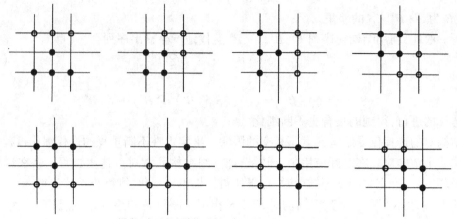

图中●表示击中结构元素 E，○表示击不中结构元素 F

图 13-10　用于细化的八个方向结构对

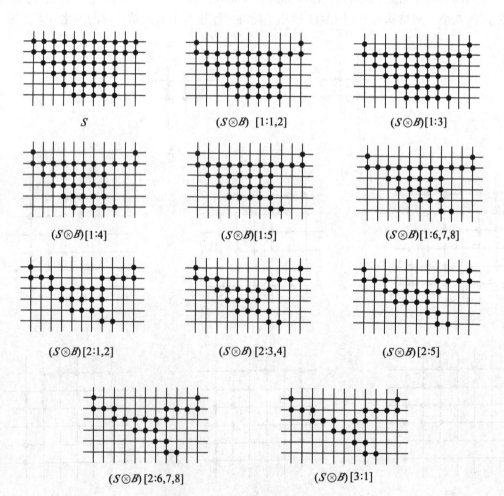

图 13-11　利用结构对序列的顺序细化

$$(S \otimes B)[i:j]$$

表示第 i 次循环时,第 j 个结构对的输出。用

$$(S \otimes B)[i:j,j+i,\cdots]$$

表示在迭代第 $[i,j]$ 步时出现的特殊图像。这个图像在第 i 次循环的后续迭代步骤中,即取 $j+1,j+2,\cdots$ 进一步细化时,将处于稳定状态保持不变。

7. 修剪

一些细化算法通常会产生带毛刺的图像。为了消除毛刺,可以采用修剪(或剪枝)算法。修剪算法是细化算法的一种变体。例如,可以在细化序列中,使用图 13-12 所示的八个结构元素对构造修剪算法。在这八个结构元素对中,上排四个为强修剪器,下排四个为弱修剪器。与细化算法不同,修剪算法中的循环次数需要事先确定,否则会不断消减图像,甚至会消去整个图像。

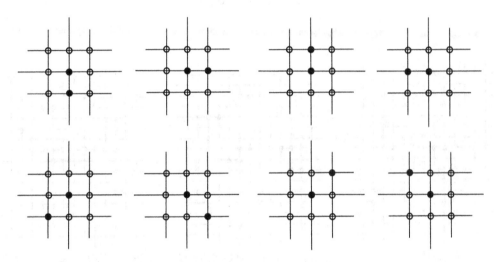

图中●表示击中结构元素,○表示击不中结构元素

图 13-12 修剪结构元素对序列

在图 13-13 中,可以看到一个细化的字母"O",上面带有几个凸起像素。第一次循环修剪便可消除这些毛刺,第二次循环修剪结果将不产生任何变化。

图 13-14 的情况有所不同。图 13-14(a)为一手写字母"e"的细化数字图像,图 13-14(b)和图 13-14(c)分别表示第一次和第二次循环修剪后的结果,此时,毛刺已被消除。继续循环修剪将会消去字母下端的笔画,因此要设置终止条件。

8. 骨架化

寻找二值图像的细化结构是图像处理的基本问题。在图像识别或数据压缩时,经常要用到这样的细化结构。骨架便是这样一种细化结构。它是目标的重要拓扑描述,具有非常广泛的应用。

下面讨论最大圆盘定义的骨架。在欧氏二值图像的内部任意给定一点,以该点为圆心存在一个最大圆盘,其整个盘体都在图像内部,且至少有两点与目标边界相切,则该点便是骨架点。所有最大圆盘的圆心构成了图像的骨架。例如,图 13-15 中的等腰三角形,其骨架

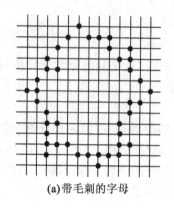 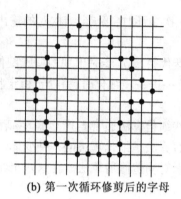

(a) 带毛刺的字母　　　　　　　　　　(b) 第一次循环修剪后的字母

图 13-13　对字母"O"的修剪

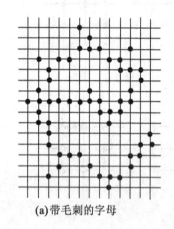 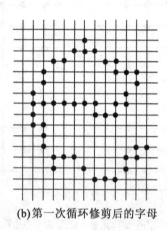 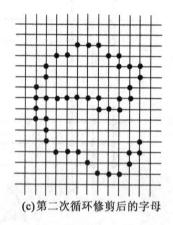

(a) 带毛刺的字母　　　　(b) 第一次循环修剪后的字母　　　　(c) 第二次循环修剪后的字母

图 13-14　对字母"e"的修剪

由图 13-15(a)给出。图 13-15(b)表示处在 x 点的一个圆盘 $D(x)$，这时点 x 在骨架上。在图 13-15(c)中，$D(w)$ 为一个圆心在 w 点的圆盘，但它不是最大圆盘，因为它可以被仍处在三角形内部的圆盘 D 所包含，所以，w 不在骨架上。对于图像 A，用 skel(A) 表示其骨架。图 13-15 中还给出了另外一些图像的骨架。注意，不同的图像可能有相同的骨架；连通的集合可能具有不连通的骨架，两个相切圆盘的骨架就是这种情况的典型例子(如图 13-15(g))。由于在数字集合中不存在与欧氏平面相对应的圆盘，因此，关于数字图像的骨架问题要进一步考虑。先来考虑近似圆盘的数字结构元素(如图 13-6)，实际得到的数字图像的骨架与结构元素的选取直接有关。

二、数学形态学在居民地街区综合中的应用

居民地是重要的社会经济要素，在大比例尺(≥1∶5 万)地形图上，其面积载负量约为图幅的 70%，对其实施综合的结果直接影响地图的质量。依比例尺街区的自动综合是目前空

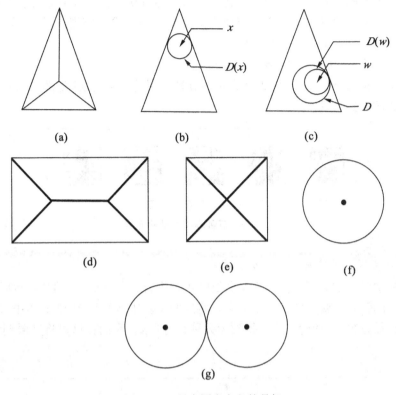

图 13-15 最大圆盘定义的骨架

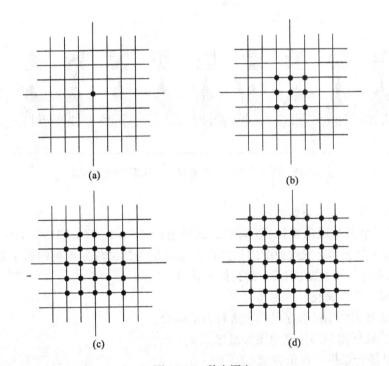

图 13-16 数字圆盘

间数据多尺度处理的难题之一。研究依比例尺街区的自动综合对数字地图生产和基础地理信息系统建设都有重要的现实意义。将依比例尺街区处理成二值图像,用数学形态学能较好地解决依比例尺街区的自动综合问题。

1. 居民地街区自动综合的结构元素的确定

经过多次试验,我们认为选用 3×3 大小的五种不同的结构元素(如图 13-17),可以适应不同街区形状的数据处理。

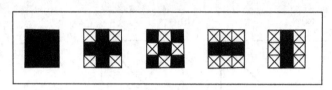

图 13-17　五种不同的结构元素

2. 居民地街区自动综合的基本运算的确定

因为将数学形态学的基本运算膨胀和腐蚀进行组合,可得到其他的基本运算,所以只选用数学形态学的膨胀和腐蚀两个基本运算。将这两个基本运算和图 13-17 中的五种不同的结构元素进行任意组合,理论上可以得到无数种组合形式,我们在这里将其限制为四层(如图 13-18)。

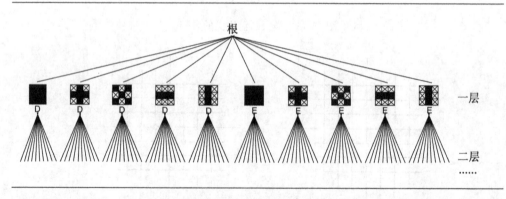

图 13-18　两个基本运算和五种结构元素的组合形式

3. 居民地街区自动综合的试验

我们选择三个典型城市街区,资料图比例尺是 1∶25 000,新编图(综合图)比例尺是 1∶50 000。数学形态学对城区地图的街区自动综合是在栅格数据模型的数字地图上进行的。如果资料图是矢量数据,则需要进行如下处理:

(1)将矢量数据栅格化;

(2)在栅格数据模型的数字地图上进行自动综合;

(3)将栅格数据模型的数字地图矢量化。

3.1　自动综合结果的评价方法

为了评价新编图的综合质量,用常规(人机交互式编辑数字地图)方法综合地图,将常规方法综合的结果与自动综合结果进行比较。先对资料图的矢量数据进行人机交互式编辑,获取综合后的街区轮廓边线数据。再将常规方法综合的数字地图栅格化,与自动综合的数字地图的像元进行一一对比,得出相似程度系数,即

$$k = \frac{b}{a} \tag{13-15}$$

式中,b 为两数字图像像元相符的数量,a 为常规方法综合的数字地图图像的像元总数。

一般来说,相似程度系数越大,自动综合的结果越理想。

3.2 居民地街区的自动综合

将三幅资料图的图像用数学形态学的方法分别进行处理。处理时,灵活应用两个基本运算和五种结构元素的不同组合形式进行地图自动综合,每个自动综合结果都要与常规方法综合的数字地图图像进行分析比较,得出相似程度系数,确定相似程度系数最大的自动综合结果为最终地图自动综合结果。

3.3 居民地街区自动综合的结果分析

为了便于比较,将新编图(综合图)比例尺(1∶50 000)放大到1∶25 000。从图13-19、图13-20和图13-21中可以看出:

(1)应用数学形态学对街区数字图像进行自动综合,一般都是先膨胀,再进行侵蚀,因为这样才能将街区碎部进行合并。

(2)不同街区形状应该采用不同的数学形态学两个基本运算和五种结构元素的组合形式进行地图自动综合。

(3)每种街区形状的自动综合的结果与人机交互式编辑综合的结果都十分接近。典型街区(1)相似程度系数 $k=0.951$,典型街区(2)相似程度系数 $k=0.950$,典型街区(3)相似程

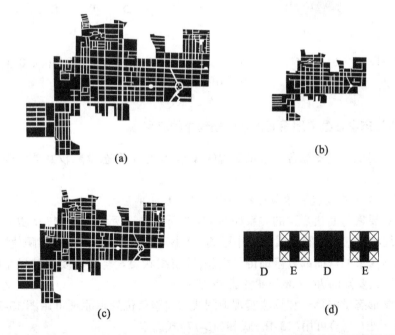

(a)资料图　(b)人工综合图　(c)自动综合图　(d)基本运算和结构元素组合形式

图13-19　典型街区(1)自动综合结果分析

度系数 $k = 0.933$。

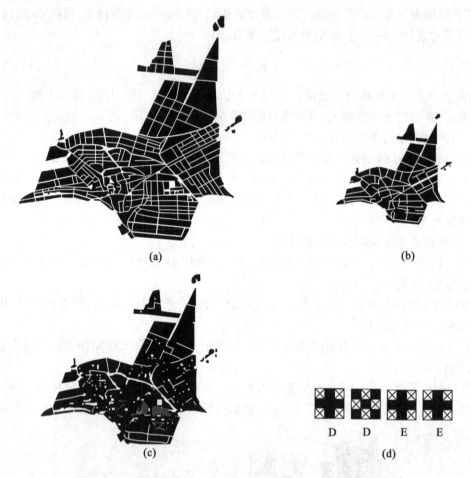

(a)资料图　　(b)人工综合图　　(c)自动综合图　　(d)基本运算和结构元素组合形式
图 13-20　典型街区(2)自动综合结果分析

三、数学形态学在数字地图要素移位处理中的应用

移位是数字地图制图综合中很难实现的操作，用数学形态学能较好地实现数字地图要素的移位处理。

1. 数学形态学在线状要素与面状要素移位处理中的应用

假设线状要素与面状要素的关系如图 13-22 所示，F 表示面状要素，$ABCDE$ 表示线状要素。L_1 表示线状要素与面状要素的最小距离，且小于能分辨的最小尺寸（阈值）。这次移位处理是将线状要素的弯曲部分修饰得平缓些，即将线状要素与面状要素的最小距离处理成 L_1+L_2，这样线状要素的 BCD 部分就变成 $BC'D$。

利用数学形态学的算子和算法实现地图线状要素移位处理原理可用图 13-23 表示。结构元素 B 的大小（B_{size}）可用(13-16)式和(13-17)式确定。

$$R = L_1 + 2L_2 \tag{13-16}$$

第十三章 空间数据多尺度处理模型

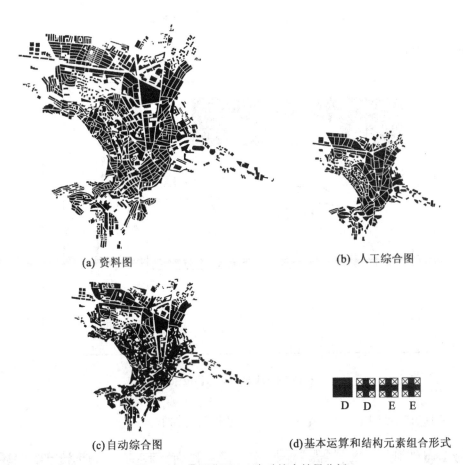

(a) 资料图　　　　　　　　　　(b) 人工综合图

(c) 自动综合图　　　　　　　　(d) 基本运算和结构元素组合形式

图 13-21　典型街区(3)自动综合结果分析

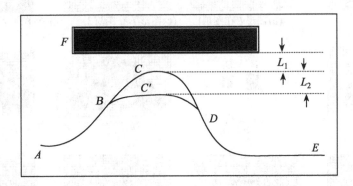

图 13-22　线状要素与面状要素的移位处理

$$B_{\text{size}} = \text{int}\left(\frac{\text{int}(2R/\text{pixel\_size} + 0.5)}{2}\right) \times 2 - 1 \qquad (13\text{-}17)$$

结构元素 B_1 的大小可用(13-18)式确定。

$$B_{1\_size} = \text{int}\left(\frac{\text{int}(B_{size}/2 + 0.5)}{2}\right) \times 2 + 1 \qquad (13\text{-}18)$$

式中,int 表示取整。

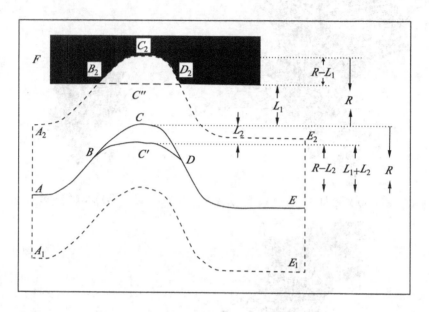

图 13-23 线状要素的移位原理

移位处理过程见图 13-24。具体移位处理过程叙述如下：

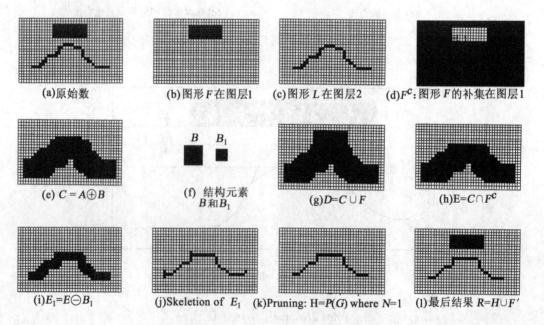

图 13-24 线状要素的移位过程

(1) 利用结构元素 B_{size} 膨胀线状要素，B_{size} 的大小可以根据(13-16)式和(13-17)式求得。这样线状要素就变成面状要素

$$C = L \oplus B \tag{13-19}$$

式中，L 是线状要素，B 是结构元素。

(2) 去掉面状要素 C 和面状要素 F 的重叠部分(如图 13-24(g))，即 $B_2C_2D_2$ 和 C'' 组成部分(如图 13-23)，得膨胀的线状要素(如图 13-24(h))：

$$E = C \cap F^C \tag{13-20}$$

(3) 对膨胀的线状要素 E 进行骨架化。先对 E 进行腐蚀(如图 13-24(i))：

$$E_1 = E \ominus B_1 \tag{13-21}$$

结构元素 B_1 大小由(13-18)式来确定。然后对 E_1 进行骨架化(如图 13-24(j))：

$$G = \text{skel}(E_1) \tag{13-22}$$

(4) 对骨架化后的线状要素 G 进行修剪(如图 13-24(k))：

$$H = P(G) \tag{13-23}$$

(5) 将修剪后的线状要素 H 与面状要素 F 进行叠加，得到移位处理的结果(如图 13-24(l))：

$$R = H \cup F \tag{13-24}$$

2. 数学形态学在线状要素之间移位处理中的应用

2.1 只将两条线状要素中的一条线状要素移位

这种情况如图 13-25 所示，两条线状要素最小距离需要从 L_1 增加到 L_1+L_2。

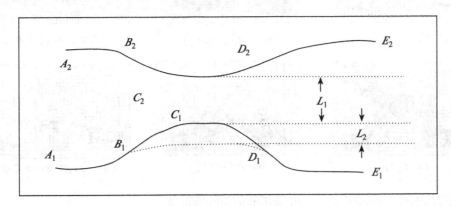

图 13-25 两条线状要素中一条线状要素的移位处理

利用数学形态学的算子和算法实现地图上两条线状要素中一条线状要素移位处理原理可用图 13-26 表示。结构元素 B 的大小(B_{size})可用(13-25)式和(13-26)式确定。

$$2R = 2L_2 + L_1 \tag{13-25}$$

$$B_{size} = \text{int}\left(\frac{\text{int}(2R/\text{pixel\_size} + 0.5)}{2}\right) \times 2 + 1 \tag{13-26}$$

式中，int 表示取整。

移位处理过程见图 13-27。

具体移位处理过程叙述如下：

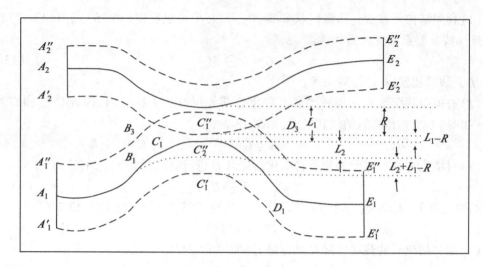

图 13-26 两条线状要素中一条线状要素的移位原理

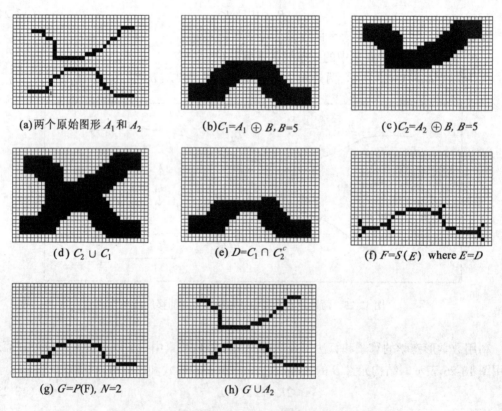

图 13-27 两条线状要素中一条线状要素的移位处理过程

(1) 对两条线状要素进行膨胀处理,得到两个面状要素(如图 13-27(b),(c)):

$$C_1 = A_1 \oplus B \tag{13-27}$$

$$C_2 = A_2 \oplus B \tag{13-28}$$

(2) 去掉两个面状要素 C_1 和 C_2 的重叠部分(如图13-27(d),(e)):

$$D = C_1 \cap C_2^c \tag{13-29}$$

(3) 对处理后的面状要素 D 进行骨架化。先对 D 进行腐蚀:

$$E = D \ominus B_1 \tag{13-30}$$

结构元素 B_1 的大小由(13-18)式来确定。然后对 E 进行骨架化(如图13-27(f)):

$$F = \text{skel}(E) \tag{13-31}$$

(4) 对骨架化后的线状要素 F 进行修剪(如图13-27(g)):

$$G = P(F) \tag{13-32}$$

(5) 将修剪后的线状要素 G 与线状要素 A_2 进行叠加,得到移位处理的结果(如图13-27(h)):

$$R = G \cup A_2 \tag{13-33}$$

2.2 两条线状要素之间相互移位

这种情况如图13-28所示,这里 $A_1B_1C_1D_1E_1$ 和 $A_2B_2C_2D_2E_2$ 为两条原始线状要素,它们的最小距离为 L_1,小于地图表示规定的最小尺寸,需要将它们之间的距离增加到 $L_1+L_2+L_3$。

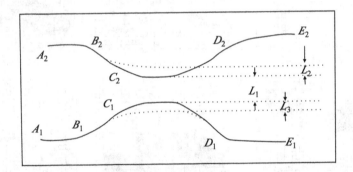

图13-28 两条线状要素相互移位处理的基本原理

两条线状要素相互移位处理过程见图13-29。

用于膨胀两个线状要素的结构元素 B 的大小(B_{size})可用(13-34)式和(13-35)式确定。

$$2R = 2L_2 + L_1 \tag{13-34}$$

$$B_{\text{size}} = \text{int}\left(\frac{\text{int}(2R/\text{pixel\_size} + 0.5)}{2}\right) \times 2 + 1 \tag{13-35}$$

式中,int 表示取整。

用于第二次膨胀第二条线状要素 A_2(如图13-29(i))结构元素 B 的大小(B_{size})可用(13-36)式和(13-37)式确定。

$$2R = 2L_3 + L_1 + L_2 \tag{13-36}$$

$$B_{\text{size}} = \text{int}\left(\frac{\text{int}(2R/\text{pixel\_size} + 0.5)}{2}\right) \times 2 + 1 \tag{13-37}$$

综上所述,利用数学形态学处理线状要素移位的基本思想是:

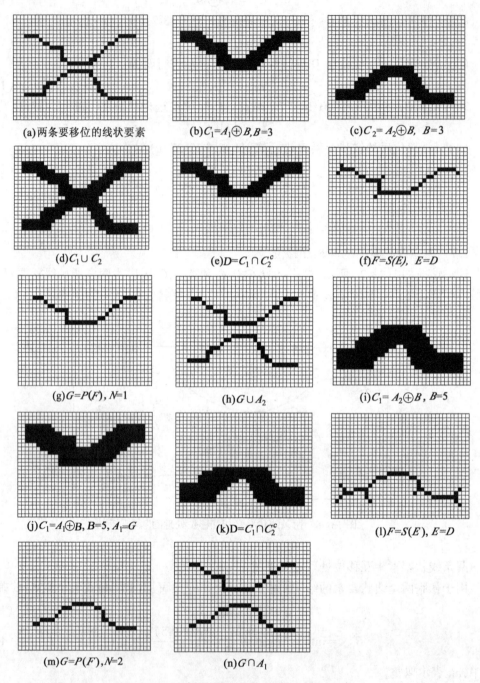

图 13-29 两条线状要素相互移位处理的过程

(1) 膨胀线状要素,建立两个要素的重叠区域;
(2) 去掉两个要素的重叠区域,获得一个处理后的膨胀线状要素;
(3) 对处理后的膨胀线状要素进行骨架化,获得移位处理后的线状要素。

§13-2 分形理论在空间数据多尺度处理中的应用

自法国数学家 Mandelbrot 教授于1975年首次提出分形理论,这一理论已在广泛的领域中得到应用。分形维数的引入可以定量地描述复杂的、自相似的地图要素现象,这为地图制图数据处理提供了新的途径。

一、地图要素的分维估值方法

地图要素一般可分为点、线、面、体。下面就分点、线、面、体具体讨论地图要素的分维估值方法。

1. 地图点状要素的分维估值方法

对地图上分布的离散点集,用间隔为 r 的格子把平面分割成 $M \times M$ 个正方形,数出其中至少包含一个点的正方形的个数 $N(r)$(如图13-30),如果当 r 改变时,

$$N(r) \propto r^{-D} \tag{13-38}$$

的关系得到满足,则可称 D 为这个点集的维数。

对分布于空间的点的集合,可以某点为中心,以 r 为半径作球,记含于此球内部的点数为 $M(r)$(如图13-31)。

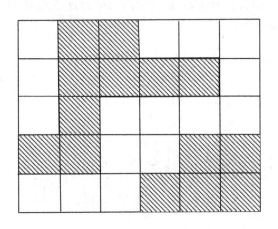
图13-30 平面离散点集的分维估值

图13-31 空间离散点集的分维估值

显然,当点分布于直线上时,

$$M(r) \propto r^1$$

当点分布于平面上时,

$$M(r) \propto r^2$$

因此,一般地,如能满足下式:

$$M(r) \propto r^D \tag{13-39}$$

则点分布的分维数就是 D。

2. 地图线状要素的分维估值方法

地图中的海岸线、河流等都具有一定程度上的分形特点。我们用不同的特征量度来遍

历这些曲线,可以发现所截取的段数与步长存在幂函数的关系,也就是说具有分形特点。当然,这个步距是要在一定的范围内的,这个范围就是所谓的无标度区。曲线长度可以表示为

$$L_n = r_n \times N_n$$

式中的 r_n 为第 n 次变化的特征长度,N_n 为截取的段数,L_n 为第 n 次变化后图形的总长度。

又因为

$$N_n = C/r_n^D$$

所以有

$$L_n = C/(r_n)^{D-1}$$

即

$$L_n = C(r_n)^{1-D}$$

一般地

$$L = Cr^{1-D} \tag{13-40}$$

D 是地图线状要素的分维数,C 为无量纲常数。

在(13-40)式两边取对数得:

$$\log L = \log C + (1-D)\log r \tag{13-41}$$

我们可视(13-41)式是以 $\log r, \log L(r)$ 为变量,以 $1-D$ 为斜率的直线方程。对给定的曲线,用 M 个不同的尺码 $r_i(i=1,2,\cdots,M)$,量测得到 M 个不同的 L_i(曲线长度),从而得到 M 个点对 $(\log r_i, \log L(r_i))$,然后用线性回归分析方法在 log-log 坐标系上拟合这些点对,再根据(13-41)式即可得到地图线状要素的分维数 D:

$$D = 1 - \frac{\sum_{i=1}^{M}\left[\log(r_i)\log L(r_i)\right] - \frac{1}{M}\sum_{i=1}^{M}\log(r_i)\left[\sum_{i=1}^{M}\log L(r_i)\right]}{\sum_{i=1}^{M}\log(r_i)^2 - \frac{1}{M}\left[\sum_{i=1}^{M}\log(r_i)\right]^2} \tag{13-42}$$

相应的拟合系数为

$$R = \frac{\sum_{i=1}^{M}\left[\log(r_i)\log L(r_i)\right] - \frac{1}{M}\sum_{i=1}^{M}\log(r_i)\left[\sum_{i=1}^{M}\log L(r_i)\right]}{\left\{\left[\sum_{i=1}^{M}\log(r_i)^2 - \frac{1}{M}\left(\sum_{i=1}^{M}\log(r_i)\right)^2\right]\left[\sum_{i=1}^{M}\log L(r_i)^2 - \frac{1}{M}\left(\sum_{i=1}^{M}\log L(r_i)\right)^2\right]\right\}^{\frac{1}{2}}} \tag{13-43}$$

3. 地图面状要素的分维估值方法

对给定的图斑,用 M 个不同的尺码 $r_i(i=1,2,\cdots,M)$ 量测得到 M 个不同的 P_i(图斑周长)和 A_i(图斑面积),从而得到 M 个点对 $(\log(A_i^{\frac{1}{2}}/r_i), \log(P_i/r_i))$,然后用线性回归分析方法在 log-log 坐标系上拟合这些点对,所拟合直线的斜率即为地图面状要素的分维数 D 的估计值,即

$$D = \frac{M\sum_{i=1}^{M}\left[\log\left(\frac{P_i}{r_i}\right)\log\left(\frac{A_i^{\frac{1}{2}}}{r_i}\right)\right] - \left[\sum_{i=1}^{M}\log\left(\frac{P_i}{r_i}\right)\right]\left[\sum_{i=1}^{M}\log\left(\frac{A_i^{\frac{1}{2}}}{r_i}\right)\right]}{M\sum_{i=1}^{M}\left[\log\left(\frac{A_i^{\frac{1}{2}}}{r_i}\right)\right]^2 - \left[\sum_{i=1}^{M}\log\left(\frac{A_i^{\frac{1}{2}}}{r_i}\right)\right]^2} \tag{13-44}$$

4. 地图体状要素的分维估值方法

对给定的图形,选用不同尺码 $r_i(i=1,2,\cdots,M)$ 进行量测,量测得到 M 个不同的 S_i(图形的表面积)和 V_i(图形的体积),从而由线性回归分析方法得地图体状要素的分维数 D 的估计值,即

$$D = \frac{M\sum_{i=1}^{M}\left[\log\left(\frac{S_i}{r_i^2}\right)\log\left(\frac{V_i^{\frac{1}{3}}}{r_i}\right)\right] - \left[\sum_{i=1}^{M}\log\left(\frac{S_i}{r_i^2}\right)\right]\left[\sum_{i=1}^{M}\log\left(\frac{V_i^{\frac{1}{3}}}{r_i}\right)\right]}{M\sum_{i=1}^{M}\left[\log\left(\frac{V_i^{\frac{1}{3}}}{r_i}\right)\right]^2 - \left[\sum_{i=1}^{M}\log\left(\frac{V_i^{\frac{1}{3}}}{r_i}\right)\right]^2} \tag{13-45}$$

二、分形理论在地图点状要素多尺度处理中的应用

设某平面点状要素组成的集合为 A,分辨距离为 S,A 所包含的点数为 N,根据分形理论的基本原理有

$$N = CS^{-D} \tag{13-46}$$

式中,C 是常数,D 是集合 A 的分维数。

设资料图、新编图比例尺分母分别为 M_1,M_2,资料图、新编图点状地物数量分别为 N_1,N_2。假设维数不变,则有

$$N_1 = CS_1^{-D}$$
$$N_2 = CS_2^{-D}$$

两式相比,得

$$N_1/N_2 = (S_1/S_2)^{-D}$$

根据实地尺度规律有

$$N_1/N_2 = (M_1/M_2)^{\frac{1}{2}}$$

从而得到基于分形理论的地图点状要素选取的数学模型

$$N_2 = N_1(M_1/M_2)^{\frac{D}{2}} \tag{13-47}$$

利用(13-47)式确定的选取指标,更能反映地图点状要素的分形特征。

三、分形理论在地图线状要素多尺度处理中的应用

1. 线状要素的分维数确定

1.1 线状要素分维数的确定方法

经研究分析,我们认为步距法比较适合线状要素分维数的确定。现将该方法介绍如下:

(1)用不同的尺度(步距)r_i 去量测制图曲线 L,得到相应的曲线长度 $L(r_i)$($i=1,2,\cdots,n$);

(2)在 log-log 双对数坐标系中,用线性回归模型拟合点对 $(\log r_i, \log L(r_i))$,得到

$$\log L = A + B\log r$$

(3)由 $D=1-B$ 确定制图曲线的分维数 D;

(4)用线性回归系数

$$R = \frac{\sum_{i=1}^{n}\left[\log(r_i)\log L(r_i)\right] - \frac{1}{n}\sum_{i=1}^{n}\log(r_i)\left[\sum_{i=1}^{n}\log L(r_i)\right]}{\left\{\left[\sum_{i=1}^{n}\log(r_i)^2 - \frac{1}{n}\left(\sum_{i=1}^{n}\log(r_i)\right)^2\right]\left[\sum_{i=1}^{n}\log L(r_i)^2 - \frac{1}{n}\left(\sum_{i=1}^{n}\log L(r_i)\right)^2\right]\right\}^{\frac{1}{2}}}$$

确定自相似程度。

1.2 系列比例尺地图上水系要素的维数量测与分析

为了寻求同一种地理要素在不同比例尺下的变化规律,我们对我国东南部地区树枝状河流类型的三个河系以及苏北泥质海岸(Ⅰ)、福建沿海基岩海岸(Ⅱ)、黄河三角洲海岸(Ⅲ)的三段海岸线的维数进行了量测。选用 1 km,2 km,3 km,4 km,5 km 五个步距分别进行量测,量测数据及计算结果分析分别见表 13-1、表 13-2。从量测数据及计算结果可以看出:

(1)用同一步距量测不同比例尺下的同一条河流或同一段海岸线,比例尺越小,所得到的维数越小,说明综合过程是由复杂到简单的变化。

(2)不同的比例尺下,自相似性 R 也会随比例尺变小而变小。

(3)河流的维数 D 在 1:200 000~1:500 000 时,出现显著的变化,这正好说明我国 1:500 000 地形图综合过大的事实。

表 13-1　　　　　　　　河流维数量测数据及计算结果分析

组号	比例尺	各步长测得数目 N					维数 D	自相似性程度
		1 km	2 km	3 km	4 km	5 km		
Ⅰ	1:50 000	61	23	11	8	6	1.465 114	0.983 362
	1:100 000	60	23	11	8	6	1.455 317	0.976 721
	1:200 000	50	22	11	7	5	1.449 001	0.964 399
	1:500 000	35	17	9	7	5	1.212 939	0.935 356
	1:1 000 000	27	12	7	5	4	1.203 444	0.840 258
Ⅱ	1:50 000	56	22	11	6	5	1.557 087	0.981 706
	1:100 000	55	21	11	6	5	1.538 795	0.974 703
	1:200 000	54	20	10	6	5	1.528 261	0.961 908
	1:500 000	24	11	7	5	3	1.235 492	0.932 851
	1:1 000 000	17	8	5	4	2	1.231 242	0.832 704
Ⅲ	1:50 000	56	21	11	6	4	1.639 525	0.980 232
	1:100 000	55	21	11	6	4	1.628 846	0.972 580
	1:200 000	50	20	11	6	4	1.564 372	0.960 583
	1:500 000	19	8	5	3	3	1.209 897	0.933 272
	1:1000 000	18	8	5	3	3	1.177 851	0.839 877

表 13-2　　海岸线维数量测数据及计算结果分析

组号	比例尺	各步长测得数目 N					维数 D	自相似性程度
		1 km	2 km	3 km	4 km	5 km		
Ⅰ	1∶50 000	33	14	8	6	5	1.197 498	0.987 089
	1∶100 000	33	14	8	6	5	1.197 498	0.981 450
	1∶200 000	33	14	8	6	5	1.197 498	0.971 085
	1∶500 000	32	14	8	6	5	1.179 259	0.936 781
	1∶1 000 000	32	14	8	6	5	1.179 259	0.936 781
Ⅱ	1∶100 000	70	30	20	12	8	1.314 221	0.979 794
	1∶200 000	69	30	20	12	8	1.305 693	0.969 075
	1∶500 000	65	30	19	11	8	1.297 873	0.932 898
	1∶1 000 000	62	29	18	11	8	1.269 042	0.839 275
Ⅲ	1∶100 000	64	28	16	11	8	1.292 405	0.980 180
	1∶200 000	62	27	16	11	8	1.267 637	0.969 992
	1∶1 000 000	62	25	15	11	8	1.260 681	0.934 419

2. 分形分维在水系要素制图综合中的应用

维数作为反映地理要素的复杂程度及空间的填充能力的参数,可以定量地描述复杂的地理现象。我们找到了该地图制图区域水系要素维数在系列比例尺中的变化规律,就可以利用这些规律来指导地图制图的综合。

2.1　分形分维在海岸线综合中的应用

海岸线的综合通常以弯曲的大小作为选取的标准。随着观测尺度和比例尺的变化,弯曲的数量也在不断变化。如果知道地图在某一比例尺下应该选取多少弯曲及相应地应当舍去多少弯曲,就无疑解决了地图制图综合的关键问题。

海岸线弯曲个数随着弯曲的长度增加呈递减变化,因而有

$$n_A = Ne^{-\alpha X_A} \tag{13-48}$$

式中,N 为资料图上的海岸线弯曲总个数,X_A 为选取的指标,α 为弯曲系数,n_A 为新编图上应选取弯曲的个数。

α 作为衡量海岸线弯曲的参数,从另外一个角度看,它具有与 D 一样衡量海岸线复杂程度的性质。海岸线越复杂,弯曲的程度就越大,海岸线维数 D 值也就越大,由此可见海岸线的弯曲系数 α 与维数具有同一性。一般来说,$0<\alpha<1$。

注意到

$$1<D<2$$

于是有

$$D=\alpha+1$$

或

$$\alpha = D - 1$$

因此

$$n_A = Ne^{-(D-1)X_A} \tag{13-49}$$

用(13-49)式确定各比例尺不同海岸线应保留的弯曲数,可以保持海岸线分形分布特征。计算分析的结果见表13-3。

表 13-3　　　分维制图综合数学模型确定海岸线弯曲选取个数试验

组号	比例尺	维数 D	弯曲选取的指标 X/mm	实际选取弯曲的个数	模型确定的弯曲个数	绝对误差
I	1:50 000	1.197 498		39		
	1:100 000	1.197 498	12	33	31	-2
	1:200 000	1.197 498	12	24	24	0
	1:500 000	1.179 259	12	17	20	+3
	1:1 000 000	1.179 259	12	12	16	+4
II	1:100 000	1.314 221		39		
	1:200 000	1.305 693	12	28	27	-1
	1:500 000	1.297 873	12	20	19	-1
	1:100 0000	1.269 042	12	13	14	+1
III	1:100 000	1.292 405		62		
	1:200 000	1.267 637	12	47	45	-2
	1:500 000	1.260 691	12	31	33	+2

从表13-3中可以看出用模型计算出的弯曲个数与实际选取的个数差别很小;个别误差较大,有可能是地图编制时综合程度偏大;大部分都在地图制图综合允许的误差范围内。分形分维制图综合模型是可以用来确定海岸线弯曲的选取个数,同时综合结果更能反映海岸线分形分布特征。

2.2 分形分维在河流制图综合中的应用

河流是地图的主要要素之一,河流选取数量的确定是制图综合中的关键问题。河流选取条数可以用下式来确定:

$$n_A = Ne^{-\alpha L_A} \tag{13-50}$$

式中,n_A 为河流的选取条数,N 为资料图上的河流条数,α 为参数,随河流的复杂程度变化而变化,L_A 为河流的选取标准。

α 作为衡量河流复杂程度的参数,具有与河流的维数 D 一样的性质。河流越复杂,α 越大,同样,河流的维数值 D 也就越大。一般来说,$0<\alpha<1$。

注意到
$$1<D<2$$
于是有
$$\alpha = D-1$$
因此有
$$n_A = Ne^{(1-D)L_A} \tag{13-51}$$

用(13-51)式确定各比例尺河流选取条数,可以保持河流分形分布特征。

河流的选取标准依据河流的维数而定。一般来说,维数越高,选取的标准越低。但具体计算时,必须根据比例尺将选取的标准变换为实际的尺寸,单位是 km。从表 13-4 中可以看到用分维制图综合数学模型确定的河流选取条数的理论值与图上量测的实际数值很接近。因此,我们认为用分形分维来指导河流的综合是可行的,也是科学的、合理的,综合结果更能反映河流分形分布特征。

表 13-4　　　分维制图综合数学模型确定河流选取条数试验

组号	比例尺	维数 D	河流选取的指标 X/mm	实际的条数	模型确定的条数	绝对误差
I	1:50 000	1.465 114	0.35	31		
	1:100 000	1.455 317	0.7	24	23	-1
	1:200 000	1.449 001	1.4	12	12	0
	1:500 000	1.212 939	3.5	5	6	+1
	1:1 000 000	1.203 444	7	1	1	0
II	1:50 000	1.557 087	0.3	40		
	1:100 000	1.538 795	0.6	30	29	-1
	1:200 000	1.528 261	1.2	15	15	0
	1:500 000	1.235 492	3	6	7	+1
	1:1 000 000	1.231 242	6	2	2	0
III	1:50 000	1.639 525	0.25	24		
	1:100 000	1.628 846	0.5	19	18	-1
	1:200 000	1.564 372	1.0	11	10	-1
	1:500 000	1.209 897	2.5	5	6	+1
	1:1 000 000	1.177 851	5	1	2	+1

3. 相邻比例尺间维数的关系确定

在实际制图综合过程中,仅知道维数在不同比例尺下的变化规律是不够的。例如,根据 1:50 000 地图编 1:100 000 地图,在对河流进行制图综合时,根据(13-51)式,必须知道新编图(比例尺为 1:100 000)上河流的维数,实际上仅知道 1:50 000 图上河流的维数。这就需要寻找地理要素的维数 D 随比例尺变化的函数关系,即导出相邻比例尺下维数的关系。

设地图综合前的比例尺分母为 M_1,曲线长为 L_1,维数为 D_1;综合后的比例尺分母为 M_2,曲线长为 L_2,维数为 D_2。则有

$$L_1 = C/(r_1)^{D_1-1}$$
$$L_2 = C/(r_2)^{D_2-1}$$

两式相比得

$$L_2 = L_1 \times (r_1)^{D_1-1}/(r_2)^{D_2-1} \tag{13-52}$$

根据尺度规律有

$$r_1/r_2 = M_1/M_2$$
$$r_2 = r_1 \times M_2/M_1$$

所以

$$L_2 = L_1 \times (r_1)^{D_1-1}/(r_1 \times M_2/M_1)^{D_2-1} = L_1 \times r_1^{D_1-D_2} \times (M_1/M_2)^{D_2-1}$$

根据 Bockett 公式,有

$$L_2 = L_1 \times (M_2/M_1)^{-0.017} \tag{13-53}$$

则有

$$(M_1/M_2)^{0.017} = r_1^{D_1-D_2} \times (M_1/M_2)^{D_2-1}$$
$$(M_1/M_2)^{1.017-D_2} = r_1^{D_1-D_2}$$

两边取对数

$$1.017\ln(M_1/M_2) - D_2 \times \ln(M_1/M_2) = D_1 \times \ln r_1 - D_2 \times \ln r_1$$

因此

$$D_2 = [D_1 \times \ln r_1 - 1.017\ln(M_1/M_2)]/[\ln r_1 - \ln(M_1/M_2)] \tag{13-54}$$

根据综合前的比例尺分母 M_1,曲线长 L_1,维数 D_1,便可以确定惟一的 D_2,这样就解决了前面提出的问题。根据(13-53)式,L_2 可以由 L_1 确定;再根据(13-52)式,由 D_2,L_2 以及变化前确定的阈值 r_1,便可以确定新编图上的阈值 r_2,从而实现阈值的自适应性确定。

4. 利用分形分维原理改进道格拉斯插值算法

在实际的应用中,我们知道了阈值确定的方法,便可以和具体的算法相联系来指导线状要素图形的制图综合。

在道格拉斯法中,设步长为 r,阈值为 d。因 d 与长度同样具有分形性质,所以可以用 d 来作为步长。用分形分维理论改进的道格拉斯算法框图如图 13-32 所示。

图 13-33 列举了原始河流图形及分别应用经典的道格拉斯算法综合的河流和应用改进的道格拉斯算法综合的同一条河流的结果。

该河流是湖北省境内的某一河系的支流。原河流数据共有 432 个点,地图比例尺 1:10 万,综合到 1:25 万。采用经典的道格拉斯算法综合后,还剩下 55 个点;采用改进的分形道格拉斯算法综合后,还剩下 50 个点。从试验结果来看比较令人满意。

第十三章 空间数据多尺度处理模型

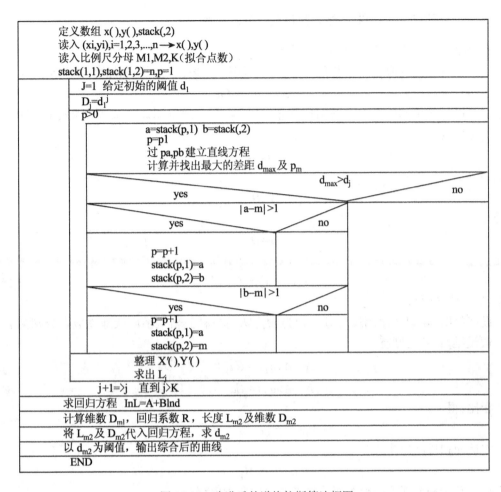

图 13-32 改进后的道格拉斯算法框图

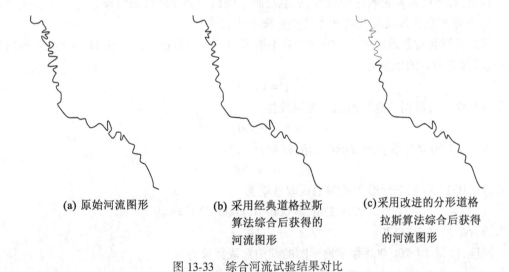

(a) 原始河流图形　　(b) 采用经典道格拉斯　　(c) 采用改进的分形道格
　　　　　　　　　　　算法综合后获得的　　　　拉斯算法综合后获得
　　　　　　　　　　　河流图形　　　　　　　　的河流图形

图 13-33 综合河流试验结果对比

三、分形理论在地图面状要素多尺度处理中的应用

1. 地图面状要素多尺度处理分形模型的建立

地图面状要素选取一般涉及湖泊群、岛屿群等。一般认为,湖泊群的分布关系式为

$$N(A > a) = Ca^{-b} \tag{13-55}$$

式中,$N(A>a)$ 表示面积大于 a 的图斑数量,C 为常数,b 随着图斑复杂程度变化而变化,一般取值范围为

$$0 < b < 1$$

注意到

$$1 < D < 2$$

于是有

$$b = D - 1$$

因此

$$N(A > a) = Ca^{-(D-1)} \tag{13-56}$$

式中,D 是地图面状要素的分维数。

设资料图、新编图比例尺分母分别为 M_1, M_2,资料图、新编图面状地物数量分别为 N_1, N_2。假设维数不变,则有

$$N_1(A>a_1) = Ca_1^{-(D-1)}$$
$$N_2(A>a_2) = Ca_2^{-(D-1)}$$

两式相比,得

$$N_1/N_2 = (a_1/a_2)^{-(D-1)}$$

根据实地面积尺度规律有

$$a_1/a_2 = M_1/M_2$$

从而得到基于分形理论的地图面状要素选取的数学模型

$$N_2 = N_1(M_1/M_2)^{D-1} \tag{13-57}$$

利用(13-57)式确定的选取指标,更能反映地图面状要素的分形特征。

2. 分形模型在地图面状要素多尺度处理中的应用

我们以湖北省某地区的 1∶50 000 数字地形图的湖泊数据(如图 13-34)为例,根据(13-44)式求得湖泊群的维数为

$$D = 1.610\ 3$$

根据(13-57)式,得到该地区湖泊的选取模型为

$$N_2 = N_1(M_1/M_2)^{0.610\ 3}$$

由于 1∶50 000 数字地形图的湖泊数量为

$$N_1 = 228$$

所以,1∶100 000 数字地形图的湖泊选取数量为

$$N_2 = 228(50\ 000/100\ 000)^{0.610\ 3} = 149$$

选取综合结果见图 13-35。

同理,可得 1∶200 000 数字地形图的湖泊选取数量为

$$N_2 = 228(50\ 000/200\ 000)^{0.610\ 3} = 98$$

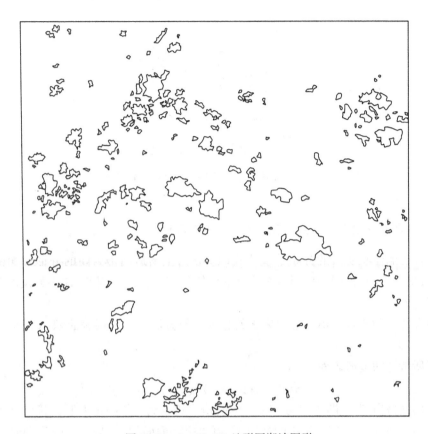

图 13-34　1∶50 000 地形图湖泊图形

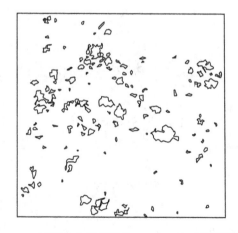

图 13-35　制图综合处理后的 1∶100 000 地形图湖泊图形

选取综合结果见图 13-36。

图 13-35、图 13-36 的制图综合结果比较令人满意,我们认为用分形分维来指导湖泊群和岛屿群的综合是可行的,制图综合结果更能反映湖泊、岛屿的分形分布特征。

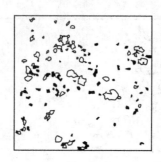

图 13-36　制图综合处理后的 1 : 200 000 地形图湖泊图形

四、分形理论在地图体状要素多尺度处理中的应用

前面提出的体状要素的分维估值公式(13-45)，主要适用于封闭的分形曲面的分维估值，在一般情况下，直接用于地形表面的分维估值是不方便的。因此，这一方法的意义主要体现在理论方面。

下面介绍一种比较适用的地形表面的分维估值方法——利用表面积-尺度关系进行分维估值。

对于所考虑的地形表面：

$$S=\{(x,y,z(x,y)/(x,y)\in G\}$$

若用正方形网格覆盖 G，即将 G 分成 $n(r)\times n(r)$ 个边长为 r 的小正方形，则第 i 个小正方形 G_i 上对应的 S 的表面积在 r 较小的情况下，可由折平面面积 S_i 来近似逼近，从而 S 的面积为

$$A=\sum_{i=1}^{n^2(r)} S_i$$

由于

$$S_i \propto r^2$$

于是有

$$A \propto \sum_{i=1}^{n^2(r)} S_i = n^2(r)r^2$$

根据 Turcotte 公式(1989)有

$$n^2(r) \propto \frac{1}{r^D} \tag{13-58}$$

式中，D 为曲面 S 的分维。

至此，我们可以得出表面积-尺度关系：

$$A \propto r^{2-D} \tag{13-59}$$

可进一步将(13-59)式写成等式：

$$A = C_0 r^{2-D} \tag{13-60}$$

式中，A 是表面积，r 为尺度，C_0 为常数。

根据线性回归分析原理，可以得到利用表面积-尺度关系求曲面分维的公式：

$$D = 2 - \frac{M\sum_{i=1}^{M}\left[(\log r_i)(\log A(r_i)\right] - \left(\sum_{i=1}^{M}\log r_i\right)\left(\sum_{i=1}^{M}\log A(r_i)\right)]}{M\sum_{i=1}^{M}(\log r_i))^2 - \left(\sum_{i=1}^{M}\log r_i\right)^2} \qquad (13\text{-}61)$$

式中，$r_i(i=1,2,\cdots,M)$ 表示不同的程度。

以图 13-37 为例，求得该地区地形表面的分维估值 $D=2.19$，说明该地区地形不是很复杂。

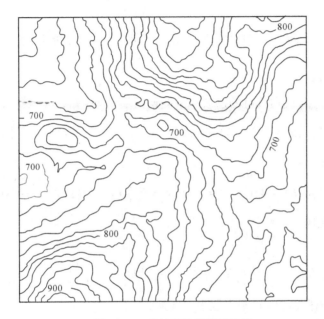

图 13-37　某地区地形图形数据

§13-3　小波理论在空间数据多尺度处理中的应用

小波理论是目前最新的空间(时间)-频率分析工具，由于其具有"自适应性"和"数学显微镜"性质而成为许多学科共同关注的焦点。特别是小波理论中的多分辨率分析(MRA)，因其可提供在不同分辨率下分析表达信息的有效途径，尤其受到地学领域的高度重视。基于认识论的多尺度分析思想，利用小波变换的时频局部化特性和多分辨率分析，可使地理现象中有一定层次和大小的结构更易于提取和识别，从而可以用较少的小波系数来刻画多源、多尺度、大数据量的空间数据集的基本特征，为空间数据多尺度处理奠定了理论基础。

一、小波与小波变换

1. 小波函数

凡满足如下允许条件：

$$C_\Psi = \int_{-\infty}^{+\infty} \frac{|\hat{\Psi}(\omega)|^2}{\omega} d\omega < +\infty \tag{13-62}$$

或相应的等价条件

$$\int_{-\infty}^{+\infty} \Psi(t) dt = 0 \tag{13-63}$$

的函数 $\Psi(t)$ 称为一个基本小波函数或母小波函数。满足允许条件的母小波函数 $\Psi(t)$ 经伸缩和位移得

$$\Psi_{a,b}(t) = |a|^{-\frac{1}{2}} \Psi\left(\frac{t-b}{a}\right) \tag{13-64}$$

式中,$b \in \mathbf{R}, a \in \mathbf{R}-\{0\}$,$\Psi_{a,b}(t)$ 称为小波函数。变量 a 反映函数的尺度,变量 b 检测函数沿 t 轴的平移位置。

2. 一维小波变换

设信号 $f(t) \in L^2(\mathbf{R})$,则 $f(t)$ 的连续小波变换为

$$CWT(a,b) = Wf(a,b) = <f(t)> = \int f(t) |a|^{-\frac{1}{2}} \Psi\left(\frac{t-b}{a}\right) dt \tag{13-65}$$

若 $\Psi(t)$ 为实数函数,则

$$CWT(a,b) = Wf(a,b) = <f(t)> = |a|^{-\frac{1}{2}} \int f(t) \Psi\left(\frac{t-b}{a}\right) dt \tag{13-66}$$

$f(t)$ 的逆连续小波变换为

$$f(t) = \frac{1}{C_\Psi} \int \left[\int Wf(a,b) \left[|a|^{\frac{1}{2}} \Psi\left(\frac{t-b}{a}\right) \right] db \right] \frac{da}{a^2} \tag{13-67}$$

设信号 $f(t)$ 取离散值 $f(k)$,则离散小波变换为

$$DWTf = DWT(m,n) = 2^{\frac{m}{2}} \sum_k f(k) \Psi(2^m k - n) \tag{13-68}$$

同样,逆离散小波变换为

$$f(k) = \sum \sum DWT(m,n) \Psi_{m,n}(k) \tag{13-69}$$

3. 二维小波变换

设信号函数 $f(x,y) \in L^2(\mathbf{R}^2)$,$\Psi(x,y)$ 为二维基本小波函数,令 $\Psi_{a,b,c}(x,y)$ 表示 $\Psi(x,y)$ 的尺度伸缩与二维位移,则

$$\Psi_{a,b,c}(x,y) = |a|^{-1} \Psi\left(\frac{x-b}{a}, \frac{y-c}{a}\right) \tag{13-70}$$

式中,$a \in \mathbf{R}-\{0\}, b,c \in \mathbf{R}$,则二维连续小波变换

$$Wf(a,b,c) = CWT(a,b,c) = |a|^{-1} \iint f(x,y) \Psi\left(\frac{x-b}{a}, \frac{y-c}{a}\right) dxdy \tag{13-71}$$

令 $a = a_0^{-j}, b = k_1 b_0 a_0^{-j}, c = k_2 c_0 a_0^{-j}, a_0, b_0, c_0$ 为常数,$j, k_1, k_2 \in Z$,则二维离散小波变换为

$$DWT(j,k_1,k_2) = a_0^j \sum_{l_2} \sum_{l_1} f(l_1, l_2) \Psi(a_0^j l_1 - k_1 b_0, a_0^j l_2 - k_2 c_0) \tag{13-72}$$

二维逆小波变换为

$$f(x,y) = \langle f(x,y), \Psi_{a,b,c} \rangle \widetilde{\Psi}_{a,b,c} = \langle f(x,y), \widetilde{\Psi}_{a,b,c} \rangle \Psi_{a,b,c} \tag{13-73}$$

式中,⟨·,·⟩表示函数内积,离散情况表示对应分量乘积之和。

4. 多分辨率分析与 Mallat 算法

4.1 多分辨率分析(Multi-Resolution Analysis,MRA)

空间 $L^2(\mathbf{R})$ 中的一列闭子空间 $\{V_j\}$,$j \in Z$,称为 $L^2(\mathbf{R})$ 的一个多分辨率分析或逼近,若满足下列条件:

(1) 单调性:
$$\cdots \subset V_{j-1} \subset V_j \subset V_{j+1} \subset \cdots, \forall j \in Z$$

(2) 逼近性
$$\bigcap_{j \in Z} V_j = \{0\}, \bigcup_{j \in Z} V_j = L^2(\mathbf{R})$$

(3) 伸缩性
$$f(x) \in V_j \Leftrightarrow f(2x) \in V_{j+1}, \forall j \in Z$$

(4) 平移不变性
$$f(x) \in V_0 \Rightarrow f(x-k) \in V_0, \forall k \in Z$$

(5) Riesz 基存在性

存在 $g \in V_0$,使 $\{g(x-k) | k \in Z\}$ 构成 V_0 的 Riesz 基。Riesz 基存在性是多尺度逼近的基本条件。

4.2 一维 Mallat 算法

Mallat 算法又称为快速小波算法(FWA),FWA 通过调节尺度因子实施对信号由细至粗的分解和由粗至细的重构。

设 $\{V_j\}$ 是一给定的多分辨率分析,φ 和 Ψ 分别为相应的尺度函数和小波函数,$h(n)$ 与 $g(n)$ 分别表示规范化的尺度系数和规范化的小波系数,它们分别是低通特性和高通特性的脉冲响应(滤波器),则尺度函数 φ 和对应的小波函数 Ψ 应满足尺度方程:

$$\left. \begin{array}{l} \varphi(x) = \sum_n h(n) \varphi(2x - n) \\ \Psi(x) = \sum_n g(n) \Psi(2x - n) \end{array} \right\} \quad (13\text{-}74)$$

式中,
$$g(n) = (-1)^{1-n} h(1-n)$$

引入闭子空间 W_j 为 V_j 在 V_{j+1} 中的正交补,即
$$W_j \perp V_j$$

且
$$V_{j+1} = V_j \oplus W_j$$

这样,有
$$V_j = \bigoplus_{l=-\infty}^{j-1} W_j$$

$$L^2(R) = \bigoplus_{l=-\infty}^{+\infty} W$$

对任意信号 $f(x) \in L^2(\mathbf{R})$,存在 $f_{j-1} \in V_{j-1}$ 和 $g_{j-1} \in W_{j-1}$,可将其分解为空间 V_{j-1} 和 W_{j-1} 上的投影之和
$$f = f_j(t) = f_{j-1}(t) + g_{j-1}(t)$$

其在尺度 j(或 2^j)下的近似(平滑)信号 $A_j^d f$ 为

$$A_j^d f = <f(x),\varphi_{j,k}(x)> = 2^{\frac{j}{2}} \int f(x)\varphi(2^j x - k)\mathrm{d}x = \sum_k h(k-2n)A_{j+1}^d f \qquad (13-75)$$

其在尺度 j(或 2^j)下的细节信号 $D_j f$ 为

$$D_j f = <f(x),\Psi_{j,k}(x)> = 2^{\frac{j}{2}} \int f(x)\Psi(2^j x - k)\mathrm{d}x = \sum_k g(k-2n)A_{j+1}^d f \qquad (13-76)$$

信号 $f(x)$ 是从 $j+1$ 尺度到 j 尺度的逐步分解过程,是从分辨率高分解到分辨率低分解的过程,具体就是将 $A_{j+1}^d f$ 分解为 $A_j^d f$ 和 $D_j f$。

若设 $f(x) \in V_0$,即 $f(x) = A_0^d f$,则 $A_0^d f$ 可分解为

$$f(x) = A_0^d f = A_{-J}^d f + \sum_{j=-1}^{-J} D_j f \qquad (13-77)$$

由 $A_j^d f$ 和 $D_j f$ 可重构 $A_{j+1}^d f$:

$$A_{j+1}^d f = \sum_k h(n-2k)A_j^d f + \sum_k g(n-2k)D_j f \qquad (13-78)$$

4.3 二维 Mallat 算法

在二维情况下,通过张量积可由上述一维正交小波构造一组二维规范正交基,从而类似地得到二维信号的多尺度分解和重构,即二维 Mallat 算法。

由

$$V_j^2 = V_j \otimes V_j$$

有

$$V_{j+1}^2 = V_j^2 \oplus W_j^2 \qquad (13-79)$$

式中,$W_j^2 = (V_j \otimes W_j) \oplus (W_j \otimes V_j) \oplus (W_j \otimes W_j)$。

(13-79)式说明

$$\begin{cases} \Psi^1(x,y) = \varphi(x)\Psi(y) \\ \Psi^2(x,y) = \Psi(x)\varphi(y) \\ \Psi^3(x,y) = \Psi(x)\Psi(y) \end{cases}$$

记为:

$$\Psi(x,y) = \{\Psi^e(x,y) \mid e=1,2,3\} \qquad (13-80)$$

$\{\Psi_{j,k,m}^e \mid e=1,2,3;(j,k,m) \in Z^2\}$ 是 W_j^2 的一组规范正交基,$\{\Psi_{j,k,m}^e \mid e=1,2,3;(j,k,m) \in Z^3\}$ 是 $L^2(\mathbf{R}^2)$ 的一组规范正交基。至此,完成了二维 MRA 的构造。

记 A_j, D_j^1, D_j^2, D_j^3 是从 $L^2(\mathbf{R}^2)$ 分别到子空间 $(V_j \otimes V_j), (V_j \otimes W_j), (W_j \otimes V_j), (W_j \otimes W_j)$ 的投影算子,则有

$$A_{j+1}f = A_j f + D_j^1 f + D_j^2 f + D_j^3 f \qquad (13-81)$$

$$A_j f = \sum_{m_1,m_2} c_{j,m_1,m_2} \varphi_{j,m_1}(x)\varphi_{j,m_2}(y) \qquad (13-82)$$

$$\left.\begin{aligned} D_j^1 f &= \sum_{m_1,m_2} d_{j,m_1,m_2}^1 \varphi_{j,m_1}(x)\Psi_{j,m_2}(y) \\ D_j^2 f &= \sum_{m_1,m_2} d_{j,m_1,m_2}^2 \Psi_{j,m_1}(x)\varphi_{j,m_2}(y) \\ D_j^3 f &= \sum_{m_1,m_2} d_{j,m_1,m_2}^3 \Psi_{j,m_1}(x)\Psi_{j,m_2}(y) \end{aligned}\right\} \qquad (13-83)$$

将(13-82)式和(13-83)式代入(13-81)式得

$$A_{j+1}f = \sum_{m_1,m_2} c_{j,m_1,m_2} \varphi_{j,m_1}(x)\varphi_{j,m_2}(y)$$
$$+ \sum_{m_1,m_2} d^1_{j,m_1,m_2} \varphi_{j,m_1}(x)\Psi_{j,m_2}(y)$$
$$+ \sum_{m_1,m_2} d^2_{j,m_1,m_2} \Psi_{j,m_1}(x)\phi_{j,m_2}(y)$$
$$+ \sum_{m_1,m_2} d^3_{j,m_1,m_2} \Psi_{j,m_1}(x)\Psi_{j,m_2}(y) \quad (13\text{-}84)$$

式中系数由下式确定：

$$\left. \begin{aligned} c_{j,m_1,m_2} &= \sum_{k_1,k_2 \in Z} h_{k_1-2m_1} h_{k_2-2m_2} c_{j+1,k_1,k_2} \\ d^1_{j,m_1,m_2} &= \sum_{k_1,k_2 \in Z} h_{k_1-2m_1} g_{k_2-2m_2} c_{j+1,k_1,k_2} \\ d^2_{j,m_1,m_2} &= \sum_{k_1,k_2 \in Z} h_{k_1-2m_1} g_{k_2-2m_2} c_{j+1,k_1,k_2} \\ d^3_{j,m_1,m_2} &= \sum_{k_1,k_2 \in Z} h_{k_1-2m_1} g_{k_2-2m_2} c_{j+1,k_1,k_2} \end{aligned} \right\} \quad (13\text{-}85)$$

式中，c_{j,m_1,m_2} 为表示近似的小波系数，d^e_{j,m_1,m_2} 为表示细节的小波系数，其中 $e=1,2,3$。

设 $f(x,y) \in V_0^2$，则上式经由 J 步（$J>0$，为正整数）分解后有

$$f(x,y) = A_0 f + A_{-J}f + \sum_{j=-1}^{-J} \sum_{e=1}^{3} D^e_j f$$

引入无穷矩阵

$$\begin{cases} H_r = (H_{k_1,m_1}) \\ H_c = (H_{k_2,m_2}) \\ G_r = (G_{k_1,m_1}) \\ G_c = (G_{k_2,m_2}) \end{cases}$$

式中，$H_{k,m}=h_{k-2m}$，$G_{k,m}=g_{k-2m}$，下标 "r" 和 "c" 分别表示对矩阵的行操作和列操作。因此，(13-85)式可简化为

$$\left. \begin{aligned} C_j &= H_r H_c C_{j+1} \\ D^1_j &= H_r G_c C_{j+1} \\ D^2_j &= G_r H_c C_{j+1} \\ D^3_j &= G_r G_c C_{j+1} \end{aligned} \right\} \quad (13\text{-}86)$$

对应上式的重构过程

$$C_{j+1} = H_r^* H_c^* C_j + H_r^* G_c^* D^1_j + G_r^* H_c^* D^2_j + G_r^* G_c^* D^3_j \quad (13\text{-}87)$$

式中，$j=-J,-J+1,\cdots,-1$；H^*，G^* 分别是 H，G 的对偶算子。

二、空间数据多尺度处理的小波函数选择

在空间数据多尺度处理的具体应用中，如何选择合适的小波函数是非常关键的问题。必须要针对空间数据多尺度处理的应用需求及其具体特征来选择基本小波，以使小波变换能方便、准确地刻画多尺度空间数据集的基本特征。

小波变换中基本小波的选择可以转换为对正交镜像滤波器 QMF 的选择。我们要求选择的小波函数能使分解后的小波系数的近似信息部分 $A_j^d f$ 比原信号有更强的相关性，细节信息 $D_j f$ 要有高度的局部相关性，而整体相关性被大部分甚至完全解除。因而，对$\{h,g\}$的选择要作如下考虑：

(1) h,g 具有有限冲激响应，即其对应的生成系数与基本小波具有紧支集。

(2) h 关于某个整数点或半整数点是对称的或几乎是对称的，而且 h 的能量集中在中央。一般情况下，正则性阶数越高，意味着小波函数越光滑，其频域的能量越集中，因而空间数据的压缩和综合程度会越大。

(3) 对于某个整数 $N-1$, g 具有 $N-1$ 阶消失矩，即

$$\sum_n g_n n^k = 0, \quad k = 0,1,2,\cdots,N-1$$

随着消失矩的增大，高阶小波系数之间的相关性按双曲线型下降。选择的小波消失矩越大，则系数的不相关性越强。这样，选择具有较大消失矩的小波有利于重建更精确的空间数据集。

(4) 待处理的空间数据集的结构与小波函数越相似，则处理效果越好。

(5) 为了探测空间数据集的某些方向性结构特征，应该采用本身带有方向性的小波函数。

(6) 边界问题。边界失真主要是由 QMF 的非线性相位特性、信号自身在边界附近的相关性以及对变换结果亚抽样所造成的。常用的处理方法有补零模式、平滑模式和对称延拓模式。

三、基于小波理论的空间数据多尺度处理模型

1. 模型的定义和性质

多尺度处理模型是获得空间数据集在不同程度上的多种表示的方法，其目的就是构建 A_j 和 D_j 两个尺度序列空间，即

$$\text{MGeoObjects} = <\text{OID},(V_j),(W_j)> \tag{13-88}$$

式中，MGeoObjects 为多尺度空间对象，(V_j) 为基本空间数据集及其多尺度近似信息序列空间，(W_j) 为相应的多尺度细节信息序列空间。该模型说明要通过小波多分辨率分析 MRA 来具体构建空间数据集的多尺度序列空间，以表达多尺度空间对象 OID。

为了实现该模型，需要建立基于小波 MRA 空间数据的多尺度处理模型，以构建(V_j) 和 (W_j)。处理模型为

$$\text{Multi Pro} = \{\varphi(x),\Psi(x),(V_j)_{j\in Z},(W_j)_{j\in Z}\} \tag{13-89}$$

式中，φ 和 Ψ 分别为相应的尺度函数和小波函数，V_j 由 $\{\varphi_{j,k}(x) = 2^{\frac{j}{2}}\varphi(2^j x - k)\}$ 生成，W_j 由 $\{\varphi_{j,k}(x) = 2^{\frac{j}{2}}\varphi(2^j x - k)\}$ 生成，且 $W_j \perp V_j$。

该模型是一个动力系统模型，它基于 Mallat 算法建立，V_j 为基本尺度空间数据集及其多尺度的近似，W_j 为相应尺度的细节信息。由小波理论基本原理可知该模型包括了有关多个尺度空间数据表达的全部信息及生成算法。

多分辨率分析提供了在不同尺度下分析函数的一种手段，也就是说，一个信号可由一系列不同分辨率 j（或 2^j）的近似信号去逼近，而不同分辨率 j 和 $j+1$ 逼近的差的信息就是细节信号。由小波多分辨率分析性质可知，较高分辨率的子空间包含了较低分辨率子空间的全部信息，而且可由任一基本子空间经过尺度伸缩派生所有子空间系列。假设所获取的空间

数据尺度为 $j(-1≤j≤-J,J>0$,为正整数),所获得的信息为 V_j,当尺度增加到 $j+1$ 时,所获得的信息 V_{j+1} 应该比尺度 j 下获得的信息更为详细,即 $V_j \subset V_{j+1}$,说明尺度越小,观察距离越近,信息表示越详细,这相当于地图比例尺变大时的情形。反之,当尺度减少到 $j-1$,所获得的信息 V_{j-1} 应该比尺度 j 下获得的信息更为概略,即 $V_j \supset V_{j-1}$,说明尺度越大,观察距离越远,信息表示越概略,这相当于地图比例尺变小时的情形。利用小波 MRA,可以从一个基本空间数据集(如 V_0)依尺度地派生多个尺度的空间数据集(如 $V_{-1},V_{-2},\cdots,V_{-J}$ 等),同时还可以通过重构完备地完成其逆过程。由于在相邻两个整数尺度之间可以产生分数尺度,因此,变换过程可以连续、无级地进行,这是一般的多尺度或自动综合处理方法所难以实现的,它为实现空间数据的自适应可视化提供了所必需的关键技术。通过 MRA 所派生的数据集自动地生成为近似(A_jf)和细节(D_j^ef)两个部分,近似部分表示数据的变化平缓和趋势部分(低频),细节部分刻画了数据的变化较快和局部特征部分(高频)。V_j 为在尺度 j 上的近似全体 A_jf,W_j 为尺度 j 上的细节信息全体。从尺度 $j+1$ 数据派生尺度 j 的数据集时,近似细节信息损失为 W_j,由 D_j^ef 来描述。因此,$\{D_j^ef\}$ 表达了逐级尺度派生过程中被综合掉的细节信息。

2. 多尺度处理模型的系数

设 $\{C_j\}$ 为经过 MRA 后包含全部信息的小波系数集,该系数集中包括了全部表示近似的小波系数 c_{j,m_1,m_2} 和表示细节的小波系数 d_{j,m_1,m_2}^e,其中,$e=1,2,3$。设经过综合后保留的小波系数集为 $\{CP=(C_{j,m_1,m_2},D_{j,m_1,m_2}^e)\}$,则可得下式:

$$C_{j,m_1,m_2} = \begin{cases} c_{j,m_1,m_2}, & 若 |c_{j,m_1,m_2}| \geq cT \\ 0, & 其他 \end{cases} \tag{13-90}$$

$$D_{j,m_1,m_2}^e = \begin{cases} d_{j,m_1,m_2}^e, & 若 |d_{j,m_1,m_2}^e| \geq dT^e, e=1,2,3 \\ 0, & 其他 \end{cases} \tag{13-91}$$

式中,cT 为近似小波系数的阈值,dT^e 为细节小波系数的阈值。

由于在综合中为了保持空间数据的特征,一般表示近似的小波系数 c_{j,m_1,m_2} 应予以全部保留,即

$$C_{j,m_1,m_2} = c_{j,m_1,m_2}$$

而只对表示细节和局部特征的小波系数 d_{j,m_1,m_2}^e 进行处理。当 e 分别为 1,2,3 时,d_{j,m_1,m_2}^1,d_{j,m_1,m_2}^2,d_{j,m_1,m_2}^3 分别描述了 j 尺度上水平方向、垂直方向和对角线方向的特征细节信息,可以根据需要分别制定阈值 dT^1,dT^2,dT^3 以确定 d_{j,m_1,m_2} 是否保留,从而保持原空间数据对象的局部特征或特殊信息。在多个尺度上都可以实施这样的处理,从而获得满意的处理和表示结果。

四、基于小波分析的线状特征数据多尺度处理模型

线状特征数据多尺度表达的基础是基于小波多分辨率分析原理和 Mallat 算法建立空间序列 (V_j) 和 (W_j),从而获得线状特征数据在多尺度上的表达。

1. 基于参数曲线的多尺度表达

曲线的参数表示方法与坐标系的选择无关,因此非常适合于应用小波变换。对于参数曲线表达的线状特征数据,将函数的小波分解与重建过程应用到参数曲线的每个坐标分量,便可得到其多尺度的表示。

1.1 基于参数曲线的线状特征多尺度表达模型

设参数曲线为

$$\gamma(t) = (x_i(t), y_i(t)) \tag{13-92}$$

式中，$0 \leq t \leq 1$。根据小波分解算法依次对坐标分量 $x_j(t), y_j(t)$ 进行分解，得到

$$\left.\begin{array}{l} x_j(t) = x_{j-1}(t) + w_{j-1}(t) \\ y_j(t) = y_{j-1}(t) + g_{j-1}(t) \end{array}\right\} \tag{13-93}$$

式中，$x_{j-1}(t), y_{j-1}(t) \in V^{j-1}$ 分别为 $x_j(t), y_j(t) \in V^j$ 的近似部分；$w_{j-1}(t), g_{j-1}(t) \in W^{j-1}$ 分别为 $x_j(t), y_j(t) \in V^j$ 的细节部分。

因此，$\gamma(t)$ 可分解为近似部分

$$\gamma_{j-1} = (x_{j-1}(t), y_{j-1}(t))$$

和细节部分

$$\beta_{j-1}(t) = (w_{j-1}(t), g_{j-1}(t))$$

反之，从近似部分 $\gamma_{j-1}(t)$ 和细节部分 $\beta_{j-1}(t)$ 可以重建 $\gamma(t)$。$\gamma_{j-1}(t)$ 称为 $\gamma(t)$ 的低分辨率曲线或近似曲线，它是 $\gamma(t)$ 的逼近曲线；$\beta_{j-1}(t)$ 称为 $\gamma(t)$ 的细节曲线。

1.2 基于三次参数样条曲线的多尺度表达

线状特征要素可以利用三次参数样条曲线拟合表达。以 t 为参数的三次参数样条曲线为

$$P(t) = B_1 + B_2 t + B_3 t^2 + B_4 t^3 \tag{13-94}$$

式中，$P(t) = (x(t), y(t)), B_i = (b_{1i}, b_{2i})$。

$P(t)$ 可看做是三次曲线上任一点的位置向量，系数 B_i 由三次曲线段指定的四个边界条件来求定。则可推出任意一个三次样条段方程：

$$\begin{aligned} P_k(t) = & P'_{k-1} t_k + [3(P_k - P_{k-1})/t_k^2 - (2P'_{k-1} + P'_k)/t_k] t^2 \\ & + [2(P_{k-1} - P_k)/t_k^3 - (P'_{k-1} + P'_k)/t_k^2] t^3 \end{aligned} \tag{13-95}$$

建立三次曲线多尺度表达的过程是：

(1) 对线状特征数据进行三次样条拟合，建立其参数表达式；

(2) 对参数曲线 $P(t)$ 的 $x(t)$ 和 $y(t)$ 分量分别进行小波分解，即对(13-95)式分别进行小波分解；

(3) 重建即可获得线状特征数据的多尺度近似表达 $\gamma_{j-1}(t)$ 和细节表达 $\beta_{j-1}(t)$。

对实验数据建立的三次参数样条曲线及其分量 $x(t)$ 和 $y(t)$ 的 Daubechies 三阶小波分解结果见图 13-38。

其多尺度表达见图 13-39。

1.3 基于三次均匀 B 样条曲线的多尺度表达

三次均匀 B 样条曲线的表达式为

$$\begin{aligned} P_i(t) &= \frac{1}{6}(t^3, t^2, t, 1) \begin{pmatrix} -1 & 3 & -3 & 1 \\ 3 & -6 & 3 & 0 \\ -3 & 0 & 3 & 0 \\ 1 & 4 & 1 & 0 \end{pmatrix} \begin{pmatrix} V_i \\ V_{i+1} \\ V_{i+2} \\ V_{i+3} \end{pmatrix} \\ &= f_1(t) V_i + f_2(t) V_{i+1} + f_3(t) V_{i+2} + f_4(t) V_{i+3} \end{aligned} \tag{13-96}$$

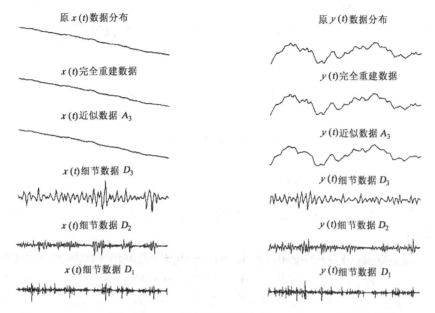

图 13-38 实验数据三次参数样条曲线分量 $x(t)$ 和 $y(t)$ 及其小波分解

图 13-39 实验数据基于三次参数样条曲线的多尺度表达

式中，$V_i, V_{i+1}, V_{i+2}, V_{i+3}$ 为特征多边形顶点，也称控制点。

t 为参数，$t \in [0,1]$；$f_1(t), f_2(t), f_3(t), f_4(t)$ 为 B 样条基函数，它们分别为

$$f_1(t) = \frac{1}{6}(1-t)^3$$

$$f_2(t) = \frac{1}{6}(3t^3 - 6t^2 + 4)$$

$$f_3(t) = \frac{1}{6}(-3t^3 + 3t^2 + 3t + 1)$$

$$f_4(t) = \frac{1}{6}t^3$$

设 $V_0^{(j)}, V_1^{(j)}, \cdots, V_{2^j+2}^{(j)}$ 为 $\gamma(t)$ 的 2^j+3 个控制点，$V_0^{(j-1)}, V_1^{(j-1)}, \cdots, V_{2^j+2}^{(j-1)}$ 为 $\gamma_{(j-1)}(t)$ 的 2^j+3 个控制点，则有

$$\gamma(t) = V_0^{(j)} B_0^{(j)} + V_1^{(j)} B_1^{(j)} + \cdots + V_{2^j+2}^{(j)} B_{2^j+2}^{(j)} \quad (13\text{-}97)$$

$$\gamma_{j-1}(t) = V_0^{(j-1)} B_0^{(j-1)} + V_1^{(j-1)} B_1^{j-1} + \cdots + V_{2^{j-1}+2}^{(j-1)} B_{2^{j-1}+2}^{(j-1)} \quad (13\text{-}98)$$

$$\beta_{(j-1)}(t) = D_0^{(j-1)} W_0^{(j-1)} + D_1^{(j-1)} W_1^{(j-1)} + \cdots + D_{2^{(j-1)}-1}^{(j-1)} W_{2^{(j-1)}-1}^{(j-1)} \quad (13\text{-}99)$$

式中，$D_k^{(j-1)} (k = 0, 1, \cdots, 2^{j-1}-1)$ 表示由两个坐标分量构成的向量，它是 $\beta_{j-1}(t)$ 的顶点；$B_0^{(j)}, B_1^{(j)}, \cdots, B_{2^j+2}^{(j)}$ 是 2^j+3 个三次 B 样条基函数，它是 V^j 的尺度函数；W^{j-1} 的基函数 $W_0^{(j-1)}, W_1^{(j-1)}, \cdots, W_{2^{(j-1)}-1}^{(j-1)}$ 为端点插值的三次 B 样条小波。

建立该三次曲线多尺度表达的过程简述如下：

（1）对线状特征数据进行三次 B 样条拟合，建立其参数表达式；

（2）对参数曲线 $\gamma(t)$ 的 $x(t)$ 和 $y(t)$ 分量分别利用 B 样条小波进行分解（如图 13-40）；

（3）重建即可获得线状特征数据的多尺度近似表达 $\gamma_{j-1}(t)$ 和细节表达 $\beta_{j-1}(t)$（如图 13-41）。

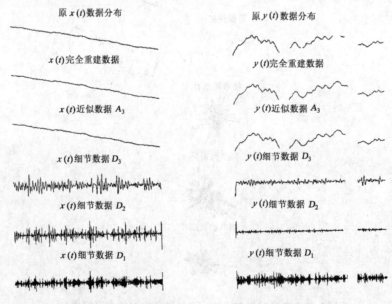

图 13-40　实验数据三次 B 样条曲线分量 $x(t)$ 和 $y(t)$ 及其 B 样条小波分解

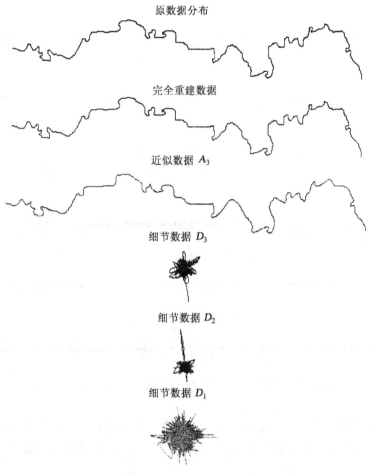

图 13-41 实验数据基于三次 B 样条曲线的多尺度表达

2. 基于曲率小波变换的多尺度表达

利用 Mallat 算法对曲率在多尺度上分解和重建,也可以获得线状特征数据在多尺度上的描述。基于紧支正交的 Daubechies 二阶小波,应用分解算法对实验曲线进行三级尺度分解,使不同尺度的曲率数据特征及其分布均记录在相应的分解层上(如图 13-42),从而获得其近似成分 A_3,细节成分 D_3,D_2,D_1。应用 Mallat 重建算法可在多尺度上实现完备的重构。

曲率小波分解建立了一个表达线状特征数据的特征分解树,即为集合

$$PL_i = \{c_j^i, l_j^i\} \tag{13-100}$$

式中,PL_i 表示了第 i 条多尺度线状特征对象,c_j^i 表示对应尺度 j 的小波系数,它是不同尺度、不同大小并呈金字塔结构的系数块,l_j^i 表示对应尺度 j 的关于 c 的记录长度。这样基于曲率表达的线状特征数据的多尺度子空间序列(V_j)和(W_j)就可由集合 PL_i 来表示,而所有的多尺度线状特征对象则由$\{PL_i\}$集表达。

3. 基于多尺度表达的自动综合

建立了线状特征的多尺度表达,就可以在所建立的多尺度表达子空间进行多种分析和

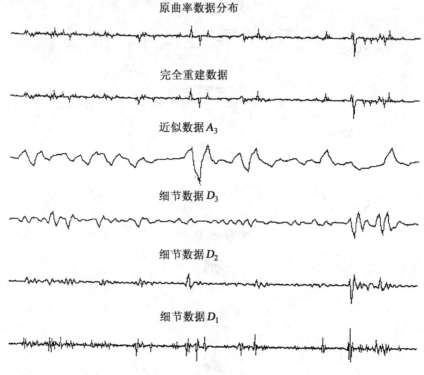

图 13-42 基于曲率的线状特征数据多尺度小波表示与重建

处理,以获得不同的综合效果。在多尺度子空间上分别对近似或细节成分,根据需要设置某些阈值来删减小波系数非零值的数量,然后基于多尺度上的小波系数重建,以达到不同的综合目的。

3.1 基于三次参数样条曲线表达的自动综合

我们已建立了基于三次参数样条曲线表达的线状特征数据多尺度近似和细节表达空间,现在只需根据表示需要,利用(13-90)式和(13-91)式给出的阈值设定方法,对多尺度上的小波近似系数和细节系数进行处理。图 13-43 为实验数据经过五级尺度的分解(利用 Daubechies 三阶小波),保留全部的近似系数,舍去全部的细节系数后,分别重建到相应尺度的综合表示结果。根据数据的节点数量变化,可计算出 A_1 至 A_5 的综合程度在逐渐变大。这个综合程度反映的是各相应尺度上的综合表示与原数据集的相似程度,随着尺度的增加,处理后的数据集与原数据集的相似程度随之降低,数据的局部细节特征逐渐消失,但整体特征得到反映,这正是实施综合的目的。

3.2 基于三次 B 样条曲线表达的自动综合

对基于三次 B 样条曲线表达的线状特征数据,同样可以根据表示的需要,在多个尺度上对其小波变换的近似系数和细节系数进行分别处理。对基于三次 B 样条曲线表达的实验数据,利用 B 样条小波进行五级尺度的变换,然后保留全部的近似系数,除去全部的细节系数,再分别重建到相应尺度。自动综合表示的结果见图 13-44。

3.3 基于曲率小波变换的自动综合

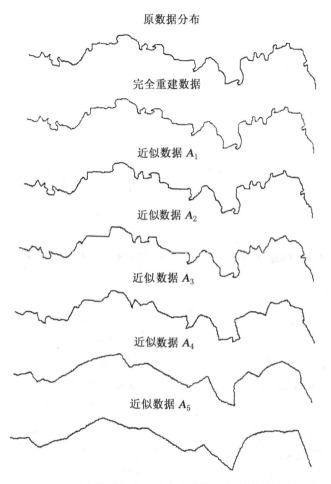

图 13-43 基于三次参数样条表达的实验数据五级尺度的综合表示(A_1 至 A_5)

基于曲率的小波分解,我们获得了一个多尺度线状特征数据的完备表达 PL_i,现在只需对其中的小波系数 c_j^i 进行适当的处理,提取出结构特征,再重建原曲线图形,就可实现自动综合的目的。

现在可通过设置阈值将不重要的点(这些点相关性大,对曲线构形作用小)相应的小波系数值置零,来达到去除这些点的目的。再进行小波变换的重建并回复曲线,从而实现自动综合。本实验对小波细节系数的截断采取全频、硬阈值方法,根据(13-90)式和(13-91)式,利用尺度1上的小波细节系数模的中值作为阈值,将三个尺度上小于该值的小波细节系数置零,并检测非零值小波系数位置,它们对应的就是应该保留的线状特征的关键点(如图13-45)。从尺度1到尺度3的综合程度用关键点的数量与原数据点数之比来评价,它们分别是 49.9%,40.9% 和 31.0%,这说明它们均只用了不到原数据量的一半来表示原数据特征。从图 13-45 可以看出,线状特征的关键点在三个尺度上均得到相应的保留。

五、基于小波分析的场数据多尺度处理模型

地形、降雨量和温度场等数据都具有连续变化的性质,可作为连续的空间分布信息的集

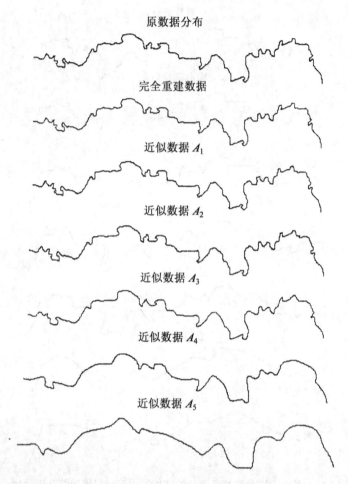

图 13-44 基于三次 B 样条表达的实验数据五级尺度的综合表示(A_1 至 A_5)

合来处理,我们在这里将其称为场数据。借助于小波分析检测和提取空间数据集的基本特征,可实现场数据的多尺度模拟、自动综合和自适应性可视化。

1. 基于小波分析的场数据多尺度模拟

1.1 多尺度 DEM 模拟的基本原理

场数据的多尺度模拟的目的在于通过建立其多尺度的近似信息空间(V_j)和细节信息空间(W_j),从而获得场数据在多尺度上的表达。

在 DEM 中,地貌由 DEM 高程点构成的曲面确定。由于地貌的复杂性,可将地貌形成看成是一个层次性过程,它既包括地貌的控制性过程(即构成骨架地貌),也包括地貌的局部细节过程(即构成细节地貌)。利用小波 MRA 生成和表达多尺度 DEM 的基本原理就是把基于格网的 DEM 看成是一个二维的有关高程的信号场,将基本骨架地貌看做低频信息(近似或逼近信息),而将相应的细节地貌看做高频信息(细节或结构信息),两者的合成就构成整个地形。通过利用小波系数的完备重建来完成多尺度模拟。

1.2 多尺度 DEM 表达序列空间的构建

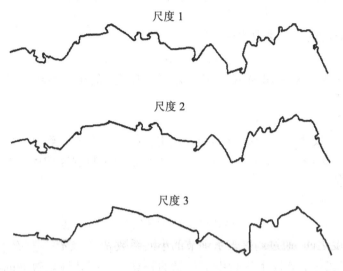

图 13-45　基于曲率小波变换的实验数据三级尺度的综合表示

设 $f(x,y)$ 是由全部基于格网高程点构成的 DEM 表达,记为 A_0f。根据多尺度处理模型(13-89),应用二维 Mallat 分解算法对 A_0f 进行多尺度分解 J 次,可得到该尺度上的表示近似的小波系数 C_{j,m_1,m_2} 和表示细节的小波系数 $d_{j,m_1,m_2}^1, d_{j,m_1,m_2}^2, d_{j,m_1,m_2}^3$。其在相应子空间上的投影值分别反映 x,y 两个方向上低频信息的 $A_jf(x,y)$,反映水平方向低频信息和垂直方向高频信息的 $D_j^1f(x,y)$,反映水平方向高频信息和垂直方向低频信息的 $D_j^2f(x,y)$ 以及反映 x,y 两个方向上高频信息的 $D_j^3f(x,y)$。由此,构建了 DEM 多尺度表达的序列空间集合

$$\{A_{-J}f(x,y),(D_j^ef(x,y))_{j\in[-J,-1]}^{e\in[1,3]}\} \tag{13-101}$$

该集合是 (V_j),(W_j) 的具体表达,构建过程如图 13-46 所示。

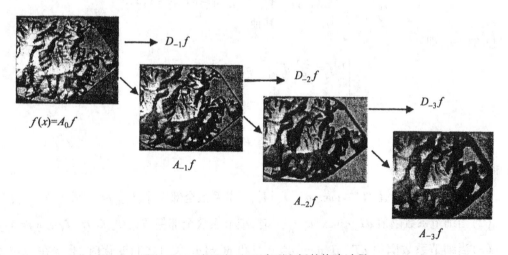

图 13-46　多尺度 DEM 序列空间的构建过程

图 13-46 表示构建三级尺度的 DEM 表达序列空间,每一级尺度中三个方向细节部分的

图形未列出，用 D_jf 代表。近似部分为实验数据基于 Haar 小波利用上述原理构建的地貌晕渲表示。

与(13-101)式对应的小波系数构成的集合为

$$PA_i = \{c_j^i, l_j^i\} \tag{13-102}$$

式中，PA_i 表示了第 i 块多尺度 DEM 对象，c_j^i 表示对应尺度 j 的小波系数，l_j^i 表示对应尺度 j 的关于 c 的记录长度。

1.3 多尺度 DEM 的一致性表达

多尺度 DEM 的一致性表达，要求在多个尺度上保持基本骨架一致，而在局部的地貌特征上保持协调。多尺度 DEM 表达的一致性要求，不仅是 GIS 数据库建库的要求，也是实现自适应可视化的要求。

根据(13-81)式，即

$$A_{j+1}f = A_jf + D_j^1f + D_j^2f + D_j^3f$$

可知，在 $j+1$ 和 j 尺度之间，通过调整表示细节的小波系数 d_{j,m_1,m_2}^1，d_{j,m_1,m_2}^2，d_{j,m_1,m_2}^3 值，可以对 $A_{j+1}f$ 的近似信息 A_jf 在三个方向上进行细节信息的补充。在复杂地貌数据的模拟中，细节系数及方向信息利用特别重要。针对不同的地貌类型，如在某一方向有平行岭谷分布特征地貌，可以保留该方向上的细节小波系数，抑制其他方向上的细节小波系数，使得地貌类型特征在多尺度上得以表现和保留。这是实施制图综合时的基本原则。

可将满足多尺度一致性约束的 DEM 表达为

$$\overline{A}_jf = A_{j-1}f + \overline{D}_{j-1}^1f + \overline{D}_{j-1}^2f + \overline{D}_{j-1}^3f \tag{13-103}$$

式中，$A_{j-1}f$ 为 A_jf 分解一次后的近似 DEM，$D_{j-1}^ef(e=1,2,3)$ 分别为 A_jf 分解一次得到的水平、垂直和对角三个方向信息的细节 DEM。$\overline{D}_{j-1}^ef$ 为通过调整细节系数后的细节 DEM，使得 $\overline{A}_jf$ 在 A_jf 和 $A_{j-1}f$ 之间变化。

根据地貌表达的需要和地貌特征，根据(13-91)式，即

$$D_{j,m_1,m_2}^e = \begin{cases} d_{j,m_1,m_2}^e, & 若 |d_{j,m_1,m_2}^e| \geq dT^e, e=1,2,3 \\ 0, & 其他 \end{cases}$$

和(13-83)式，即

$$\begin{cases} D_j^1f = \sum_{m_1,m_2} d_{j,m_1,m_2}^1 \varphi_{j,m_1}(x) \Psi_{j,m_2}(y) \\ D_j^2f = \sum_{m_1,m_2} d_{j,m_1,m_2}^2 \Psi_{j,m_1}(x) \varphi_{j,m_2}(y) \\ D_j^3f = \sum_{m_1,m_2} d_{j,m_1,m_2}^3 \Psi_{j,m_1}(x) \Psi_{j,m_2}(y) \end{cases}$$

可知：

(1) 当细节系数阈值 $dT^e \geq \max|d_{j,m_1,m_2}^e|$ 时，细节系数全部去除，$\overline{D}_{j-1}^ef=0$，则 $\overline{A}_jf=A_{j-1}f$；

(2) 当细节系数阈值 $dT^e < \max|d_{j,m_1,m_2}^e|$ 时，细节系数全部保留，$\overline{D}_{j-1}^ef=D_{j-1}^ef$，则 $\overline{A}_jf=A_jf$；

(3) 当细节系数阈值 dT^e 在 $\min|d_{j,m_1,m_2}^e|$ 和 $\max|d_{j,m_1,m_2}^e|$ 之间变化时，$\overline{A}_jf$ 在 A_jf 和 $A_{j-1}f$ 之间作连续变化，记细节系数阈值为 $d\overline{T}^e=dT^e$，即

$$d\overline{T}^e \in (\max|d_{j,m_1,m_2}^e|, \min|d_{j,m_1,m_2}^e|) \tag{13-104}$$

对于给定的多尺度约束阈值 ε，使得 Af 的近似成分 A_jf 是满足多尺度表达要求的 DEM，即

$$\varepsilon_j = \max |Af - A_j f| \leq \varepsilon \tag{13-105}$$

再分解一次后的 $A_{j-1}f$ 不满足我们的多尺度表达要求，即

$$\varepsilon_{j-1} = \max |Af - A_{j-1} f| > \varepsilon$$

这时需要补充细节信息进行调整，即调整细节系数阈值 dT^e，使得当 $dT^e \geq d\overline{T}^e_j$ 时，有

$$\overline{\varepsilon}_j = \max |Af - \overline{A}_j f| \leq \varepsilon \tag{13-106}$$

这说明当 DEM $A_j f$ 满足多尺度约束要求，而它再分解一次的 $A_{j-1} f$ 不满足多尺度约束要求时，通过恰当地选取控制细节 DEM 的 $\overline{D}^1_{j-1}, \overline{D}^2_{j-1}, \overline{D}^3_{j-1}$ 多少的细节系数阈值 $d\overline{T}^e$，可得到介于 $A_j f$ 和 $A_{j-1} f$ 之间且满足多尺度约束要求的 DEM $\overline{A}_j f$。从原理上讲，$d\overline{T}^e \in (|d^e_{j,m_1,m_2}|, \min |d^e_{j,m_1,m_2}|)$ 的连续变化会使我们得到任意相邻两尺度间不同详细程度且地貌形态连续变化的 DEM，因此非常适合多尺度空间数据表达的需要。

为实现 $\overline{A}_j f$ 在 $A_j f$ 和 $A_{j-1} f$ 之间变化，对细节小波系数 $d^1_{j,m_1,m_2}, d^2_{j,m_1,m_2}, d^3_{j,m_1,m_2}$ 的处理阈值 dT^1, dT^2, dT^3 的取值，应在各自模最大值和最小值之间。为了保持地貌的结构特征，如鞍部或山顶等，应保留细节小波系数模极大值点，它们对应着地貌特征点。

实验数据为某中低山地区的 1∶50 000 的 DEM，其大小为 560×360，最大高程 1 246 m，最小高程 46 m，格网间距为 30 m。利用 Haar 小波实施多尺度分解与重建，派生了三级尺度的 DEM。图 13-47a 表示实验数据原始 DEM 的晕渲表示；图 13-47b 为第一级尺度的近似 DEM 的晕渲表示（大小为 280×180）；图 13-47c 为第二级尺度的近似 DEM 的晕渲表示（大小为 140×90）；图 13-47d 为第三级尺度的近似 DEM 的晕渲表示（大小为 70×45）。

为了便于比较，将它们缩放为一样大小。三级尺度的近似晕渲表示的 DEM 仅保留近似系数，细节系数全部置零后获取。由图 13-47a 至图 13-47d，可以看出随着分解尺度的增加，DEM 分辨率的降低，地貌的细节特征逐渐被舍去，但地貌的整体特征，如山脊、谷地的走向及山体的构成等，在多尺度上均得到保持，这表明小波 MRA 具有很好的多尺度表达地貌的能力。

图 13-48 为三级尺度的近似 DEM 补充细节 DEM 信息的例子，细节系数在三个方向上均取其模最大值的 1/3。左图为三级尺度的近似 DEM，右图为三级尺度的补充了细节的近似 DEM。

2. 基于多尺度模拟的自动综合

基于多尺度模拟的自动综合目的是在构建 DEM 的多尺度序列空间基础上，基于多尺度上的近似和细节 DEM 信息实施自动综合。根据地图表达的要求，一般通过对近似和细节小波系数的综合处理来实现。电子地图一般需要实现多尺度连续地、一致性和自适应地表示空间数据。因此，基于多尺度模拟的综合可满足制作各种地图的要求，即可面向常规地图或电子地图。

2.1 基于多尺度 DEM 的模型综合

地图是通过二维图形来描述三维的地形表面，在有限的表示平面空间内，只有保持地貌特征的有效表达，才能客观地反映地表形态。目前对地貌的综合有两种方式：基于 DEM 的综合和基于等高线的综合。地貌综合有多种表示方法，等高线仅是地貌表示较常用的方法

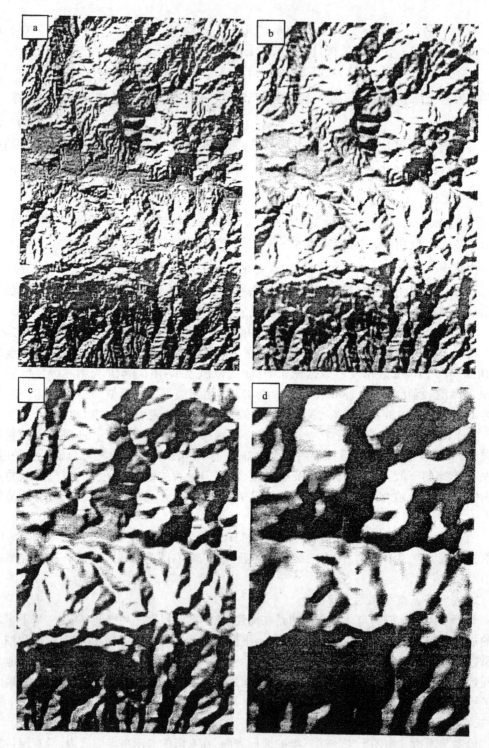

图 13-47 原 DEM 及仅保留近似系数的三级 DEM

 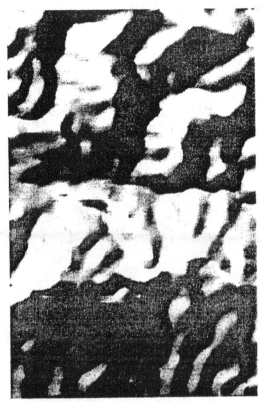

图 13-48 细节 DEM 的补充晕渲表示

之一。在数字环境下,表达地貌的方法越来越多,但其核心都是基于(数字)地貌模型。因此,模型的综合是关键。尤其在 GIS 环境下,模型的综合不一定是为了制图表示,而常常是为了地理空间分析,因此,基于模型的综合才是地貌综合的实质。综合了的地貌模型,其外在表现就会随之而变,自然就可解决基于等高线的综合方法难以解决的成组等高线间图形协调的问题。

2.2 基于多尺度 DEM 的自动综合

高分辨率的 DEM 数据通过二维小波变换后的近似成分即可作为化简后的低分辨率 DEM 数据。利用正交小波变换 Mallat 的分解和重构算法,从基本 DEM 数据可得到多尺度的 DEM,所派生的序列 DEM 大小为原来尺寸的 2^{-k} 倍,相应比例尺逐级降低 1/2,且随着尺度的降低,特征信息减少,地貌的细小特征被逐步滤掉(即高频成分),主要特征得以表示。由于多个尺度 DEM 的产生取决于尺度 j,因此,随着尺度的变化,表示地貌的详略程度也会随之而变化。

图 13-49 是基于上述方法产生的多尺度 DEM 的等高线表示。图 13-49(a)为 1:50 000 原始 DEM 数据的等高线图,图 13-49(b)、(c)、(d)分别为相应的一、二、三级化简后派生 DEM 的等高线表示(比例尺为 1:100 000,1:200 000,1:400 000)。为了便于比较,等高距均为 40 m,图形缩放为一样大小。从图中可看出随着比例尺的缩小,地貌得到一致性综

合,保持了地貌的整体结构特征,等高线之间协调一致,综合程度合适。因此,基于多尺度 DEM 模拟实施地貌的自动综合过程稳定,可得到符合地图表示需要和视觉感受规律的地貌表示。

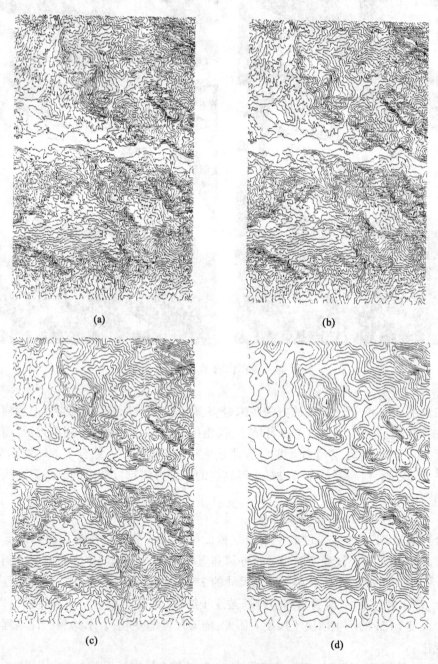

图 13-49 基于多尺度 DEM 的自动综合

图 13-50 是补充了细节信息综合的等高线表示实例,等高距均为 40 m,大小为 70×45。左图是近似 DEM 的等高线图,它是去除所有细节系数重建后得到的。为对它补充一些细节

信息,对水平、垂直和对角方向的细节小波系数,取各自模最大值的 1/3 为阈值,经过重建,为原 DEM 补充了反映局部特征的细节信息。右图为补充了细节信息的 DEM 等高线图,从图中可看出,一些小山峰、小谷地和鞍部等特征得到了反映。

图 13-50　补充细节信息的基于多尺度 DEM 的自动综合

参 考 文 献

1. 崔屹. 图像处理与分析——数学形态学方法及应用. 北京:科学出版社,2002
2. 仇佩亮. 信息论及其应用. 杭州:浙江大学出版社,1999
3. 陈武凡. 小波分析及其在图像处理中的应用. 北京:科学出版社,2002
4. 何宗宜. 基于分形理论的水系要素制图综合研究. 武汉测绘科技大学学报,2002,27(4)
5. 何宗宜,祝国瑞. 地图信息论在制图中的应用研究. 地图,1998(2)
6. 何宗宜. 用信息方法确定地图的变化信息量. 武汉测绘科技大学学报,1996,21(1)
7. 何宗宜. 地形图上主要内容选取指标的改进设想. 测绘通报,1995(1)
8. 何宗宜. 用信息论方法确定地图分级. 四川测绘,1995(1)
9. 何宗宜. 地图质量评价的数学模型. 武汉测绘科技大学学报,1994,19(3)
10. 何宗宜. 系列地形图实用确定居民地选取指标的数学模型. 武测科技,1993(3)
11. 何宗宜. 模糊多层次综合评判原理及其在专题地图编绘质量评价中的应用. 测绘学报,1989,18(4)
12. 何宗宜. 地图信息含量的量测研究. 武汉测绘科技大学学报,1987,12(1)
13. 何宗宜. 用多元回归分析方法建立计算居民地选取指标的数学模型. 测绘学报,1986,15(1)
14. 何宗宜. 地图上确定居民地选取指标的依据研究. 武汉测绘科技大学学报,1986,11(1)
15. 陈凌. 分形几何学. 北京:地震出版社,1998
16. 陆璇. 数理统计基础. 北京:清华大学出版社,1998
17. 卜月华. 图论及其应用. 南京:东南大学出版社,2002
18. 袁志发,周静芋. 多元统计分析. 北京:科学出版社,2002
19. 孙达. 开方根规律在确定居民地选取数量中的应用. 第三届全国地图学术会议论文选集(下集). 北京:测绘出版社,1980
20. 石峰,莫忠息. 信息论基础. 武汉:武汉大学出版社,2002
21. 唐常青. 数学形态学方法及其应用. 北京:科学出版社,1990
22. 王桥,毋河海. 地图信息的分形描述与自动综合研究. 武汉:武汉测绘科技大学出版社,1998
23. 王家耀,邹建华. 地图制图数据处理的模型方法. 北京:解放军出版社,1992
24. 王家耀,武芳. 数字地图自动制图综合原理. 北京:解放军出版社,1995
25. 王光霞,杨培. 数学形态学在居民地街区合并中的应用. 解放军测绘学院学报,2000,17(3)

26. 吴凡,祝国瑞. 基于小波分析的地貌多尺度表达与自动综合. 武汉大学学报(信息科学版),2001,26(2)

27. 吴凡,祝国瑞. 基于小波变换的线状特征处理与表示. 见:地理信息系统与电子地图技术的进展. 长沙:湖南地图出版社,1999

28. 吴凡,祝国瑞. 基于小波变换的数字地图自动综合谱方法研究. 见:数字地图技术与数字地图生产. 西安:西安地图出版社,1997

29. 吴纪桃,王桥. 小波分析在 GIS 线状数据图形简化中的应用研究. 测绘学报,2000,29(1)

30. 吴纪桃,王桥. 小波理论用于地图数据处理中若干理论问题的探讨. 测绘学报,2002,31(3)

31. 吴敏金. 图像形态学. 上海:科技文献出版社,1991

32. 谢季坚,刘承平. 模糊数学方法及其应用. 武汉:(原)华中理工大学出版社,2000

33. 张继贤,林宗坚,柳键等. 利用小波进行多尺度地形生成方法的研究. 中国图形图像学报,1998,11(3)

34. 张克权,郭仁忠. 专题制图数学模型. 北京:测绘出版社,1991

35. 张青年,秦建新. 面状分布地物群识别与概括的数学形态学方法. 地理研究,2000(1)

36. 赵选民. 数理统计. 北京:科学出版社,2002

37. 郑治真. 小波变换及其 MATLAB 工具的应用. 北京:地震出版社,2001

38. 祝国瑞,徐肇忠. 普通地图制图中的数学方法. 北京:测绘出版社,1990

39. Mandelbrot B B. 大自然的分形几何学. 上海:远东出版社,1998

40. Alain Fournier. Wavelets and Their Applications in Computer Graphics. SIGGRAPH'95 Course Notes, University of British Columbia,1995

41. Carstensentr L W. A fractal analysis of cartographic generalization. The American Cartographer,1989,16(3)

42. Cola L D. Simulating and mapping spatial complexity using multi-scale techniques, Int. Geographical Information Systems,1994,8(5)

43. Goodchild M F. Lakes on fractal surfaces: a null hypothesis for lake-rich landscapes. hematical Geology,1988,20(6)

44. Govorov M. Representation of the generalized data structures for multi-scale. Procee- of 17th ICA Conference, Barcerona,1995

5. He Zongyi. A Study of Cartographic Information Theory Used in Mapmaking. Proceed- 18th ICA, Sweden, 1997

Jones C B, Kinder D B. Database design for a multi-scale spatial information system. eographical Information Systems,1996,10(8)

ilpelainen T. Requirements of a multiple representation database for a topographical mphasis incremental generalization. Proceedings of 17th ICA Conference, Barcerona,

n N S-N. On the issues of scale, resolution and fractal analysis in the mapping sciences. Professional Geographer,1992, 44(1)

49. LI D AND X-Y CHEN. Automatically Generating Triangulate Irregular Digital Terrain Model Networks by Mathematical Morphology. ISPRS Journal of Photogrammetry and Remote Sensing, 1991 (46)

50. LI Z AND SU B. Algebraic Models for Feature Displacement in the Generalization of Digital Map Data Using Morphological Techniques. Cartographica, 1995, 32(3)

51. LI,Z. Mathematical Morphology in Digital Generalization of Raster Map Data. Cartography, 1994, 23(1)

52. Manuel A U C, Francisco A L. Mathematical Morphology Applied to Raster Generalization of Urban City Block Maps. Cartographica,2000(1)

53. Martinez J, Molenaar A. Aggregation hierarchies for multiple scale representation of hydrographic networks. Proceedings of 17th ICA Conference ,Barcerona,1995

54. Muller J C. Fractal dimension and inconsistencies in cartographic line representations. The Cartographic Journal,1986,23(2)

55. Muller J C. Fractal and automated line generalization. The Cartographic Journal,1987, 24(1)

56. Shelberg M C, Moellering H, Lam N. Measuring the fractal dimensions of empirical cartographic curves. Proceedings, Fifth International Symposium on Computer-Assisted Cartography, 1982

57. SU B, LI Z AND G Lodwick. Algebraic Models for Elimination of Area Feature in the Digital Map Generalization. Mapping Sciences '94,1996

58. SU B , LI Z. AND G Lodwick. Morphological Transformation for Elimination of Area Feature in the Digital Map Generalization. Cartography,1997,26(2)

59. Yokoya N, Yamamoto K. Fractal-based analysis and interpretation of 3D natural surface shapes and their application to terrain modeling. Computer Vision, Graphics and Image Findings,1989,46(3)

60. Young I M, Crawford J W. The analysis of fracture profiles of soil using fractry. Soil Research,1992,30